U0261830

浙江省社科规划优势学科重大项目
“城市水安全与水务行业监管体制研究”
（项目批准号：14YSXK02ZD）成果

浙江省社科规划优势学科重大项目成果

城市水务行业激励性政府补贴政策研究

司言武　著

中国社会科学出版社

图书在版编目（CIP）数据

城市水务行业激励性政府补贴政策研究/司言武著．—北京：中国社会科学出版社，2017.5

ISBN 978-7-5203-0615-7

Ⅰ．①城…　Ⅱ．①司…　Ⅲ．①城市用水—水资源管理—政府补贴—研究—中国　Ⅳ．①TU991.31

中国版本图书馆 CIP 数据核字（2017）第 126533 号

出 版 人　赵剑英
责任编辑　卢小生
责任校对　周晓东
责任印制　王　超

出　　版　中国社会科学出版社
社　　址　北京鼓楼西大街甲 158 号
邮　　编　100720
网　　址　http：//www.csspw.cn
发 行 部　010-84083685
门 市 部　010-84029450
经　　销　新华书店及其他书店

印　　刷　北京明恒达印务有限公司
装　　订　廊坊市广阳区广增装订厂
版　　次　2017 年 5 月第 1 版
印　　次　2017 年 5 月第 1 次印刷

开　　本　710×1000　1/16
印　　张　17.5
插　　页　2
字　　数　257 千字
定　　价　75.00 元

总 序

城市水务主要是指城市供水（包括节水）、排水（包括排涝水、防洪水）和污水处理行业及其生产经营活动。城市水务是支撑城镇化健康发展的重要基础，具有显著的基础性、先导性、公用性、地域性和自然垄断性。目前，我国许多城市都不同程度地存在水资源短缺、供水质量不高、水污染较为严重等突出问题，其中的一个深层次原因是受长期形成的传统体制惯性影响，尚未建立有效的现代城市水务监管体制。其主要表现为：城市水务监管体系不健全，难以形成综合监管能力；监管机构碎片化，责权不明确；监管的随意性大，缺乏科学评价等。特别是近年来，不少城市水务公私合作项目竞争不充分，缺乏监管体系。这些问题导致城市水务监管与治理能力严重滞后于现实需要。

根据现实需要，我们承担了浙江省社科规划优势学科重大项目“城市水安全与水务行业监管体制研究”，并分解为五个子课题进行专题研究。针对建立健全保障水安全的有效机制、科学设计与中国国情相适应的城市水务行业公私合作机制、设计水务行业中的政府补贴激励政策、建立与市场经济体制相适应的新型城市水务行业政府监管体制、建立系统化和科学化的监管绩效评价体系及制度等关键问题，课题组经过近三年的努力，终于完成了预期的研究任务，并将由中国社会科学出版社出版一套专门研究城市水务安全与水务行业监管的系统学术专著。现对五本专著做简要介绍：

《城市水安全与水务行业监管能力研究》（作者：鲁仕宝副教授）一书运用系统论、可持续发展理论、水资源承载力理论、模糊数学等理论，对我国城市水安全及监管问题进行研究。在分析影响城市安全的基本因素基础上，探讨了城市水安全面临的挑战与强化政府对城市水安全监管的必要性，构建了城市水安全评价指标体系及方法，建立了城市水安全预警系统、城市水安全系统调控与保障机制及激励机制。提出利用合理的法规制度、政府监管、宣传教育等非经济手段，利用正向激励来解决水资源和环境利用总量控制问题。为我国城市水安全综合协调控制评价与改进提供了较为科学、全面的研究工具和方法，提出了符合我国当前城市水安全监管的政策建议。

《城市水务行业公私合作与监管政策研究》（作者：李云雁副研究员）一书以城市供水、排水与污水处理行业为对象，在中国乃至全球公私合作改革的宏观环境下，分析城市水务行业公私合作的特定背景与现实需求，系统地梳理了发达国家公私合作的实践，并对其监管政策进行了评析，回顾并评价了中国城市水务行业公私合作发展的历程和现状，研究了城市水务行业公私合作模式的类型、选择及适用条件，构建了与中国国情相适应的城市水务行业公私合作的监管体系。在此基础上，重点从价格监管和合同监管两个方面探讨了城市水务行业公私合作监管问题及具体政策措施。最后，本书选取城市供水和污水处理行业公私合作的典型案例，对城市水务行业公私合作与政府监管进行了实证分析。

《城市水务行业激励性政府补贴政策研究》（作者：司言武教授）一书通过分析城市化进程中城市水务行业激励性政府补贴的体制机制缺陷，厘清了城市水务行业建设中各级政府的事权划分、建设体制、建设资金来源与运作模式，梳理了现阶段我国城市水务行业运行中的激励性政府补贴体制、补贴运行机制等方面存在的核心问题。通过研究，明确了中央与地方在城市水务行业激励性政府补贴方面的事权划分，明确了中央政府责任，探索了城市水务行业资金来源和投融资方式，特别是财政资金安排方式、融资机制、吸引社会资本投入模式等，并通过一系列政府补贴方式和手段的创新，为我国当前城市水务行业完善激励性政府补贴提出了相应的对策建议。

《城市水务行业监管体系研究》（作者：唐要家教授）一书基于发挥市场机制在资源优化配置中的决定性作用和推进政府监管体制改

革并加快构建事中、事后监管体系的背景以及提高城市水安全视角，在深入分析中国城市水务监管的现实和借鉴国际经验的基础上，探讨了城市水务行业监管体制创新，推动中国城市水务监管体制的不断完善。本书主要从城市水务监管的需求、城市水务监管的国际经验借鉴、中国城市水务监管机构体制、城市水务价格监管、城市饮用水水质监管和城市水务监管治理体系进行探讨。本书提出的完善中国城市水务监管的基本导向为：构建市场机制与政府监管协调共治的监管体制，完善依法监管的法律体系和保障体制，形成具有监管合力和较高监管效能的监管机构体系，构建了多元共治的监管治理体系。

《城市水务行业监管绩效评价体系研究》（作者：王岭副研究员）一书基于城市水务行业监管绩效评价体系错配、监管数据获取路径较为不畅以及监管绩效评价手段较为单一的客观现实，沿着供给侧结构性改革与国家大力推进基础设施和公用事业公私合作的背景，从构建城市水务行业监管绩效评价体系视角出发，遵循“国际比较—国内现状分析—监管绩效评价—监管绩效优化”的研究路径，为城市水务行业监管绩效的客观评价与提升提供重要保障。本书内容主要包括城市水务行业市场化改革与监管绩效评价需求、市场化改革下城市水务行业发展绩效、城市水务行业监管绩效评价的国际经验与中国现实、中国城市供水行业监管绩效评价实证研究、中国城市污水处理行业监管绩效评价实证研究和提升中国城市水务行业监管绩效评价体系。本书提出的提升城市水务行业监管绩效评价的政策建议主要包括优化制度体系、重构机构体系、建立监督体系和健全奖惩体系四个方面。

综上所述，本课题涉及城市水安全和水务行业的重大理论与现实问题。课题组注重把握重点研究内容，并努力在以下六个方面做出创新：

（1）构建基于水资源承载力的城市水安全评价指标体系。本课题综合运用管制经济学、管理学、计量经济学、工程学等相关学科理论工具，从城市水安全承载力的压力指标和支撑指标的角度，分析了城市水安全承载力的影响因素与度量方法；结合研究区域水资源的实际情况，提出从经济安全、社会安全、生态安全和工程安全四个方面来表征城市水安全状态，构建城市水安全评价指标体系，为建立水安全评价模型提供分析框架；并集事前、事中和事后评价于一体，通过反馈机制形成不断完善的基于水资源承载力的城市水安全评价指标体系。

（2）建立城市水安全保障体系与预警机制。建立城市水安全保障体系关系到城市可持续发展、人民生活稳定的基础。本课题从微观、中观和宏观三个层次，空中、地上、地中、地下、海洋和替代水库六个方面来建立城市水安全保障体系。同时，根据城市水资源供给总量与城市人口、工商业用水定额比计算城市水资源供给保障率，针对城市规模人口和工商业用水的设立水资源配置，提出基于水资源数量、质量、生态可持续性的城市水安全预警机制。

（3）建立中国城市水务行业公私合作的激励性运行机制。制约城市水务行业公私合作有效运行的关键是私人部门的有效进入和合理利润。本课题将在明确中国城市水务行业公私合作目标和主要形式的基础上，界定政府、企业和公众的责任边界及行为准则，设计基于水务项目的特许权竞拍机制，识别特许经营协议的核心要件和关键条款，测算私人部门进入的成本与收益，建立多元、稳定的收益渠道，以及城市水务行业公私合作“进入—盈利”的有效路径。同时，系统地分析了城市水务行业公私合作的风险，针对公私合作的信息不对称和契约不完备特征，设计基于进入、价格和质量三维城市水务行业公私合作激励性监管政策体系。

（4）政府补贴激励政策的模型设计与分析。主要围绕政府补贴激励政策的委托—代理模型进行具体设计和系统分析，在模型中，准确把握政府补贴激励政策的方式与强度、企业针对政府补贴激励政策的策略性反应状况、政府补贴激励政策的多目标协调、政府补贴资源的优惠组合等。在政府财政补贴政策研究中，针对政府补贴的各种形式，分析政府不同的财政补贴方式对水务行业投资和经营的策略影响，研究在不同政府研发补贴方式下水务企业的研发和生产策略，以及社会福利的大小。在此基础上，以社会福利最大化为目标，制定不同外部环境下的最优政府研发补贴政策，来激励企业增大研发投入，增加社会福利，为政府制定相关政策提供决策支持。

（5）构建与市场经济体制相适应的城市公用事业政府监管机构体系。监管机构体制改革既是城市水务监管体制改革的核心，也是中国行政体制改革的重要领域；既涉及部门之间的职能定位和权力配置，也涉及中央和地方的监管权限问题，因此具有复杂性特征。本课题依据中国行政体制改革的基本目标，坚持以监管权配置为核心，从监管机构横向职能关系、纵向权力配置、静态的机构设立和动态的机构运行机制有机结合视角，系统地设计中国城市水务监管机构体制，理顺同级监管部门、上下级监管部门的职能配置与协调机制。

（6）构建基于监管影响评价的监管绩效评价体系。本课题综合运用管制经济学、新政治经济学、计量经济学等相关学科理论和工具，从城市水务行业监管绩效评价的新理论——监管影响评价理论出发，对监管绩效评价的目标、主体、对象、指标体系、实施机制等基本问题开展系统研究，以期构建基于监管影响评价的城市水务行业监管绩效评价体系，为监管绩效评价提供可操作性的分析框架，并且集过程监督、事后评价于一体，通过反馈机制形成一种不断完善监管体系的动态自我修正机制。

由于城市水务安全与水务行业监管体制的研究不仅内容极为丰富，关系到国计民生的基本问题，而且随着社会经济的发展，具有显著的动态性，虽然课题组做了很大的努力，但由于我们的研究能力和水平有限，书中难免存在一定的缺陷，敬请相关专家和读者批评指正。

浙江省特级专家
孙冶方经济科学著作奖获得者
浙江财经大学中国政府管制（监管）研究院院长
王俊豪
2017年5月25日

目 录

第一章　城市水务行业的技术经济特征和经济属性

城市基础设施是直接为城市生产和生活提供必需的、社会化服务的公共设施的统称，主要包括城市供水、排水与污水处理、燃气、集中供热、城市道路桥梁和公共交通、市容环境卫生和垃圾处理以及园林绿化设施等。它是国民经济体系的重要组成部分和经济社会赖以发展的基础，是城市正常运行和健康发展的物质载体，直接关系到社会公众利益和公共安全，直接关系到城市人居生态环境和人民群众生活质量，直接关系到城市经济和社会的可持续发展。

基础设施是推动经济增长的基础和动力，从世界范围来看，无论是在经济平稳期还是经济衰退期，基础设施都是各国政府高度关注的重点领域，上到中央政策的引导和直接干预，下到省（州）和城市基础设施建设，无一例外，且都注重各类基础设施的协同发展。《世界发展报告——基础设施的作用》（1994）[①] 指出，完善的基础设施将会提高生产力、降低生产成本，但前提是基础设施增长要与经济增长相适应。基础设施可以为经济增长、减轻贫困和环境可持续性创造重大收益，基础设施能力与经济产出同步增长——基础设施存量增长1%，GDP 就会增长 1%，各国都是如此。基础设施是经济增长的必要前提，完备和实用的基础设施是决定一国参与国际贸易竞争的能力的关键因素。一些有关基础设施与经济增长关系的跨国研究表明，发展中国家的基础设施变量与经济增长呈明显的正相关性。2013 年 3

---

① World Bank, *World Development Report* 1994: *Infrastructure for Development*, Oxford University Press, 1994.

月，美国总统奥巴马再次强调基础设施建设对于吸引投资和振兴美国经济至关重要。按照美国旧金山联储发布的报告，基础设施领域的每1美元投资至少产生2美元的经济收益。[①] 联合国人类住区规划署《世界城市状况报告2012/2013》[②] 也指出，基础设施在经济增长中起着至关重要的支持作用。联合国人居署的一份专家调查认为，经济增长是附加于基础设施的最重要收益，从而间接地推动了城市的繁荣。1990—2005年，基础设施的改善为非洲的人均经济增长贡献了1%，为亚洲贡献了1.2%。[③]

第一节 城市水务行业的技术经济特征

一 公益性

公益性主要体现在水务行业提供的普遍服务上，普遍服务是指特许经营者应在任何地方，以可承受的价格向每一个潜在消费者提供的必需的服务。城市水务行业的服务特点是：①为满足城市居民及流动人口用水的需要提供的服务，是针对所有城市居民的普遍服务，并不像普通产品那样具有特定的消费群体。②城市水务行业还通过政府的补贴价格，肩负着解决维护弱势阶层利益，体现社会公平性的目标要求。城市水务行业的公益性定位，决定了各地政府的责任，即政府有责任为市民提供价格低廉、安全、便捷的服务，城市水务行业的供给价格和服务价格水平严格受到政府的管制。这样，提供公益服务的企业就会产生亏损，政府就有责任对其进行补贴，从而保证其正常的运营，维持其生存和发展。

---

① 潘宏胜、黄明皓：《部分发达国家基础设施投融资机制及其对我国的启示》，《经济社会体制比较》2014年第1期。

② 联合国人类住区规划署：《世界城市状况报告2012/2013》，中国建筑工业出版社2014年版。

③ Calderon, C., "*Infrastructure and Growth in Africa, Policy Research*", Working Paper, 4914, World Bank, Washington D. C., 2008.

二　规模经济性和一定的自然垄断性

规模经济表现为：在城市供排水管道允许的范围内，消费者人数和消费者使用量越多，人均运输成本就越低，总成本收益就越高，显现出规模经济效益。即大批量的水资源供应，可以带来成本节约。具有网络服务性质的城市水务服务设施投资一旦完成，随后的水资源或污水回收等流量越大，平均成本就越低，边际成本就越低，边际成本呈递减之势，规模效益明显。但是，从服务水平角度来看，在技术装备不变的情况下，在管道允许的范围内，消费者超过一定水平时，使用者越多，服务水平越低。因此，必须平衡水务行业经济性与服务水平。

自然垄断是指由于“自然”的技术原因而形成的独家经营的市场独占格局。对于城市水务行业来说，其一般自然垄断的经济特征是：生产经营过程必须依赖于固定的供水管道和排水管道才能进行，由此决定了其在运营阶段，主要是输送阶段具有明显的自然垄断性。自然垄断的优点就在于，一个企业产出的总成本比由两个或两个以上企业生产这个产出水平的生产总成本低，则这个产业就为自然垄断提供了合理性。城市基础设施类，一般有较高的固定成本，较高的沉没成本，同时具有边际成本较低、弱替代使用等特征。具体到城市水务行业，目前的管网等就具有典型的自然垄断特征。主要表现在以下几个方面：

（1）投资资金巨大、资本回收期长，入门的门槛较高。从资本规模、技术工程等角度看，城市供水设施必须进行一次性大规模投资才能建成，同时，建成后运营周期长，投资资金难以在短期内收回，一旦投资完成，这部分成本就“沉淀”下来，形成巨大的固定成本，从而构筑了高昂的进入壁垒和门槛，一定程度上限制了该产业的自由进入和竞争。

（2）资产专用性强。城市供水和排水系统的投资具有显著的资产专用性，一般情况下，需要铺设特定的地下管线作为传送载体，只能用于传送某种特定的商品（比如供水管道就不能用来输送煤气），因此，用于传输系统的投资所形成的资产难以在市场变现和转作其他用途，这无疑会进一步强化行业资产的“沉淀”性，抬高市场进入壁垒。

（3）规模经济性与成本弱增性显著。城市水务系统的规模经济性是由其“沉淀”成本和网络系统引致的。在单一产品情形中，在单一企业能够有效满足市场需求的前提下，规模经济性是导致自然垄断的充分条件。表现在由于固定成本高昂，企业多生产一个单位的产量所分摊的固定成本要高于增加的边际成本，从而引起平均成本持续降低。因此，企业规模越大，产量越多，固定成本就越能分摊到更多产量上，规模经济也就越显著。可以说，在城市水务行业中，由单个企业用同一管道供应水源和废水回收，比多个企业分别构筑不同的管网从事生产经营的成本更为低廉，因此，成本弱增性或规模经济性是很明显的。

一般认为，自然垄断产业是一个典型的市场失灵领域，就其自身而言有着经济的规模性、成本稳定和难以持续等特点，这也决定了在这个领域内难以像普通行业一样形成完全竞争。20 世纪 70 年代以前，经济学研究对于公用事业基础设施等的探索主要针对自然垄断领域，相当数量的西方经济学家提出如果国家和政府来作为主体进行投资和建设产业项目，能够解决自然垄断产业的市场失灵问题，实现社会福利的最优。斯密把基础设施的建设和运营视为国家的重要职能之一，他认为建立并维护某些公共机关和公共工程设施是国家的义务。凯恩斯则从政府控制经济的必要性的视角出发，指出国家可以采取加大扶持公共工程以增加个人投资、大量创造社会就业，同时国家也应该把基础设施等公共工程看作一种对经济进行干预的方法。[①] 罗森斯坦（Rosenstein，1943）认为，基础设施具有积聚性特征，通常的市场机制不能提供最合适的供给，强调基础设施的投资建设必须通过政府干预。[②] 因此可以说，城市水务行业提供的产品和服务已经构成了现代生活的必需品，相对于农村居民而言，城市居民对垄断提供的产品和服务具有依赖性，管道使用的唯一性，也导致了可替代性几乎没有的

---

① 凯恩斯：《就业、利息和货币通论》，商务印书馆 1988 年版。

② 孙茂颖：《水务产业投融资问题研究》，博士学位论文，东北财经大学，2013 年。

现象。比如人们对自来水涨价的反应，在短期内往往是需求量明显减少，但过一段时间以后，人们的心理会逐渐适应，因此，表现为需求价格弹性短期较高而长期较低的现象。总之，作为城市公用事业的重要组成部分，城市水务行业的这些特征决定了其在准入、价格、普遍服务方面必然严格受到政府的管制，对水务企业经营管理存在的政策性亏损等，政府应该予以补贴，让企业持续经营，满足人们的生活需求。

三　网络性

正如前面所述，城市给排水系统是城市公用事业的组成部分，城市给排水系统规划是城市总体规划的组成部分。城市给排水系统通常由水源、输水管渠、水厂和配水管网组成。从水源取水后，经输水管渠送入水厂进行水质处理，处理过的水加压后通过配水管网送至用户，然后再从用户处通过回收管道，最后再进行综合处理。城市供水和排水网络系统，就是对一个城市的居民生活、工业生产、城市建设等方面提供所需要的水源。它是城市重要的基础设施之一，是城市水资源可以正常安全供应的保障。所以，城市供水排水网络系统是否满足城市的供水需求决定着人们的生活质量。从经济角度看，城市水务的网络系统会产生明显的网络经济效应，城市供水行业网络经济的基本条件是水务行业路网的规模和整体性运用。在技术装备不变的情况下，路网规模越大，布局越合理，整体性运用越充分，则单位成本越低，消费者获得的收益就越好。与传统的制造业呈现点状特征相比，管道运输等的生产则是网状分布特征。对于城市水务行业来说，其管道的形成过程是网状的。不同的输送网络即不同的线路分布于不同的区域，不同的区域经济、人口密度和社会发展水平的不同，决定了其管网需求的差异。随着城市规模的增大和城乡一体化战略的实施，相应的城市水务行业的网络分布也在不断扩张，在很多发达地区，城乡一体化的水务行业布局正在形成。

四　外部性与庇古税

（一）外部性的提出

福利经济学中的重要组成部分之一就是外部性理论。一方面，该理论揭示了市场经济中出现一些低效率的资源配置的原因；另一方面，外部性理论也为外部不经济问题提供了一些可选择的框架或者思路。

马歇尔在《经济学原理》中最早提出了外部性原理。随后，福利经济学之父庇古（Pigou）发展了马歇尔的思想，进一步系统地论述了外部性思想，形成了目前外部性研究的理论基础。外部性是指生产者或者消费者因自己的行为对其他社会成员产生的影响，这种影响不能通过市场机制简单地用货币的形式反映出来，是个人收益与社会总收益不一致以及个人成本与社会总成本不一致的现象。外部性的存在有可能使社会资源配置产生低效率甚至无效率的后果。微观经济学理论表明，在完全竞争市场中，市场可以自动实现资源的最优化配置，从而实现帕累托最优。帕累托最优是这样一种状况，在改善一方的境况的同时，必须有另一方的境况变坏。也就是说，帕累托最优无法同时使不同的人的境况变好。但实际情况并非如此，由于社会外部性的存在，私人成本与社会成本存在明显的不一致，私人收益与社会收益也存在不一致，这就导致资源无法进行最优配置。因此，经济学家不得不重新审视这些现象，从而寻求一种可调控的资源优化配置。外部性的概念是剑桥学派两位奠基者西奇威克（Sidgwick）和马歇尔（Marshall）率先提出的，随后由庇古于20世纪20年代完成了对此的系统论述和分析。由此，外部性开始引起了经济学家的关注。

外部效应又有正外部效应和负外部效应之分。正外部效应就是生产者或消费者的一些行为使其他人受益而又无法向后者收费的现象；而负外部效应是指个体的某些行为如环境污染等产生的对于其他人的不利影响，而前者无法补偿后者的现象。例如，私人住宅家门口的路灯给过路人带来了光明，但过路人不必付费，这样，私人住宅的主人就给过路人产生了正外部效应了。又如，某企业在生产过程中通过污水处理系统来处理污水，并对周围水域系统进行治理，这就给周围居民带来了正外部效应。负外部效应在生产和生活中也能遇到很多，比如，化工厂将污水排入附近河流，使河流两旁的居民无法使用河流里的水，这就产生了负外部效应。又如，机场产生的噪声对机场周围居民产生的影响，致使周围居民的正常生活受到干扰的效应等。

外部性用数学语言来表述就是，某经济主体的福利函数中的自变量中包括他人的行为，但该经济主体并没有因他人的行为产生的外部效应向其索取补偿或者提供报酬。其计算公式如下：

$$F_j = F_j(X_{1j}, X_{2j}, X_{3j}, \cdots, X_{nj}, X_{mk}) \quad j \neq k \qquad (1-1)$$

式中，j 和 k 是指不同的单位或者个人（这里统称个体），F_j 是个体 j 的福利函数，$i=1, 2, 3, \cdots, n$，m 是个体的经济活动。该公式表明，经济个体 j 的福利函数不仅受到自身经济活动的影响，而且还受到个体 k 的某个经济活动的影响，这就表明 k 的活动存在外部性。

由此可见，经济活动中存在的外部性是私人成本与社会总成本、私人收益与社会总收益的不同而产生的。

以上所讨论的均为单向外部性。例如，企业通过污水处理系统来处理污水使之排放达标，并对河流进行整治，使附近河流清澈，农作物得到良好灌溉长势喜人，虽然企业对附近居民有良好的外部性，但附近居民没有给企业带来外部性，这就是单向外部性。与单向外部性相对应的，是交互外部性。如各个企业对周围生态环境进行污染、对资源进行无止境开发，这样就导致生活成本增高，进而使生活质量下降，周围环境明显变差，彼此之间的外部性相互影响，无形之中增加了外部性衡量的难度。

（二）外部性理论

在福利经济学当中，外部性理论占据着重要的地位，也是环境税的重要理论依据。依据经济学所坚持的基本原理进行分析，如果市场条件可以实现完全竞争，那么社会资源就可以自发地实现帕累托最优，也就是对社会资源进行再分配不能对个体状况加以继续改善。如果生产者产生的边际成本同消费者所具有的边际支付意愿相等，那么就会导致实现帕累托最优。但是，现实社会当中是不可能会实现完全竞争的。不仅有信息不对称因素的影响，还会有垄断等各种因素的影响。西奇威克以及马歇尔是剑桥学派的奠基人，他们提出了外部性这个概念，庇古随后在《福利经济学》中对其进行了全面的分析和系统的论述。基于马歇尔的“外部经济”，庇古又提出了“外部不经济”

概念，并指出其内涵及外延，同时通过边际分析法，衍生出边际社会收益和边际私人收益两个新的经济学概念。

依据福利经济学的相关理论，如果社会体现出外部性，那么就难以优化配置资源。主要是因为私人成本同社会成本之间，以及私人收益同社会收益之间难以统一。这种情况下：

MSB（边际社会收益）＝ $\sum MPB$（边际私人收益）+ MEB（边际外部收益）　　(1－2)

MSC（边际社会成本）＝ $\sum MPC$（边际私人成本）+ MEC（边际外部成本）　　(1－3)

在MSB与MSC相等的情况下，社会福利可以实现最大化；在MPB与MPC相等的情况下，企业福利可以实现自身利润的最大化，如果在生产期间，企业的行为会对环境保护产生不利的影响，那么企业有两条路可以选择：第一条路，对自身行为加以改进，直至同环境要求相适应；第二条路，不做任何改变，也就是体现出负外部性。很明显，如果企业选择第一条路，那么就会使成本增加，对自身利润产生影响。因此，在利润最大化的驱使下，通常企业都会走第二条路，但会导致社会成本增加，也就是私人成本转化为社会成本。此外，因为企业不用对边际外部成本加以承担，由边际私人成本确定的利润最大化产量会超出按照边际社会成本确定的社会最优产量，这就会带来严重的环境污染，加大社会成本。因此，在配置资源时效率不高，并且体现出不公平性，外部性转化为内部化是根本的解决措施。[①]

外部性问题的提出是和历史上对于政府作用的争论联系在一起的。从亚当·斯密的那个时代开始，人们就已经认识到，在人们需要公共福利而提供公共福利对于私人企业来说却又是无利可图的时候，需要政府发挥其作用；某些活动因其独特的公共性质，或者这些活动是在自然垄断的条件下进行的，这时就需要政府管制。除此之外，政府的作用就是保证市场机制的良好运行。

① 周国菊：《环境税对我国经济的影响分析及改革建议》，硕士学位论文，山东大学，2011年，第10页。

按照经济学基本原理的分析，一个完全竞争的市场条件下，社会资源能够自发地达到帕累托最优，在这样一种状态下，社会资源的再分配已经无法使个人的境况变得更好，用局部均衡分析中常用的术语来表示，即私人产品的分配效率已经达到。首先，对所有生产者来说，生产一件产品的边际生产成本是相等的，即通常所称的生产效率。其次，消费者对该商品的边际支付意愿——也就是边际收益，对所有消费者也是相同的，从而保证了消费效率的实现。最后，边际生产成本必须等于边际支付意愿，这一条件的满足最终导致帕累托最优的实现。在一个理想的竞争经济中，生产者和消费者的最优化选择保证了边际生产成本和边际收益等于市场中商品的均衡价格。由此，完全竞争下的市场均衡处于帕累托最优状态，社会资源没有额外的损失和浪费。

然而，完全竞争所要求的理想条件在现实中很难得到满足，除信息的对称、无垄断等严格假设条件很难在现实中得到满足外，外部性的存在也打破了经济自发最优的梦想，当存在外部不经济的情况下，企业追求利润最大化不能导致资源的有效配置，从而导致市场失灵。具体如图 1－1 所示。

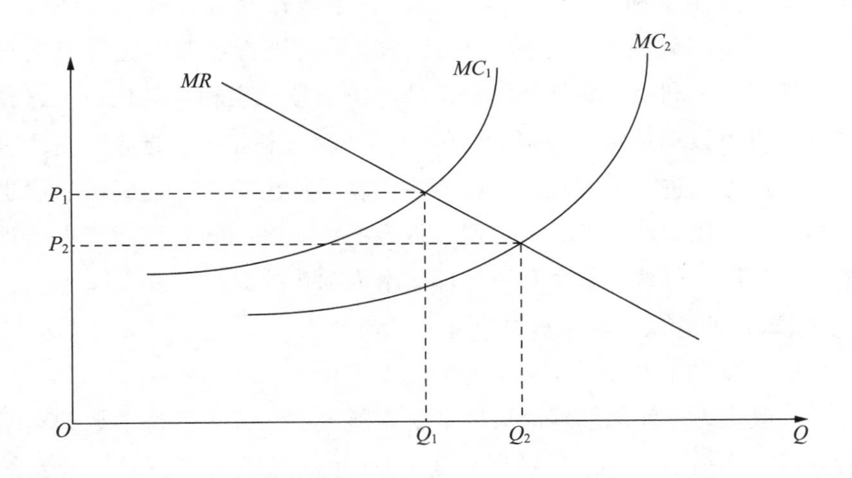

图 1－1　环境外部性导致的市场失灵

图1－1中，MR为厂商的边际收益曲线（因完全竞争市场是一种理想的状态，因此边际收益曲线采用的是不完全竞争市场的边际收益曲线，向右下方倾斜），MC_2为厂商的私人边际成本，MC_1为社会的边际成本曲线，从社会福利的最大化出发，生产应该在$MC_1 = MR$时进行，即厂商消费污染产品数量为Q_1，价格为P_1。因为环境存在外部不经济，厂商为了达到私人利益最大化，不会考虑环境成本，而会选择在$MC_2 = MR$下进行生产，此时，产品产量为Q_2，价格为P_2。厂商与考虑环境负外部性的差额为$Q_2 - Q_1$。那么在相同的资源条件下，一些产品生产过剩就意味着其他产品的产出水平过低甚至是没有生产，导致市场失灵，造成资源的浪费和环境污染等。

因为环境的外部性使环境资源利用产生扭曲，导致环境资源低效率和不公平的配置，在市场经济条件下完全依靠经济主体的自觉行为并不能使外部成本内部化，政府必须要对其加以干预。由于市场失效，就需要政府运用财政、税收等政策对私人边际成本进行调整，使私人的边际成本与社会的边际成本相等，实现环境外部成本的内部化。环境成本内部化的政策有自我调控、直接控制和间接控制三种。自我调控是经济主体自发的、主动调整经济活动的行为。直接控制是指国家通过制定和实施资源法律法规，采取命令进行控制。间接控制，也叫经济刺激型，是指采用经济的手段进行控制。通过市场机制，使开发、利用、破坏环境资源的经济主体承担相应的代价。这种方式不仅可以促使污染环境的经济主体从个人利益出发选择对自己有利的生产方式进行，而且还可以筹集治理环境的资金。而经济手段也包括很多，比如环境费、环境税、押金制度、补贴等。按照庇古的理论，让污染者付费是解决环境外部成本内部化的有效手段。

（三）西奇威克和马歇尔对外部性的论述

1. 西奇威克的论述

一般认为，外部性理论最早是由英国经济学家、剑桥学派的奠基者西奇威克提出的。西奇威克在其1883年的《政治经济学原理》一书中，从“个人对财富拥有的权利并不是在所有情况下都是他对社会贡献的等价物”中认识到了外部性的存在。西奇威克看到了私人产品与社会产品的不一致，他认为，个人对财富拥有的权利并不是在所有情况下都是他对社会贡献的等价物。因此，他提出了由于外部性的存在，使私人成本与社会成本、私人收益与社会收益之间的不一致问题。西奇威克以灯塔问题为例，假设某个人从个人利益出发建造灯塔，这同时也起到了为他人服务的作用，得到免费服务的这些人并未对此付出成本，从而成为免费搭乘者。而且，在某些情况下，人们会额外负担那些由于他人行为而产生的不能得到补偿的货币或精神成本。这样，这些行为的私人产品就不等于社会纯产品。因此，不同于传统观点，西奇威克提出为了解决外部性问题，需要政府进行干涉（周小亮，2002）。

2. 马歇尔的论述

西奇威克先驱探索的私人产品与社会产品不一致的可能性与重要性问题又被马歇尔重新提出来。马歇尔是英国剑桥学派的创始人，是新古典经济学派的代表。马歇尔并没有明确提出外部性这一概念，他在分析个别厂商和行业经济运行时首创了“外部经济”和“内部经济”这一对概念。一般认为，这是外部性概念的源泉所在。马歇尔指出：我们可以把任何一种商品的生成规模之扩大而发生的经济分为两类，即外部经济和内部经济。他还指出：任何商品的总生产量之增加，常会增大它所获得的外部经济，所谓内部经济，是指由于企业内部的各种因素所导致的生产费用的节约，这些影响因素包括劳动者的工作热情、工作技能的提高、内部分工协作的完善、先进设备的采用、管理水平的提高和管理费用的减少等。所谓外部经济，是指由于企业外部的各种因素所导致的生产费用的减少，这些影响因素包括企业离原材料供应地和产品销售市场的远近、市场容量的大小、运输通信的便利程度、其他相关联企业的发展水平等。具有关联关系的企业集聚在一起，会使外部经济的效果增强，外部经济效果的增强会促使企业产生内部经济效果，增强企业的竞争优势。

马歇尔虽然并没有提出内部不经济和外部不经济概念，但从他对内部经济和外部经济的论述可以从逻辑上推出内部不经济和外部不经济的概念及其含义。所谓内部不经济，是指由于企业内部的各种因素所导致的生产费用的增加。所谓外部不经济，是指由于企业外部的各种因素所导致的生产费用的增加（沈满洪、何灵巧，2002）。

（四）庇古的论述

外部效应转化为内在化指的是政府通过一定的行政措施以及经济措施，来缩小抑或是消除私人成本同社会成本之间，以及私人收益同社会收益之间所存在的差距，对市场竞争加以规范。

到20世纪20年代，马歇尔的学生、另一位剑桥经济学家庇古在其名著《福利经济学》中首次用现代经济学的方法从福利经济学的角度系统地研究了外部性问题。他在马歇尔提出的“外部经济”概念基础上扩充了“外部不经济”的概念和内容，并从社会资源最优配置的角度出发，应用边际分析方法，提出了边际社会净产值和边际私人净产值。庇古在其所著的《福利经济学》中明确指出，因为外部效应引发的私人边际产品无法同社会边际产品相协调的问题，所以将其称为庇古税，主要针对人类行为体现出的外部性，克服市场经济制度难以实现外部性逐步实现内部化的一种理想税收，庇古税首先有助于外部性引发的社会边际成本慢慢实现内部化；其次，可以补偿外部性所导致的社会损害。由此可见，庇古税有助于供求关系的调整，有助于人们的决策以及行为的调节。

在该著作中，庇古列举了大量实例来说明社会和私人净产值的不一致性。例如，工厂生产过程中烟囱排放的煤烟会使社会遭受无法补偿的巨大损失，这表现在建筑物和植物受到的损害、洗涤衣服和清洁房间的花费、提供额外人工照明等的花费等许多方面。[①] 庇古认为，在经济活动中，如果某厂商给其他厂商或整个社会造成不须付出代价的损失，那就是外部不经济，这时，厂商的边际私人成本小于边际社会成本。当出现这种情况时，依靠市场是不能解决这种损害的，即我们通常所说的市场失灵。

按照庇古在《福利经济学》中的理论，政府应通过征税的方法使厂商实现外部成本内部化，所征税收应相当于厂商每生产一单位产品

---

① ［英］庇古：《福利经济学》（上、下卷），商务印书馆2003年版，第197—198页。

所造成的损害。如图 1 - 2 所示，MEC 为边际外部成本，MNPE 为边际私人净收益。当不考虑环境外部成本时，此时生产量在 Q_2 时私人的净收益最大，存在外部不经济时，要实现社会净收益最大化，必须要求产品的价格等于最高水平 Q_1 时私人边际成本减去外部边际成本之和，而相应的边际外部成本 T 就为庇古税。

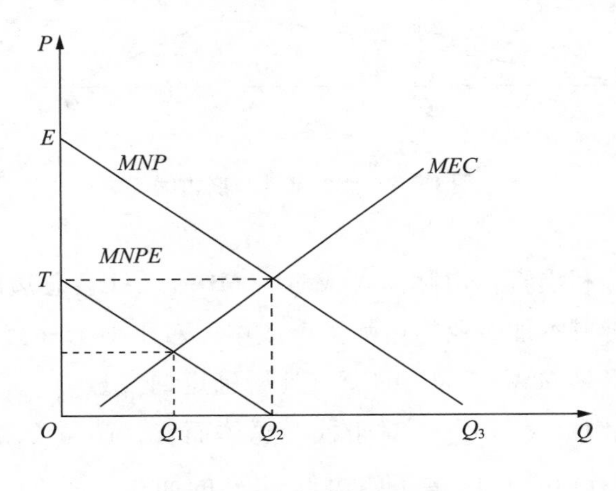

图 1 - 2　庇古税原理

庇古税理论是针对解决外部性问题提出的，主要原理是运用征税或补贴等手段来纠正这种外部性，使私人成本等于社会成本或私人收益等于社会收益。环境污染带有很强的负外部性，使其私人成本小于社会成本，带来社会总福利的损失，庇古税就是运用税收手段将外部成本内部化，按照庇古的理论，这家企业应当支付其排放行为对居民造成的福利损失。直观地看，企业支付居民损失，是一种利益分配，对企业支付之前的总体社会福利不产生影响，但庇古理论却揭示了负外部性是会带来整体福利损失的，所以必须进行纠正。我们可以用图 1 - 3 来说明。

在图 1 - 3 中，横轴代表排污企业的产量 Q，纵轴代表价格 P，对于企业来说，最佳产量应当是企业的边际生产成本 MPC 等于边际收益 MB 的点 b，对应产量为 Q_1。但是，由于企业生产同时排放污染物，

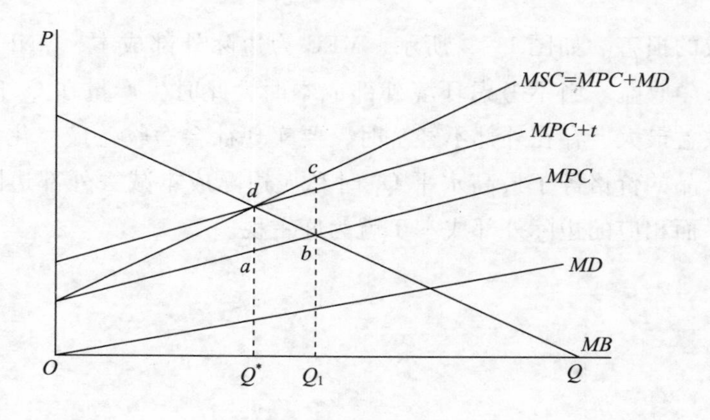

图1-3　负外部性与庇古税

会造成社会福利损害，边际损害成本为MD。而社会总边际成本MSC等于边际损害成本加企业的边际生产成本。对于整个社会来说，企业最优产量应当是MSC与MB的交点d所确定的产量 Q^*。显然，企业自身最优产量 Q_1 大于 Q^*，对于社会总体而言，产量 Q_1 的社会总成本比 Q^* 下的社会总成本多了四边形abcd的面积，而△abd面积为企业增加产量而获得的收益，所以，整体上的福利损失为△bcd的面积。根据庇古税理论，为纠正这种负外部性应当对单位产品征税使得企业缩减产量至社会最优产量。假设政府对企业单位产量征收t单位税额，使企业边际成本变为MPC+t，此时，企业的最优产量与社会最优产量相等。此时，政府从企业获得一部分收入，企业因产量减少而损失Δabd面积的收益，社会因此而减少福利损失Δbcd的面积。此时，社会的总体福利变化为Δbcd减去Δabd的面积。因为边际损害成本随产量而增加，只要产量大于零，Δbcd面积始终大于Δabd的面积。因此，征收庇古税会产生正的社会福利，所以，从整体福利角度讲，征收庇古税是必要的。

庇古在《福利经济学》中提出，当某种生产要素的边际私人收益与其边际社会收益相等时，那么这种生产要素在不同种类的用途中所产出的边际社会收益是相等的。只有在销售价格与其所有的生成要素成本相等时，整个社会资源的利用程度才能达到最佳。然而，这个仅仅通过市场机制是无法实现的，因此需要政府参与，进行补贴或者征收税收等措施进行调节达到最优状态。

（五）现代福利经济学中对外部性的概念表述

按照黄有光的表述，如果某人的效应函数（或企业的成本或生产函数）不仅取决于他自己所能控制的变量，而且取决于由别人控制的某些变量，而后一种影响是无法通过市场交易解决的，在此情况下外部性就存在了。[①] 简单地讲，当一个经济主体的行为直接影响另一经济主体的效用但却无法通过市场交易来完成时，我们就说存在外部性。用数学语言来表示我们有：

$$U_i = U_i(X_i^1,\ X_i^2,\ X_i^3,\ \cdots,\ X_i^m,\ X_j^n,)\quad i \neq j \qquad (1-4)$$

式中，U_i 是个体 i 的效应函数，X_i^m 表示个体 i 从事第 m 种活动的量，从该函数的决定变量看，个体 i 的效用不仅受制于自身从事活动的状况，还要受到个体 j 从事的第 n 种活动的影响。当个体 j 从事的活动影响了 i 但这种影响无法通过市场交换来体现出来时，外部性就产生的。

外部性是一种典型的市场失灵。当外部性存在时，市场上的商品和服务价格就无法真实地反映其边际成本或边际收益。在外部性存在的前提下，一个竞争的经济体就无法实现帕累托最优，也就无法出现正确的激励机制能够最大限度地增加社会福利。因此，政府应当采取合适的政策来矫正或者说内在化这种外部性。

五　可持续发展理论

可持续发展战略是世界与环境委员会（WCED）在 1987 年发表的《我们共同的未来》中正式提出的，其定义为“既满足当代人的需要，又不危害后代人满足其需求的发展”。也就是指在社会经济发展的过程中，环境与其他方面的发展都必须处于一个相互协调的状态，既要能够达到现代人的需求，也不能够为了现代人的要求而破坏了后代们赖以生存的环境。这一概念在 1992 年通过的《里约环境与发展宣言》和《21 世纪议程》中得到了世界各国的广泛认可。这一

---

① 黄有光：《福祉经济学：一个趋于更全面分析的尝试》，东北财经大学出版社 2005 年版，第 100 页。

观点的中心就在于环境、自然资源与人类三者之间的关系。人类在社会发展过程中，必然会需要自然资源，同时也会消耗掉自然环境中的一部分。但是这样的消耗和需要必须要有一个限度进行限制，不能够过量，一旦过量，这些需要就会为环境带来不可挽回的损失。对于子孙后代来说，就将面临一个更加艰难的时期，发展将不具备持续性。所以，环境的保护是一方面，经济发展也是一方面，两个方面要和谐发展，经济发展一定要遵循自然环境的规律。可持续发展理论极大地丰富了人类生产和生活的理论与实践，首先，经济的增长是以经济持续发展为前提的，因而可持续发展是政府税费资金稳定来源的重要保证；其次，在可持续发展的前提下，产业结构的调整也会促使我国要不断完善我国的税制结构，从而对我国的税制结构起到了优化的作用。反过来，税费作为减少甚至消除外部性的手段，也有利于可持续发展的实现。我国要想实现现代化的发展，不仅要促进经济的持续、快速增长，更要加强资源的综合利用和环境的保护，从而提高社会福利水平；不仅要实现当代人的经济社会发展目标，更要促进全人类社会的可持续发展。

第二节　城市水务行业的经济属性

一　公共物品属性

公共物品与私人物品是一个相对的概念，是指公共使用或消费的物品，是可以供社会成员共享的物品。公共物品一般不能通过市场机制来合理有效地提供，主要由政府部门来负责提供。严格意义上的公共物品具有非竞争性和非排他性这两大特性。

对于公共物品而言，在资源优化配置的情况下，价格必须为零。因为公共物品的消费者的增加不产生相应的边际成本。资源优化配置的情况下，总的边际成本应该等于总的边际收益。然而，对于“准公共物品”，消费者的增加产生相应的边际成本，因此，边际成本不等于零，且社会边际总成本大于个人边际成本。由于市场上的公平价格只反映私人成本，不包括社会边际成本，所以，从私人边际成本角度进行决策不符合社会最优状况。由此可得，单靠市场力量进行这类公共物品的配置是缺乏效率的。现实中，很多环境资源问题就因此而造成的，如水污染、大气污染等。

令 x_1 和 x_2 代表私人消费，G 代表公共品的数量，C（G）表示公共品的生产成本。帕累托有效是指在消费者 2 的效用水平至少不变的情况下使消费者 1 的效用水平尽可能大，若将消费者 2 的效用固定在某一水平 $\bar{u}_2$ 上，消费者 1 的效用最大化问题就可以表述为：

$$\text{Max}u_1(x_1, G) \tag{1-5}$$

$$\text{s. t. } u_2(x_2, G) = \bar{u}_2 \tag{1-6}$$

$$X_1 + X_2 + C(G) = w_1 + w_2 \tag{1-7}$$

利用拉格朗日乘法可得：

$$MRS_1 + MRS_2 = MC \tag{1-8}$$

由此可得，通过社会总收益与社会总边际成本得出的公共物品的供给量是不同的，社会总供给量 G 大于任何私人效用最大化的供给量。

1739 年，英国学者大卫·休谟在《人性论》中提出了“搭便车”和“公地悲剧”，且只有政府参与，才能消除公共品的“搭便车”行为。随后，该概念由萨缪尔森（1954）加以规范。现代经济对公共物品理论的研究始于萨缪尔森，他于 1954 年和 1955 年分别发表了两篇论文，奠定和确立了公共物品理论等基础和核心命题。在此基础上，经美国财政学家马斯格雷夫（Musgrave）等进一步探索和完善，逐步形成了公共物品理论。

萨缪尔森在发表的两篇权威论文《公共支出的纯粹理论》和《公共支出理论的图式探讨》中，对于公共物品的定义是：公共物品是指每个人对它的消费不会减少其他人对该物品的消费量的物品。公共物品是指可以提供社会成员共同享用的产品，具有非竞争性和非排他性。公共物品一般具有三个重要的特征：

（1）消费的非竞争性。所谓非竞争性，是指任一公众对公共物品的消费并不会影响别人同时消费该产品并从中获利，即在给定的生产水平下，为另一个消费者提供这一物品所带来的边际成本为零。公共物品的非竞争性意味着增加消费者引起的社会边际成本几乎为零，也可以这样理解，固定量的公共物品按照零边际成本提供利益消费者的增加不会引起生产成本的增加。总而言之。在公共物品的消费上，人人都不会相互干扰且可以得到利益。大部分城市水务产品（或服务）一旦提供出来，任何消费者对其消费都不影响其他消费者的利益，也不会影响整个社会的利益。消费的非竞争性包含两方面的含义：①边际生产成本为零。这里所说的边际生产成本是指新增加一个消费者对供给者带来的成本，而非微观经济学中经常分析的产量增加导致的边际成本。在公共产品的情况下，消费者增加和产量增加导致的边际生产成本并不一致。②边际拥挤成本为零。每个消费者的消费都不影响其他消费者的消费数量和质量，这种产品不但是共同消费的，而且不存在消费中的拥挤现象。

（2）受益的非排他性。非排他性是指某人在消费一种公共物品时，不能排除其他人消费这一物品，比如甲购买了烟花用于燃放，其邻居乙、丙、丁均可以观看且不需要付费，而甲对此束手无策，其实对乙、丙、丁来说，这就是典型的“搭便车”行为。正是因为公共物品的这种性质使私人市场缺乏动力，无法有效地提供服务和商品。即在技术上没有办法将拒绝为之付款的个人或厂商排除在城市基础设施产品或服务的受益范围之外。或者说，任何人都不能用拒绝付款的办法，将其不喜欢的城市基础设施产品或服务排除在其享用产品或服务范围之外。例如城市排水，其一旦形成了，提供了相应的服务，要想排除任何一个生活在该城市的人享受这些相关服务，是非常困难的。即使拒绝为这些城市设施费用纳税的人，也仍然处在服务的范围之内。而私人产品则必须具有排他性，因为只有在受益上具有排他性的产品，人们才愿意为之付款，生产者也才会通过市场来提供。

（3）效用的不可分割性。大多数城市水务基础设施产品或服务是向整个城市的市民共同提供的，具有共同受益或联合消费的特点，其效用为整个城市的成员所共享，而不能将其分割为若干部分或若干单位，分别归属于某些个人或厂商享用，或者说，限定为城市水务基础设施投资的个人或厂商专享。因此我们说，公共物品具有效用的不可分割性。

公共物品的分类方法很多，通常情况下一般分为三类。第一类为纯公共物品，这类公共物品是指每个人消费这样的产品均不会导致其他人对该产品消费的减少，同时具有非排他性和非竞争性，如国防、外交、市政设施等。第二类公共物品有学者将其称为俱乐部物品（club goods），这类公共物品是指消费上具有非竞争性，但是收益时却具有排他性的特征。第三类公共物品有学者将其称为共同资源，这类公共物品在消费上具有竞争性，但是无法做到收益排他性。第二类公共物品和第三类公共物品被称为“准公共物品”，同时又被称为混合公共物品，兼有纯公共物品和私人物品的特征，是不纯粹的公共物品，即未能同时具备非竞争性和非排他性两个特征的公共物品。“拥挤性”是“准公共物品”的特点，即与纯公共物品不同，当消费者达到一定数量后，就会产生边际成本为正的情况，而纯公共物品增加一个人的消费，其边际成本恒等于零。与此同时，在达到一定数量以后，每增加一个人，“准公共物品”的特点使原来的使用者将减少其效用。而纯公共物品不会。在实践中，一般公认的纯公共物品是国防，很难说其他物品也具有纯公共物品的性质，大量物品介于纯公共物品和私人物品之间，同时具有竞争性和排他性特征的是私人物品。介于两者之间的则为准公共物品，又可分为拥挤性公共物品和俱乐部性公共物品。拥挤性公共物品具有非排他性，但是，当使用者的数量达到一定的程度时就会产生拥挤。比如，不收费但拥挤的公园是一种竞争性物品，再加入一个人就会限制其他人的使用，同时，由于该公园是免费的，又具有非排他性的特性。即在消费上具有竞争性，但是却无法有效地排他，有学者将这类物品称为共同资源或公共池塘资源物品。俱乐部性公共物品具有非竞争性，公共物品的特点是消费上具有非竞争性，但是却可以较轻易地做到排他，有学者将这类物品形象地称为俱乐部物品，多增加一个使用者对其的影响是微不足道的，同时对该类物品的使用是需要付费的从而将不愿付费又想使用该产品的消费者排除在外，具备该特性的一般是一些自然垄断行业提供的物品。一般来说，物品的分类大致如图 1－4 所示。

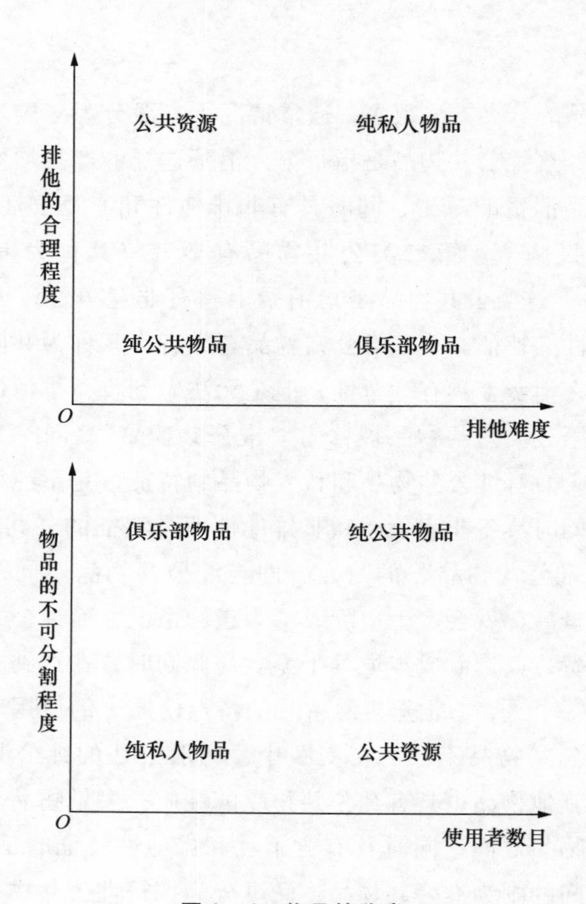

图1-4 物品的分类

人们通常认为，自然资源、生态系统是一种公共产品，在一定程度上可以被人利用，但是，其本身又存在容量限制，当使用程度超过了范围就会导致环境质量下降，出现拥挤问题。公共产品的提供易产生正的外部性，因此，私人部门不会主动提供公共物品。政府部门对环境保护的投入可以看作是提供公共物品，而环境保护的支出需要资金支持，这部分资金一般需要税收来支持，所以，通过对造成环境污染的企业进行征税，以此收入来提供公共物品。

显然，空气、水资源等具有非竞争性和非排他性，因而属于纯粹的公共物品，而环境恶化的根源就在于环境的公共物品特性。一种物品，如果具有非排他性，每个人都会出于追求个人利益最大化考虑，尽可能多地利用它。在这种情况下，该种物品就具有了消费不可分性即非竞争性特点，这就是所谓的“公共资源”，由于其获取不受严格管制，很容易就会被过度使用，造成灾难性的后果。因公共资源具有稀缺性，因此，应对“公共资源”有偿使用。但是，公共资源的财产权属于社会中的每个成员，一旦某种物品或资源拥有公共财产的性质，将不存在任何所有权。社会中的每个团体或者个人都会根据自己的费用效益决策来利用环境资源，必会造成肆意滥用资源，在这种情况下，也不会有人愿意为治理、保护环境付费，最终导致“公地悲剧”，其实质是公共资源的低效率配置。

具体从水务行业来看，水资源也属于一种公共物品。比如在占有方面，水资源存在明显的非竞争性以及非排他性，这就意味着所有人都可以对水资源加以使用。正是基于公共物品特性，阻碍了通过市场价格机制实现对水资源进行合理配置的可能性。在市场经济条件下，价格是资源作为商品的相对稀缺性的信号和度量，是供给与需求的综合反映，正是在价格的引导下，经济资源在各部门间的流动使社会资源得到调整，最终实现资源的合理配置。如果价格不能正确地反映出资源的稀缺程度，单一的市场调节难以形成合理的市场交换价格，更难以通过价格杠杆的调节作用使资源得到合理的配置，也就难以对污染进行有效的控制。①

正如西方学者指出的那样：“所谓公共所有权，如要更清晰地勾画出它的特征，实际就是不存在任何所有权。”环境资源是一种典型的公共物品，为全体社会成员所共有，正是这种公共物品的特性，使人类在受益于环境资源的同时却不愿意为享受环境资源而支付相应的环境成本，更是基于此种无偿受益性，使社会个体无节制地争夺有限的资源，以此追求个人利益的最大化，造成“公地悲剧”。面对这样的局面，我国必须通过政府的力量，来向公众提供公共物品。市场经济环境中，公共物品的收税或者收费，其实是一个客观问题，并不是

---

① 王京星：《环境税收法律制度问题研究》，硕士学位论文，西南政法大学，2007 年。

由政府单方面决定的，更多情况下，是取决于这一物品的公共性达到了什么样的强度。比如说，该公共产品的公共性很强，大多数公民都可以从中获益，那么就不应该进行收费；反之，如果受益人群有限的话，那么收取费用就是合情合理的了。①

环境资源是非常明显的公共产品，对于受益人来说，受益的是整个社会，而污染者付费和受益之间并不存在一一对应的关系，再加之法律法规的不健全，确认排污的责任主体困难等原因，这决定了政府应当采用税收手段干预环境问题，对污染者应当征税而不是收费。

二　物权属性和投资经营属性

城市水务行业基础设施具有显著的物权属性。按照城市管道本身的结构分，有管线主体结构、管线附属设施，还有空间权属等多个权属。目前，相关的法规中只有《城市地下空间开发利用管理规定》（2011 年修正本）第二十五条的规定，即“地下工程应本着‘谁投资，谁所有；谁受益，谁维护’的原则，允许建设单位对其投资开发建设的地下工程自营或依法转让、租赁。”由此，地下管道及其附属设施符合物权客体的属性，其产权应当属于投资建设单位所有，随着市政基础设施领域公私合作等建设模式的逐步推进，市政基础设施投融资模式也在不断发生变化，城市水务行业的权属登记制度也需要相应完善。

按照公共财政的内在要求，政府资金的投向应当以坚持提供基本公共服务为宗旨，重点投向公共基础设施、生态环境保护、社会领域建设方面，对产业直接投资应当严格限制。近年来，国家层面也在不断强调政府投资项目不能与民争利，应该更多地投向公益性和公共基础设施建设。在合理界定政府投资范围方面，把政府投资限定在“主要用于关系国家安全和市场不能有效配置资源的经济和社会领域，包括加强公益性和公共基础设施建设，保护和改善生态环境，促进欠发达地区的经济和社会发展，推进科技进步和高新技术产业化”。同时也需要合理划分中央政府与地方政府的投资事权，通过限定，明确了

---

① 马保明：《费改税问题探析》，硕士学位论文，天津财经学院，2000 年。

在投资领域，作为投资主体的政府该干什么，哪些应该交给国有企业和其他投资主体去投资建设，既需要明确政府投资的职能所在，也需要体现政府不与民争利的原则。

城市水务行业基础设施产品的属性也并不是一成不变的。事实上，由于科学技术的进步和城市综合管廊的建设与应用，城市水务行业基础设施产品（或服务）的竞争性也逐渐增强；随着城市水务行业基础设施产品（服务）有偿使用范围的扩大，资源稀缺性的凸显，增强了其消费上的排他性。

表1－1总结了综合打分后的城市水务行业基础设施产品（或服务）属性。

表1－1　　城市水务行业基础设施的产品与服务属性

管线行业	管线名称	竞争性	排他性	产品属性
供水行业	生活水管道	弱	中	准公共产品
	消防水	弱	弱	纯公共产品
	园林绿化用水	弱	弱	纯公共产品
排水行业	污水管道	弱	中	准公共产品
	雨水管道	弱	弱	纯公共产品
	排涝管道	弱	弱	纯公共产品

在城市水务设施投资和建设中，对经营性领域和经营性基础设施项目，应该依法放开建设和经营市场，积极推行投资运营主体招商，政府不再直接投入。经营性水务行业基础设施属于私人物品或俱乐部物品。经营性基础设施建设以利润最大化为目的，例如，随着技术和制度的不断进步，城市水务行业的私人产品性质逐步凸显出来。其投融资建设过程也是价值增值过程，可通过全社会投资加以实现，通过政府制定建设项目规划，实行公开、公平、竞争的招投标制度，其融资、建设、管理及运营均由投资方自行决策，所享受的权益也归投资方所有。但在价格制定上，政府应兼顾投资方利益和公众的可承受能力，实行价格管制方法，尽可能使公众、投资方和政府三方满意。

对准经营性领域（如污水处理产品等）和准公益性水务基础设施等（如污水处理管道等），政府要通过特许经营、投资补助、政府购买服务等多种形式，吸引包括民间资本在内的社会资金，参与投资、建设和运营“准经营性基础设施项目”，在市场准入和扶持政策方面对各类投资主体同等对待，通过建立投资、补贴与价格的协同机制，为投资者获得合理回报积极创造条件。准公益性水务基础设施项目介于公益性与经营性基础设施项目之间，既有公益性基础设施项目的某些属性，又具有经营性基础设施项目的属性。它的社会服务和管理服务所产生的效益体现为受益区内的社会经济效益，直接经济效益不太明显，因此需要通过政府适当贴息或政策优惠维持营运。而经济功能所产生的效益主要表现为工程自身的效益，可以通过市场机制完善投资制度，以吸引民间资本进入。例如，城市水务管道作为城市地下管线基础设施产品的重要组成部分，就具备准公益性产品的上述特点。准公益性地下管线基础设施产品的重要特点是需要有明确的财务成本收益模式，建立明确的成本分担制度，同时确定向民间资本开放的程度，这对准公共基础设施的充足供给有重要意义。

对非经营性领域（包括基本公共服务、排水管线、消防水、园林绿化用水等），需要政府集中财力建设其基础设施项目，既可采取捆绑式项目法人招标等方式由社会投资人组织实施，也可由政府回购或购买服务。

基于以上分类投融资建设基础设施的理念与现状，我们认为，城市水务设施作为城市基础设施的重要组成部分，应该根据水务行业的产品属性来决定其投资性质和投资来源渠道，并且在制度上进行创新。对于不同的部分应采取不同的供给方式，以达到资源的优化配置。明确的资金分配模式不仅对于投融资模式的选择有重要意义，同时也是私人资本关注的核心问题。

由表 1 - 1 可知，公益性水务基础设施属于纯公共产品范畴，具有排他性与非竞争性。公益性基础设施项目具有明显的社会效益，直接的经济效益不显著，例如，消防、园林绿化专用给水管道等，这类基础设施项目涉及资源循环利用和生态保护等领域，不仅需要较大投资规模，且基本没有利润产生。因此，民间资本一般无法或不愿进入这些领域，只能由政府投资承担主体责任，按政府投资运作模式的要求，政府资金来源主要依赖于财政投入，并配以优惠的税收政策或适当的收费来保障，其权益归属政府所有。

第二章　城市水务行业激励性政府补贴相关概念及其效应

水务行业是指由原水、供水、节水、排水、污水处理及水资源回收利用等构成的产业链。城市水务行业是满足城市运行和居民生产生活的城市基础设施，担负着城市的水资源输送、排涝减灾、废物排弃的功能，既是城市赖以生存和发展的物质基础，也是城市基础设施和公用事业的重要组成部分，更是发挥城市功能、确保社会经济和城市建设健康、协调和可持续发展的重要基础和保障。城市水务行业就像人体内的“血管”和“神经”，因此，被人们称为城市的“生命管线”。水务行业是中国乃至世界上所有国家和地区最重要的城市基本服务行业之一，日常的生产、生活都离不开城市供水和污水处理。城市水务行业作为基础性、准公益性的行业，随着城市的发展，在保障城市运行中发挥着日益明显的作用。不仅行业的规模越来越大，行业的发展和运行也出现了更多体制上和管理上的问题。针对城市水务行业发展中存在的问题，相关部门应该采取有效措施，进一步推动水务行业的稳定健康发展，而在这其中，运用政府补贴手段来激励企业投资和经营的重要性不言而喻。

第一节　激励性监管政策和政府补贴的概念

一　激励性监管

激励性监管手段，也称为“基于市场”的手段，它是用经济激励的手段，区别于传统的行政手段来实现监管目标。该手段的运用，是在充分发挥市场机制的作用基础上，更多地利用收费价格、竞争和补贴等经济激励手段，来刺激市场主体的企业的行为动机，激励管制对象在追求自身经济利益最大化的同时实现政府的政策目标，比如，环境的改善、社会目标的实现等。激励性监管手段与直接的命令—控制式管制手段的差异在于，有效的激励性监管政策能使企业自觉降低处理成本，提高效率，实现政府的政策目标，降低了政府的监管信息成本和政策实施成本。

近年来，随着环境和社会问题的愈演愈烈，各国政府都在积极寻找和创新管制政策，传统的命令—控制式管制手段正日益暴露其弊端，无法约束日益市场化和分散化的经济个体的行为。在这样的背景下，基于市场的管制工具，正受到越来越多国家的青睐。

基于市场的管制工具是以市场价格信号为手段，运用市场机制来引导和激励人们的行为进而使之符合政府环境管制的目标。这样的政策管理工具大致可分为污染收费、环境税、污染配额、污染许可证制度以及补贴等。这些政策工具的共同特征是“利用市场的力量”，通过合理的制度安排来激励污染企业或个人在追求自身利益最大化的同时，也相应承担环境损害的代价。从而使政府的管制有别于以前的行政命令式手段。

理论上说，如果市场管制工具能够最优化设计，环境质量是能够以社会成本最小化的方式来实现的，对于分散的污染个体来说，奥茨、波特尼和麦克加兰（Oates，Portney and McGartland，1989）认为，市场化手段能够使每个企业都采取最优的污染减排方案，也就是使每个污染源能够减排的边际成本均等化（Baumol and Oates，1988；Tietenberg and Lewis，2011）。而传统的命令—控制式手段往往实施的是统一的污染排放标准方式，存在管制过度或管制不足的现象，除非政策制定者对每一个企业的污染削减成本都能了如指掌，并制定出差别化的排放标准，显然，巨大的信息搜寻成本是管理者很难克服的障碍。

尽管市场工具的优势已经成为政策制定者的共识，但如何运用和选择这些工具是近些年困扰理论界和实务界的难题，从目前大量的实践看，政策工具的选择大多是混合使用的。

在市场经济体制下，城市水务行业的监管应充分发挥市场机制的积极作用，在监管中模拟市场竞争机制，实行绩效挂钩，促使城市水务行业努力提高效率。提高水务行业效率的激励性监管政策的实质是基于“绩效”的监管，其核心内容是明确企业行为的责任，运用价格、竞争和补贴等经济激励杠杆，模拟市场竞争机制和激励约束机制，使水务企业的经济效益与其绩效挂钩，刺激企业自觉通过技术创新、管理创新等提高污水处理效率。[①]

二　财政投资

财政投资是指以政府为主体，将其从社会产品或国民收入中筹集起来的财政资金用于国民经济各部门的一种集中性、政策性的投资。在市场经济条件下，财政的投资可以理解为提供公共产品和服务，满足社会共同需要而进行的财政资金的支付。财政投资是财政支出中的重要部分，按照中国财政支出的分类标准，从动态的再生产的角度来进行归类，可将财政支出分为投资性支出与消费性支出。而投资性支出中包括挖潜改造支出（重置投资）、基本建设支出、流动资金、国家物资储备以及新产品试制、地质勘探、支农、各项经济建设事业、城市公用事业等支出中增加固定资产的部分。

财政投资的特点：①财政投资可以微利或不盈利，但能极大地提高国民经济的整体效益；②财政投资的资金来源可靠，多为大型项目和长期项目；③财政投资集中于“外部效应”较大的基础产业和设施，比如公用设施、能源、交通、农业以及治理大江大河和治理污染等有关国计民生的产业和领域。财政资金在支出之后，对于政府来说，其中相当一部分的资金是无偿的，也就是没有投资回报的或者是只能部分收回成本的，对城市公共基础设施的投资即是比较鲜明的一个代表性支出项目。

由于城市水务行业的自然垄断性以及公益性等特征，中国的城市

---

① 浙江财经大学：《城市污水处理系统激励性监管和绩效管理实施方案》，水体污染控制与治理科技重大专项子课题研究报告，2012 年 11 月。

基础设施投资绝大部分由政府一手包办。政府或者有着政府背景的企业直接运用财政资金的投融资模式仍然是现有的城市基础设施投融资体制中最主要的模式。财政投资的来源主要包括财政预算内支出和政策性税费。财政预算内支出包括国家预算内投资、中央和地方政府财政拨款等。此外，还包括城市维护建设税、公用事业附加费、市政公用设施配套费、水资源费以及国债专项资金等。虽然财政投资的比例在逐年降低，但依旧是我国城市基础设施建设的最主要资金来源。

三　税收优惠

税收优惠，也常被称为税式支出，是指国家为达到一定的政策目标，在税法中对正常的税制结构有目的有意识地规定一些背离条款，从而造成对一些特定纳税人或课税对象的激励和照顾措施，以减轻某些纳税人应履行的纳税义务来补贴纳税人的某些活动。税收优惠政策是指税法对某些纳税人和征税对象给予鼓励和照顾的一种特殊规定。比如，免除其应缴的全部或部分税款，或者按照其缴纳税款的一定比例给予返还等，从而减轻其税收负担。

税收优惠政策是国家利用税收调节经济的具体手段，国家通过税收优惠政策可以扶持某些特殊地区、产业、企业和产品的发展，促进产业结构的调整和社会经济的协调发展。税收优惠是国家干预经济的重要手段之一，税收制度中基于这些对正常税制结构的背离条款所导致的国家财政收入的减少、放弃或让与等，可以看作是财政收入和支出运行抵消后的结果。在城市基础设施建设中，政府可以利用税收政策自身具有引导和调控的功能，采取诸如加速折旧、减免税收等税收优惠政策，推动相关行为主体积极参与基础设施投资活动，这是政府补贴激励优惠政策的集中体现。

过去，人们一般认为，税收只是政府取得财政收入的工具，但随着经济的发展和理论研究的深入，人们开始用税式支出的理念来对税收优惠进行管理和限制，认为税收优惠是政府通过税收体系进行的支出，认为税式支出与财政支出一样，都是由政府进行的支出，只是支出形式不同而已。财政支出是直接给支出单位拨款，而税式支出是将国家应收的税款不征收上来，以税收优惠的形式给予纳税人，其实质是一样的，甚至比财政支出更及时。

国家给予符合条件的特殊产业企业事前或事后免除部分或全部税款，从而减轻其税收负担来扶持某些特殊地区、产业、企业和产品的发展，促进产业结构的调整和社会经济的协调发展。

归纳来看，国内学者一般从属性、理论作图和理论模型三方面来分析税收优惠的激励效应，得到一致结论：税收优惠能激励特殊产业的发展，以下为具体分析情况。

（一）属性分析法

阮家福（2009）认为，自主创新的公共性、外部性和不确定性很大程度上限制了自主创新活动，政府如果不介入，势必导致自主创新活动力度的不足。通过税收优惠政策，尤其是企业所得税减免政策，将自主创新的外部收益内部化、增强企业创新的预期收益，提高高新技术企业创新活动的自信心。同时，政府部门应结合直接激励和间接激励，调整税收优惠方式和格局，共同降低特殊产业企业研发环节的风险性。

（二）理论作图分析法

夏杰长（2006）则运用“创新”的生产函数来分析创新投入与有形产出之间的关系，利用比较静态法分析税收政策对于微观主体的激励作用并得出结论：税收优惠使自主研发的 R&D 投入价格下降，促进厂商的创新活动。图 2－1 中，夏杰长（2006）则运用“创新”的生产函数来分析创新投入与有形产出之间的关系，利用比较静态法分析税收政策对于微观主体的激励作用并得出结论：税收优惠使自主研发的 R&D 投入价格下降，促进厂商的创新活动。图 2－1 中横轴为代表性厂商自主研发的 R&D 投入，纵轴为其他资本要素投入，包括外购高新技术产品。该代表性厂商在得到 R&D 税收优惠之前，等成本线为 LM，等产量线为 Q_1，点 C 为该厂商利润最大化的生产要素组合。在得到税收优惠之后，厂商所面对的等成本线发生变化。因为税收优惠的存在使自主研发的 R&D 投入价格下降，等成本线为 LN，均衡点也从 C 点变为 D 点。在新的均衡点下，R&D 投入从 A 点上升到 B 点，R&D 支出增加。单个企业如此，在行业总体上也应当表现出企业 R&D 投入的增加。

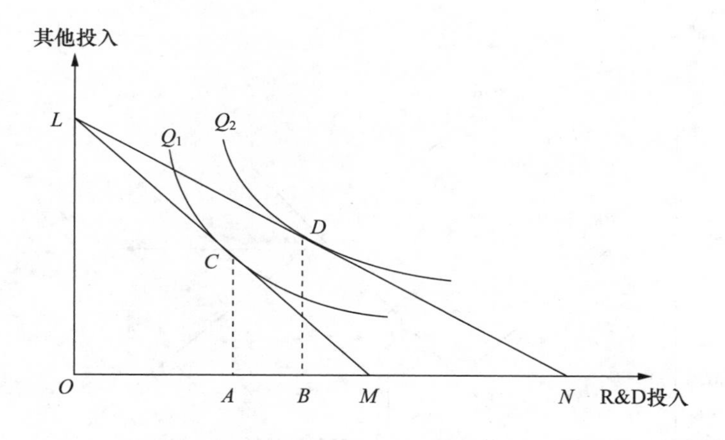

图 2－1　税收优惠的比较静态法分析

张同斌、高铁梅（2012）从税收优惠政策对高新技术产品的投资和消费方面作图分析相关效应。在边际成本曲线和边际收益曲线的分析下，税收优惠政策导致边际成本曲线下移，从而确定更高的投资水平。另外，由于生产高新技术产品的成本的降低提高了利润，增加了供给，进一步促进了高新技术产业的投资增长。图 2－2 显示，税收优惠政策主要通过降低成本促进高新技术企业的投资增加。图 2－2 显示，税收优惠政策使高新技术企业的边际成本曲线由 MC_0 下移至 MC_1，边际成本曲线 MC_1 与边际收益 MPR_1 曲线确定更高的投资水平。此外，税收优惠政策导致的成本降低还提高了高新技术产品的利润，从而有利于高新技术产品供给增加，进而有利于高新技术产业的投资增长。如图 2－2 所示，财税政策的共同作用使均衡点由 E_0 移至 E_1，高新技术产业的投资由 l_0 增加到 I_1。

同时，运用无差异曲线和预算线来分析，可得税收优惠使高新技术产品的生产成本降低，一定程度导致其价格下降，从而消费需求增加。如图 2－3 所示，假设消费者有高新技术产品和其他产品两种消费品可供选择，未实施政府补贴或税收优惠政策前，无差异曲线 U_0 和预算线 I_0 确定消费者均衡点为 P_0，此时，消费者消费 X_0 单位的高新技术产品和 Y_0 单位的其他商品。若实施财政激励政策，研发补贴使高新技术产品的研发成本降低，若实施税收优惠政策，税收优惠则

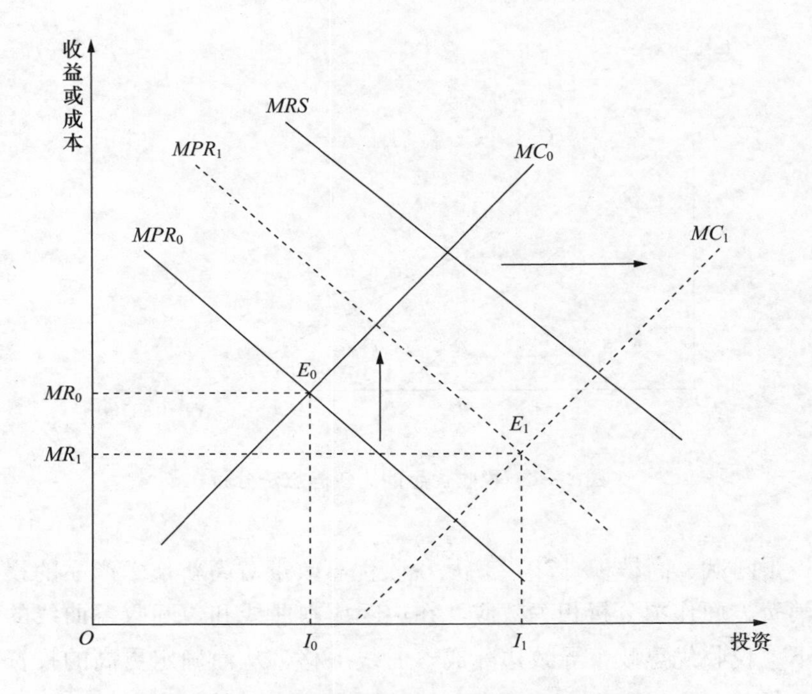

图 2-2 税收优惠政策下水务产业投资增加

使高新技术产品的生产成本降低。高新技术产品成本降低在一定程度上导致其价格下降，由于高新技术产品为正常品，价格下降产生的替代效应和收入效应都会使消费者对高新技术产品的需求增加。如图 2-3 所示，财税政策作用下消费者均衡点由 P_0 变动至 P_1，高新技术产品的消费由 X_0 增加至 X_1 单位。并且，图 2-3 中的消费者均衡点由 P_0 变动至 P_1 对应于图 2-3 中高新技术产品的需求曲线 D 上 F_0 点变动至 F_1 点，进一步验证了高新技术产品的价格下降和消费增加。

在图 2-4 中，税收优惠政策改变了高新技术产业中间投入和增加值的相对价格，使市场中的创新要素向高新技术产业流动，税收优惠使得高新技术产业中使用要素的价格下降，其他行业中要素的价格相对上涨，如图 2-4 所示，要素价格上升产生的替代效应使其他行业要素流向高新技术产业，要素数量的减少使这些行业增加值增长减缓。

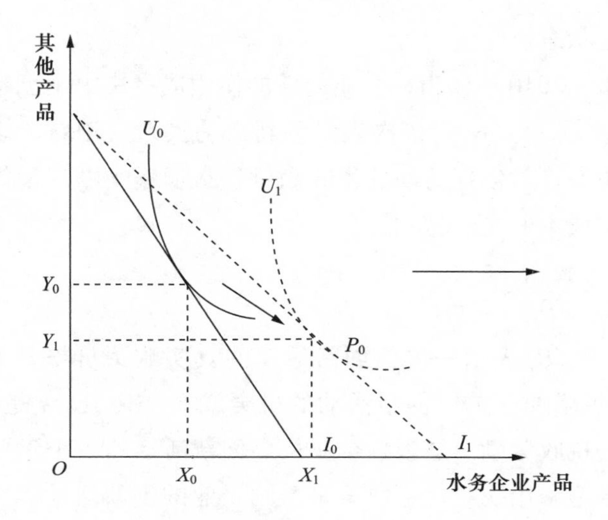

图 2 – 3　税收优惠下水务行业产品价格下降

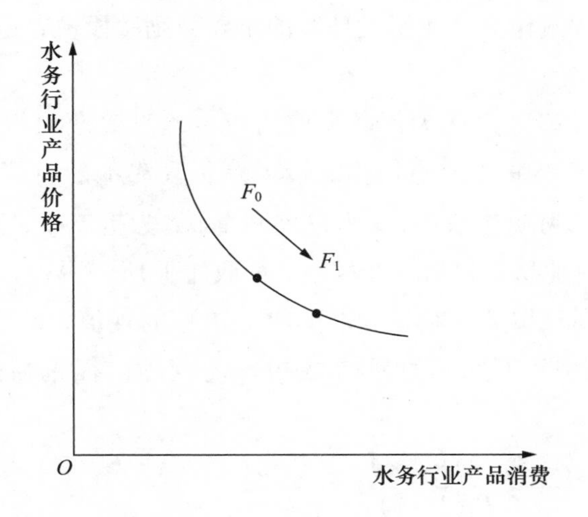

图 2 – 4　税收优惠下水务行业产品增加

（三）理论模型分析

内生增长理论是税收激励产业发展的经济理论基础。陈慧贤（2017）认为，在未考虑到投资决策的正外溢效应时，私人边际产量与社会边际产量不一致，而政府的税收优惠则能改变这一状态，来达到社会最适状态。

陈永伟（2010）认为，企业创新的使用成本决定了创新活动的计划。P_r、P_y、τ、k、δ、r 依次表示创新活动投入、创新活动产出、企业所得税税率、对创新活动的税收激励、折旧率、贴现率等，则创新活动的使用成本 G_τ公式如下：

$$C_\tau = \frac{P_r(1-\tau-k)(r+\delta)}{P_y(1-\tau)} \tag{2-1}$$

式中，P_r/P_y 表示一单位创新活动的真实购买价格，$(1-\tau-k)(r+\delta)$ 表示增加一单位创新活动的机会成本。其中，k 是收税激励，可以看出，税收激励 k 是影响企业从事创新活动的一个重要变量，因此，各国普遍采用税收优惠政策来激励企业的创新活动，并将研发环节作为税收激励的重点，因此，该变量是创新活动的重要影响因素，从公式可得 k 越大，C_τ越小，即税收优惠越大，创新活动成本越小。即税收优惠政策作为企业研发环节的重要鼓励手段被普遍采用是有现实的理论依据的。

王郁琛（2014）认为，资本使用成本模型是政府设计促进专利投资税收优惠政策的理论依据。设 t 为获取资本的时间，产出价格为 P_t，C_t 为边际资本成本，r 为市场利率，δ 为折旧率，q_t^* 是资本收益。在考虑企业所得税后，按税率 v 征收企业所得税，以 y 表示 1 元资本的未来利息扣除（利息可以税前抵扣）的现值；z 代表 1 元资本的未来折旧扣除（折旧的税前抵扣）的现值。征税后边际资本成本为：

$$C_\tau = \frac{[q_t(r+\delta)-q\times t](1-vy-vz)}{P_t(1-v)} \tag{2-2}$$

从式（2-2）可以发现，如果 $(1-vy-vz) > (1-v)$，或$(z+y)<1$，则征收企业所得税后对资本成本高于征收前对资本成本，税收抑制了投资；反之，则征收企业所得税后资本成本反而低于征收前对资本成本，税收激励了投资。如果 $(z+y)=1$，则企业所得税对投资无影响，也就企业所得税中性。上述表明，企业所得税减免在降低资本使用成本的情况下促进了投资，在税收优惠较为可观的情况

下，将出现1元投资带来的税前扣除现值大于1元的现象，即负所得税。

从以上三方面的文献来看，税收优惠在理论上是绝对支持高新技术产业的发展的。企业所得税减免作为我国税收优惠的主要政策之一，具有厚实的理论基础，能够促进投资，加大企业研发投入，有效激励企业的创新活动。

四 政府补贴

补贴是指政府或任何公共机构向某些企业提供的财政捐助以及对价格或收入的支持。其特征如下：第一，补贴是一种政府行为，此处的政府行为是广义概念，不仅包括中央和地方政府的补贴行为，而且还包括政府干预的私人机构的补贴行为。第二，补贴是一种财政行为，即政府公共账户存在开支。财政补贴的形式多种多样，包括资金的直接转让；放弃收入或到期没有收取应收取的收入。从补贴对经济活动的影响来看，可分为对生产者的补贴和对消费者的补贴。如水务行业生产者是水务企业，消费者是购买水资源的家庭和企业。由于水务行业的外部性，特别是污水处理行业的外部性等，主要是由生产者带来的，因此本书的主要研究对象是生产者，相对于生产者的补贴，消费者的补贴存在执行上的困难。另外，由于城市水务行业自身的特殊性，它的初始投资往往额度巨大、建设周期漫长，从项目规划、建设到投产运营，不同时期都会存在外部效应带来的利益放大和扩散。人们根据不同的研究目的，对水务行业外部效应的划分界限也有差异性，由此决定着投资额度、补贴额度和补贴模式等都存在差异。[①]

按照戚聿东、姜莱（2016）等将政府补贴界定为政府为促进产业发展对企业的各类支持，包括财政补贴、投融资优惠、税收优惠、土地和能源等生产要素优惠等。政府补贴动机首先符合产业政策的一般目的。如出于市场不完全竞争性、外部性、信息不对称、维持社会公平和保障就业等原因，政府认为，有必要干预经济，尤其是对企业进

① 张晶：《北京城市轨道交通补贴机制研究》，硕士学位论文，北方交通大学，2010年。

行帮扶。鉴于补贴行为的主体是政府，有学者认为，制定产业政策主要是为遵从具有政治影响力的利益集团分配经济利益。[①] 财政补贴本质上是一种政府实施的财政手段。它具有两方面的作用，一方面，财政补贴是国家调节国民经济和社会生活的重要政策手段。该手段的运用，能够保持市场销售价格的基本稳定；保证城乡居民的基本生活水平；有利于合理分配国民收入；有利于合理利用和开发资源。另一方面，补贴范围广，项目多也会扭曲比价关系，削弱价格作为经济杠杆的作用，妨碍正确核算成本和效益，掩盖企业的经营性亏损，不利于促使企业改善经营管理，如果补贴数额过大，超越国家财力所能，就会成为国家财政的沉重负担，影响经济建设规模，阻碍经济发展速度。

政府补贴是财政支出的一个重要组成部分，是政府根据一定时期的政治、经济方针和政策，按照特定目的，直接或间接向微观经济主体提供的无偿资金转移，在转型经济中，补贴是政府扮演“扶持之手”最直接的手段。中国 1978 年实施放权让利的经济体制改革后，地方政府拥有可自主支配的财权，逐渐成为地方经济发展的重要影响因素。地方政府在财政控制权提升的同时，其介入地方经济活动追求自身利益的激励也日趋增长。随着市场化进程的推进，地方政府为争夺资源与利益，往往积极干预经济，而政府补贴作为干预的主要手段，也受到越来越多的关注。[②]

我们将政府补贴界定：为弥补水务行业所带来的外部性或外溢性问题，政府通过自身投资或者向某些企业和消费者以及下级政府无偿给予其现金或非现金资源，以直接或间接达到某种调控性目标的政府性措施。按照政府补贴的资金性质来分类，我们可以把政府补贴分为四种类型：①财政直接投资型，即政府对水务行业所需资金直接投入

① Jomo, K. S., "Rethinking the Role of Government Policy in Southeast Asia", In Stieglitz, J. E., *Rethinking the East Asian Miracle*, New York: Oxford University Press, 2001, pp. 461 - 508.

② 孔东民、刘莎莎、王亚男：《市场竞争、产权与政府补贴》，《经济研究》2013 年第 2 期。

支持，政府可以对有关水务处理设施通过财政预算以及其他方式进行直接注入资金，以引导和带动社会资本投入，进而推动水务行业工作长期有效的进展。②税收优惠激励型，即政府可以利用税收政策自身具有引导和调控的功能，采取诸如加速折旧、减免税收等税收优惠政策，积极推动相关行为主体积极参与水务行业活动，这是政府补贴激励优惠政策的最集中体现。③政府财政补贴型。即为了鼓励企业积极参与节能减排工作，政府可以根据企业和社会对技术创新的投资总额，进行一定比例的补贴。这不仅解决了相关企业在筹措资金上的困难，而且形成了对其他企业的刺激和带动作用。④低息融资支持型。即政府通过政策性金融机构以低息贷出或贴息贷出银行资金以支持节能减排工作的进展。这些政府或政策性融资措施，一方面直接为企业节能减排技术创新和设备更新提供了资金，另一方面也对民间金融机构产生了明确而有力的导向作用，有利于调动大量社会资金向这一领域转移。

五　激励性政府补贴

（一）激励性政府补贴的基本概念

按照福利经济学理论，外部性会导致市场失灵，带有公共品性质的国有企业由于存在正的外部性，应该得到一定程度的政府补贴。此外，地方保护主义认为，地方政府利用补贴和税收扶持本地企业，既可以提高企业竞争力，又能够抑制本地企业流出，吸引资本流入，增加本地投资以促进地方经济发展。[①] 根据内生经济增长理论，技术进步（生产率增长）和创新是经济可持续发展的推动力，而这一动力从根本上又来源于企业行为。政府补贴对企业生产率的正向作用可能来源于两个方面：①若政府补贴促进了企业 R&D 投入的增加，则会提高企业的生产率水平。这类补贴主要指与科研创新和新产品开发有关的补贴，如专利申请资助经费、新产品补助等。②政府补贴有利于企

① 陈冬华：《地方政府，公司治理与补贴收入》，《财经研究》2003 年第 9 期。

业扩大投资规模，从而能够利用规模经济，获得生产率水平的提高。[①]

激励性政府补贴的目的在于激发企业生产经营的欲望和创造良好的外部环境，政府通过财政政策与税收政策等对企业投资和经营予以补贴。对水务行业而言，激励性政府补贴政策中的财政政策可以分为对水务行业的投入拨款以及对科技攻关和创新等地奖励等。税收政策则可以分为对新产品新技术等研发的减免税以及给予企业生产经营等活动等的税收优惠。（见表2－1）

表2－1　　激励性政府补贴类型

<table>
<tr><td rowspan="5">激励性政府补贴政策</td><td rowspan="3">财政政策</td><td>对水务行业的投入拨款</td></tr>
<tr><td>对科技攻关、创新等的奖励</td></tr>
<tr><td>对企业和各级政府的补助</td></tr>
<tr><td rowspan="2">税收政策</td><td>给予新产品和新技术等产品研发的减免税</td></tr>
<tr><td>给予企业生产经营等活动以税收优惠</td></tr>
</table>

在政府补贴中，财政政策与税收政策存在的差异性有两点：①财政资助是直接的，税收优惠是间接的；②财政资助有选择性，税收优惠是普惠的；③税收优惠带有更多的激励性。

近些年，许多文献和学者研究了政府补贴的激励效果，发现具有导向作用的补贴能有效激励产出。[②] 特别是财税政策用于产业补贴和用于提高专用性人力资本时，发挥的效果是非常明显的。[③] 部分学者认为，政府补贴可能与上市公司的经济效益提供没有很强的相关性，但却有助于克服企业行为的负外部性，从而有利于

---

① 邵敏、包群：《政府补贴与企业生产率——基于我国工业企业的经验分析》，《中国工业经济》2012年第7期。

② 陈林、朱卫平：《出口退税和创新补贴政策效应研究》，《经济研究》2008年第11期。

③ 安同良、周绍东、皮建才：《R&D补贴对中国企业自主创新的激励效应》，《经济研究》2009年第10期。

提高社会效益。[①] 但与地方政府有政治联系的民企获得的财政补贴与企业绩效及社会绩效负相关。[②] 部分学者还指出，地方政府补贴可能导致产能过剩[③]，欠发达地区的补贴政策倾向于吸引低效率企业进入。[④⑤]

与经济效率最大化相比，政府官员可能对政治目标最大化更感兴趣。例如，在我国财政分权体制下，地方官员为了得到政治晋升，更关注当地的GDP总量和就业状况。为了稳定就业，地方官员可能会给予生产率比较低（或亏损）的企业更高程度的补贴，这类企业生产率的提升空间较为有限。[⑥] 由于政府与企业间的信息不对称，政府给予企业的补贴不仅面临着事后的道德风险，更为普遍地存在企业在申请补贴时的事前逆向选择问题。在政策制定者信号甄别机制缺失或失效的情况下，企业所释放的虚假信号很可能达到欺骗政策制定者的目的，从而严重削弱政府补贴激励效应，尤其是R&D补贴等。[⑦]

（二）激励性政府补贴的业务领域分析

按照公共财政的内在要求，政府资金的投向应当以坚持提供基本公共服务为宗旨，重点投向公共基础设施、生态环境保护、社会领域建设方面，对经营性项目的直接投资应当严格限制。近年来，在合理界定政府补贴范围方面，把政府补贴限定在“主要

---

① 罗党论、刘晓龙：《政治关系、进入壁垒与企业绩效》，《管理世界》2009年第5期。

② 余明桂、回雅甫、潘红波：《政治联系、寻租与地方政府财政补贴有效性》，《经济研究》2010年第3期。

③ 耿强、江飞涛、傅坦：《政策性补贴、产能过剩与中国的经济波动》，《中国工业经济》2011年第5期。

④ 梁琦、李晓萍、吕大国：《市场一体化、企业异质性与地区补贴》，《中国工业经济》2012年第2期。

⑤ 孔东民、刘莎莎、王亚男：《市场竞争、产权与政府补贴》，《经济研究》2013年第2期。

⑥ 邵敏、包群：《政府补贴与企业生产率——基于我国工业企业的经验分析》，《中国工业经济》2012年第7期。

⑦ 安同良、周绍东、皮建：《R&D补贴对中国企业自主创新的激励效应》，《经济研究》2009年第10期。

用于关系国家安全和市场不能有效配置资源的经济和社会领域，包括加强公益性和公共基础设施建设，保护和改善生态环境，促进欠发达地区的经济和社会发展，推进科技进步和高新技术产业化”。基于社会产品和服务的分类理论，应将城市水务设施按投资主体、运作模式、资金渠道及权益归属等划分为以下三种类型。

第一类：对非经营性城市水务设施的补贴。这部分基础设施等建设属于产品消费群体难以区分，收益边界难以有效划分，对消费者的收费因此难以实施，存在市场失灵问题。资金来源只能是由政府财政来负担，按政府补贴运作模式进行，项目等所有权应该归属于政府。该类的性质类似于纯公共物品，如降水排放、绿化、消防用水等。

第二类：对经营性城市水务设施等补贴。从产品属性看，这部分基础设施属于私人消费领域，可以通过使用者付费来弥补成本，这是可以由市场进行资源有效配置的设施，其建设费用可以鼓励民间投资，按照市场化运作模式进行，政府在这些项目上加强监管。它们所提供的产品和服务在消费上具有私人品性质，但在供给上，由于行业的投资符合规模经济效益，具有自然垄断性，需要政府实行管制和干预，还可以通过税收优惠等多种形式来加强规划和引导。如自来水等领域。

第三类：介于经营性和非经营性基础设施之间的准经营性城市水务设施。一方面，这些设施能够部分通过消费者付费弥补部分成本，部分产品也可以通过市场取得收益，但设施初始投资建设金额较大，投资的回报率低，回报周期较长。因此，这类项目的投资和运行还需要政府补助的支持来弥补部分失效的市场。基础设施的建设费需要政府和社会共同投资，如污水处理厂等，由于其较强的外部效应或生产设备的不可分性，因而具有准公共物品的基本特征。另一方面，由于城市基础设施项目分类定性随着政策及条件因素的变化会发生相互转化，即准经营性项目转化为经营性项目，非经营性项目也可以转化为准经营性项目，甚至转化为经营性项目。因此，城市基础设施项目的投资主体、资金渠道、权益归属等随项目性质的转化而变化，其建设资金拨付方式也应作相应调整。

当然，这三者之间的划分并不具有严格的界限，具体到实践中它们之间的划分更不是绝对的。相互之间随着技术的进步，或者法律环境的改变、形势的变化和条件的改变，也可以相互转化。如过去自来水价格偏低，政府长期实行补贴政策形成政策性亏损，如果按照市场经济运营，通过价格政策的调整，合理提高自来水价格，使其高于运行成本，那么其就可以由准经营性基础设施转化为经营性基础设施。近年来，各地政府积极吸引外资和民营资本，对自来水和污水进行市场化改革，就是最为明显的例子。

可见，城市基础设施项目的属性归根结底取决于自身是否具备收费机制，城市基础设施项目建设费用的供给方式大致可分为政府财政投资、社会投资、社会和政府多元化投资三类。这是建立在当代受益原则基础上进行划分的原则，即凡因使用者和使用标准不能明确区分的城市公共设施，或由于这些公共设施的收费受到限制等一些原因，收入的价格不可能，也不应该达到完全市场化的水平，作为社会公共成本理应由政府承担或进行部分补助。

按照激励性政府补贴的内在要求，补贴的作用发挥要在城市基础设施的建设、运营领域形成有效激励约束机制。

一方面，政府要在基础性产业运营补贴方面进行改革，加强政府转移支付制度的建立，增加政府资金来源，并促进间接运营补贴发挥效力，进一步降低政府的补贴压力和资金成本。政府转移支付制度的实现主要可通过两种方式：一是增加对行业直接投入资金的来源，即所谓的直接转移支付；二是政府给予水务企业在管线沿线的土地开发、商贸和广告等特许经营权，以商业性收入弥补运营业务的亏损，实现外部性的内部化，即所谓的间接转移支付。直接转移支付的好处是数字清晰、计算简单、争议较少，项目公司可以专注于主营业务、提高运营效率，缺陷是项目企业自身财务无法平衡，强烈依赖现金补贴，在资本市场融资能力也较差。间接转移支付较好地体现了“谁投资，谁受益”的原则，好处是项目公司可以通过自身经营实现盈利，在资本市场具有较强的营运能力。但间接补贴对竞争环境和政府监管能力的要求比较高，因为间接补贴的实际效果部分取决于特许经营项目的经营结果，存在一定的不确定性。

另一方面，激励性政府补贴还需要运用税收手段来引导社会资本投资。根据我国税收制度改革方向和税种特征，针对基础设施投资的产业和行业特点，政府应该加快研究完善和落实引导投资和消费、鼓励产业发展的税收支持政策。通过财税政策的引导，调节社会资本投资于基础设施建设，提升基础设施投资中社会资本的比重。

从国际经验看，美国在城市基础设施投资中的税收优惠政策主要体现在直接税收减免、投资税收抵免、加速折旧等方面。自1991年起，美国23个州对污水处理方面的投资均给予税收抵免扣除，对购买污水处理设备免征销售税。此外，对企业购买的州和地方政府发行的市政基础设施债券利息不计入应税所得范围，对减少污染设施的建设援助款不计入所得税税基。同时规定，对用于防治污染的专项环保设备可在五年内加速折旧完毕，而且对采用国家环保局规定的先进工艺的，在建成五年内不征收财产税。

从欧洲国家看，财税政策也一直是欧洲国家推进市政公用事业的主要经济激励手段，其中最普遍的是税收优惠和补助。比如，英国针对企业污水投资项目所需的专业设备实行特别租税制度，包括减免进口关税、加速折旧以及税前还贷等；德国则通过减免税、提高设备折旧率和税前计提研发费用的方式鼓励企业积极参与市政公用事业投资和经营行为。

日本政府也采取了税收优惠措施来激励企业对市政基础设施的投入，如对包括污水处理设施等在内的列入节能产品目录的100多种节能设备实施特别折旧与税收减让优惠，减免税收约占设备购置成本的7%。设备除正常折旧外，还给予加速折旧优惠，最高可获得相当于设备总价款的30%的税收收益。

（三）城市水务行业的投资属性

城市水务设施是城市公用事业的重要组成部分，担负着为公众提供公共产品和公共服务的特殊事业，政府对此有着天然的、不可替代的责任和义务。投资主体和责任的划分应按照指导城市基础设施建设的项目区分理论来进行。该理论的基础核心是严格区分经营性项目和非经营性项目，根据项目属性，确立投资主体、资金渠道、运作方式和管理模式。按照项目区分理论，非经营性项目（如雨水管道）的投资主体是政府，按政府投资的运作模式进行，资金来源应以政府财政投入为主，并以固定的税种或费种作为保障，其权益归政府所有。政府投资的运作，也要引入竞争机制，按招投标制度进行操作。经营性项目又可细分为纯经营性项目和准经营性项目，前者投资主体是全社会投资者；后者包括生活水管道、污水管道等，政府可提供适当补贴，主要是吸纳社会各方投资。经营性项目在符合城市发展规划和产业政策的前提下，可以由国营企业、民营企业、外资企业等多种投资主体，通过公开、公平、竞争的招投标来投资建设，其融资、建设、管理及运营均由投资方自行决策，权益归投资者所有。

按照用途分类，我们把城市水务行业分为供水、排水、综合管沟（廊）等八大类管线。据此，我们划分了它们的产品属性，并确定了对应的投资主体，具体参见表2－2。

表2－2　城市水务行业基础设施的产品属性与投资主体

基础设施	设施名称	产品属性	收费弥补能力	公共服务义务	经营属性	权益归属	投资主体
供水行业	生活水管道	准公共产品	高	高	准经营性	谁投资谁受益	多元化投资，政府支持
	消防水	纯公共产品	低	高	非经营性	提供公共服务	财政投资为主
	园林绿化用水	纯公共产品	低	高	非经营性	提供公共服务	财政投资为主

续表

基础设施	设施名称	产品属性	收费弥补能力	公共服务义务	经营属性	权益归属	投资主体
排水行业	污水管道	准公共产品	高	高	准经营性	谁投资谁受益	多元化投资，政府支持
	雨水管道	纯公共产品	低	高	非经营性	提供公共服务	财政投资为主
	排涝管道	纯公共产品	低	高	非经营性	提供公共服务	财政投资为主
综合处理	污泥/污水回用	准公共产品	高	高	准经营性	谁投资谁受益	多元化投资，政府支持
综合管沟（廊）		准公共产品	高	高	准经营性	谁投资谁受益	多元化投资，政府支持

第二节 城市水务行业基础设施相关概念

关于城市水务行业基础设施的概念，国际上和我国相关部门及部分城市在有关文件中有各种不同的规定，有的将其归为“城市基础设施”的一部分；有人认为，是“城市公共事业”；也有人认为，是“市政基础设施”。为此，我们需要进一步界定城市水务行业基础设施的概念及其定义，并对相关概念作一个大致的分类和梳理。

一 城市基础设施

城市基础设施是城市生产和生活最基本的载体，是城市物质形式最主要的组成部分，同时也是乡村和城市之间最明显的区别。在我国《城市规划基本术语标准》（GB/T50280—1998）的解释中，“城市基础设施”是指城市生存和发展所必须具备的工程性基础设施和社会性基础设施的总称。工程性基础设施一般指能源供应、给水排水、交通运输、邮电通信、环境保护、防灾安全等工程设施。社会性基础设施则包括文化教育、医疗卫生、科技体育等设施。从具体定义上看，所谓城市基础设施，就是为满足城市的物质生产和居民生活需要，向城市居民和各种实体单位提供基本服务的公共物质设施以及相关的产业和部门，它是整个国民经济系统的基础设施在城市地域内的延伸。城市基础设施为城市提供了基本的生活条件和物质保障。城市基础设施按照我国现行的城市建设的主管部门职能分工和管理对象来分类，主要包括城市供水、供气、供热、公共交通等城市公用事业；城市道路、市政排水、污水处理、防洪、照明等市政工程；城市市容、公共卫生、垃圾处理、公共厕所等市容环境卫生事业；城市园林绿化等。由其内容可以看出，在我国，城市基础设施基本等同于市政公用基础设施。①

城市基础设施是城市生产生活的物质基础，是城市物质形式最重要的组成部分。城市基础设施对于城市的经济社会环境发展等都具有重大影响。② 世界银行在其发表的《1994 年世界发展报告——为发展提供基础设施》中提出了“经济基础设施”的概念。该报告把经济基础设施定义为“永久性的工程建筑、设备、设施和他们所提供的为居民所用和用于经济生产的服务”。经济基础设施包括三个方面：①公共设施：电力、电信、自来水、卫生设施和排污、固体废弃物的收集与处理；②公共工程：公路（道路）、大坝和灌溉及排水渠道工程；③其他交通部门：城市和城市间的铁路、城市交通、港口和水路以及机场等。该报告将经济基础设施之外的其他基础设施定义为“社会基础设施”，通常包括文教、医疗保健等方面。

新中国成立以来，我国城市基础设施建设融资经历着从传统经济体制下财政主导型融资方式到市场经济体制下的多元化融资方式的转变，城市基础设施投资中各项资金来源的结构发生了明显的变化。这是我国渐进式经济体制改革的产物，是市场经济向纵深发展的必然要求，同时也契合了世界城市基础设施融资模式发展的新趋势。

① 王凤勤：《城市基础设施投融资研究——以天津市为例》，硕士学位论文，南开大学，2005 年。

② 蔡孝箴主编：《城市经济学》，南开大学出版社 1997 年版。

20 世纪 90 年代初，中国开始在全国推行城市公用事业和基础设施投资项目法人责任制改革，到 1996 年，各地相继成立了“城市投资开发建设公司”，其职能是作为政府投资建设经营城市的载体，负责筹集、使用、偿还城市基础设施建设基金，并具体从事资产运营工作。随着投资管理主体的确立和法人责任制的实施，城市公共事业和基础设施项目投资的激励约束机制开始形成。从 1992 年开始，国务院陆续颁布了一系列引导城市基础设施多元化融资主体和渠道的政策法规，逐步形成中央、地方、企业共同参与的多元投资体制，由此进入我国城市基础设施多元化融资主体和融资渠道阶段。

进入 21 世纪后，中国城市公共事业投融资体制改革呈现加快之势，其制度创新的倾向主要集中在打破政府及公共部门垄断，引入市场竞争，逐步放开政府对民间资本和外国资本进入城市公共事业领域的限制等。特别是 2000 年后的一段时间，我国的基础设施建设资金来源出现了显著的变化，基础设施建设投资中自筹资金所占比重越来越多，占 50% 左右。

从融资渠道来看，我国的基础设施投融资模式可分为四种：①财政性融资模式。政府财政投资是基础建设融资的主要渠道（20 世纪 80 年代初），1996 年至今，以土地经营为核心的城市经营方式的发展为特征。②债务性融资模式。国内商业银行贷款（20 世纪 90 年代初）、国内政策性金融机构贷款、国外金融机构及政府贷款（世界银行 1980 年、亚洲开发银行 1991 年在我国开展业务）、债权融资计划、基础设施债券融资。③权益性融资模式。上市融资、股权融资计划（2006 年开始，保险公司可获基础设施领域的企业股份）、公私合营（PPP、BOT、TOT、PPP、BOOT、BOO、DBOT、BRT、BOOST、BOD 等）。④其他创新性融资模式。资产证券化（ABS）、集合资金信托、租赁模式、产业投资基金、城市基础设施内源性融资等。

总体来说，我国基础设施建设主要通过政府配置的体制内融资渠道和以市场配置为基础的体制外融资渠道获得资金。体制内融资渠道主要包括预算安排、公用事业收费、国债转贷、财政周转金、外国政府或国际组织贷款、地方政府债等；体制外融资渠道主要是以地方政府融资平台公司为载体的政府信用融资，包括银行贷款、企业债或公司债、信托融资、公私合营等。

近年来，随着经济体制改革的不断深入和国民经济持续快速增长，特别是城市人口和资源的快速膨胀，城市发展需求呈现出超乎常规的态势，各级政府对城市公用事业的投入力度也在快速提升。城市基础设施作为保障城市运行的重要生命线，对于改善人居环境、增强城市综合承载能力、提高城市运行效率、稳步推进新型城镇化、确保全面建成小康社会等方面都具有重要作用，因此无疑成为各级政府对城市各项投入的重心。《国务院关于加强城市基础设施建设的意见》（国发〔2013〕36号）提出，各级政府要把加强和改善城市基础设施建设作为重点工作，大力推进此项工作。中央财政通过中央预算内投资以及城镇污水管网专项等现有渠道支持城市基础设施建设，地方政府要确保对城市基础设施建设的资金投入力度。各级政府要充分考虑和优先保障城市基础设施建设用地需求。

《中共中央关于制定国民经济和社会发展第十三个五年规划的建议》特别指出，在培育发展新动力方面，明确提出“要发挥投资对增长的关键作用，深化投融资体制改革，优化投资结构，增加有效投资。发挥财政资金撬动功能，创新融资方式，带动更多社会资本参与投资。创新公共基础设施投融资体制，推广政府和社会资本合作模式”。在拓展基础设施建设空间方面，要“实施重大公共设施和基础设施工程。实施网络强国战略，加快构建高速、移动、安全、泛在的新一代信息基础设施。加快完善水利、铁路、公路、水运、民航、通用航空、管道、邮政等基础设施网络。完善能源安全储备制度。加强城市公共交通、防洪防涝等设施建设。实施城市地下管网改造工程。加快开放电力、电信、交通、石油、天然气、市政公用等自然垄断行业的竞争性业务”。

改革开放30多年来，我国城市基础设施不断发展，形成包括动力能源系统、城市给排水系统、公共交通与道路桥梁系统、电源与输变电线路系统、邮电通信系统以及城市防火减灾系统在内的城市基础设施建设的基础体系。但是，我国城市基础设施能力与我国的城市化发展速度相比，与全民生活水平日益改善的要求相比，与对外开放和经济发展形势的迫切需求相比，仍处于短缺和比例失调的落后状况，因此必须采取措施改变我国城市基础设施建设的现状。综合以上政策法规，我们不难看出，在未来的一个相当长时间内，政府投资依然是城市基础设施建设的重点，但巨大的资金需求必然会给中央财政和地方财政带来巨大压力。在当前城市基础设施急需扩建和更新改造的现实需求下，政府资金短缺的现状恐怕很难在短期内得到有效缓解，在这样的大背景下，研究政府直接投资，界定其基本边界并且完善其运行机制，就显得尤为迫切和重要。

二 市政公用事业

与“城市基础设施”一词含义相类似的还有“市政基础设施”“市政公用事业”等其他名称。狭义的公用事业指具有自然垄断特征的为居民或企业提供生活或生产所必需的商品或服务的企业，如电力、管道煤气、电信、供水、环境卫生设施和排污系统、固体废弃物的收集和处理系统等。广义的公用事业不仅包括上述狭义公用事业，还包括铁路、公路、航空、邮政以及教育、卫生、医疗等。从广义上说，市政公用事业与城市基础设施是两个概念界定上相似的词。“城市基础设施”这一概念是在我国长期施行的行业行政管理条块分工体制下形成的，在西方市场经济国家并没有城市基础设施和城市市政公用设施的区别。我国的“市政基础设施”反映了我国基础设施建设的行政管理方式，它是指由国家城市建设行政主管部门（住房和城乡建设部）分工进行行业管理、具体由城市政府组织实施管理的部分城市基础设施。具体包括城市供水、供气、供热、公共交通等城市公用事业；城市道路、排水（包括污水处理）、防洪、照明等市政工程；城市市容、公共场所保洁、垃圾和粪便清运处理、公共厕所等市容环境卫生事业；城市园林、绿化等园林绿化业。在住建部《关于加强市政公用事业监管的意见》中，“市政公用事业”是指为城镇居民生产生活提供必需的普遍服务的行业，主要包括城市供水排水和污水处理、供气、集中供热、城市道路和公共交通、环境卫生和垃圾处理以及园林绿化等。

由以上定义可以看出，以“市政基础设施”和“市政公用事业”来总结概括城市供水行业基础设施所包含的管线设施都体现了其“基础性”和“公用性”。而以“城市公用事业”和“基础设施”来定性的城市水务行业基础设施，主要体现其“网络性”和“基础性”，其内涵更加宽泛，不仅包括“市政性质”的准公共产品，同时涵盖具有一定私人产品性质的管线及其附属设施。

三　城市水务行业

水务行业是指生产和提供水务产品及服务主体的集合，包括一部分相应的衍生行业，例如，再生水的生产与利用、污水处理后所产生污泥的处理。由供水系统和污水处理系统组成的水务系统向用户提供自来水供应和污水处理服务。水务行业是支撑一国经济运行的基础性行业，城市水务行业是城市安全与繁荣的根基，城市水务行业基础设施的改造、更新与建设也是我国新型城镇化战略的重要组成部分。在城市发展和城市生活上，水资源的保障是城市生存质量的基本衡量指标。随着城市化进程的加快，对水务行业的建设和发展也提出了更好的要求。近年来，我国城市化进程的加快和城市人口的快速扩张，以及越来越庞大的工业生产规模，给城市供水和污水处理等产业带来了巨大压力。因此，特别在一些水资源缺乏的地区和城市，不仅供水的规模和质量出现严重问题，水污染对自然生态环境的破坏日益严重，城市经济和社会的进一步发展受到极大的制约，这就使水务行业的生存和发展问题为各级政府密切关注并迫切需要解决。长期以来，水务行业作为城市重要基础设施之一，其产品一直被视为公共物品，被认为具有非竞争性和非排他性，受公共物品理论的影响，很多学者认为，市场在提供水务产业的产品方面存在市场失灵问题，由市场提供水务产品会导致供给不足，造成整个社会的效率损失，因此，水务行业应该由政府投资，以避免水务行业投资的市场失灵问题。世界大多数国家的实际情况也的确如此，在绝大多数国家中，政府投资一直是水务产业投资的主体，我国的水务产业投融资也一直是以政府为主。①

---

① 孙茂颖：《水务产业投融资问题研究》，博士学位论文，东北财经大学，2013 年。

城市水务行业基础设施作为城市基础设施的组成部分具有极强的正外部性。而外部性的实质是私人利益和社会利益的不相等。所谓私人利益，即一项私人活动所产生的对实施这一活动的私人的净收益；社会利益则是这项活动对实施个体和社会中的所有其他人的净利益之和。水务行业基础设施作为城市基础设施的重要组成部分，对于管线基础设施较为完善的区域，水务行业在安全、环境等方面产生了外部巨大效益，表现在减少管线安全事故、提高区域地价、改善城市生活环境（减少管线维修建设的开挖频率）等方面具有的外部收益。

水务行业作为这个市场上的提供者，提供水务服务，消费者是企业和家庭等。水务公司的自身利益就是消费者的缴费收入，而社会利益不仅包括消费者的缴费收入，还包括改善居民健康、节约居民分散供水成本、减少污染、改善整个城市投资环境、带动相关产业、促进城市发展的各项好处，等等，进而使全体居民间接受益。因此在该市场上，边际社会利益远远大于边际私人利益，具有极强的正外部性。城市水务行业在建设、运营及产品或服务输送过程中，除了具有正外部性，也有负外部性。同时，这种外部效应的表现可能是直接的，也可能是潜在的。作为城市基础设施行业，由于水务行业权属主体管理体制不健全，在规划设计、建设施工以及维护更新过程中经常出现缺乏统筹的局面，造成了城市道路开挖形成的拉链现象，影响城市景观。同时施工中挖断管线的事故也时有发生，造成停水、污水外溢等问题，给管线敷设区域，甚至是整个城市的居民生产和生活造成严重的影响，产生了巨大的负外部性。

从西方市场经济的理论与实践来看，市场的缺陷或市场的失灵被认为是政府干预的基本理由，按照布坎南的观点，市场失灵的观点和论调被广泛地认为是政府干预的理由。“市场失灵”也是政府管制存在的理论依据之一。政府管制的兴起和发展是弥补市场缺陷、完善资源配置机制的需要。城市水务市场实际上也是一个“失效市场”，城市水务产品的生产者本应为水务公司，可是世界和国内城市建设大多由政府主导投资，并对后期运营进行补贴。

四　城市地下管线和综合管廊

关于城市地下管线的概念，国际上和我国相关部门及部分城市在有关文件中有各种不同的规定，有的将其归为“城市基础设施”的一部分，有的认为是“城市公共事业”（“城市公用事业”），有的认为是“市政基础设施”。城市地下管线特指城市范围内不同管线基础设施所在行业的输、配送业务领域范围，定义为：包括城市综合管廊在内的敷设于城市地下的供水、排水、燃气、热力、电力、通信、广播电视、工业及其他用途的管道、线缆及其附属设施，是保障城市运行的重要基础设施和“生命线”。

综合管廊[①]也称为共同沟、综合管沟、共同管道等，城市综合管廊作为城市地下管线基础设施的特殊产品，我们结合《城市综合管廊工程技术规范》（GB 50838—2012），将城市综合管廊定义为：实施统一规划、设计、施工和维护，建于城市地下用于敷设城市地下管线的公用设施，是指在地下建造一个公用的隧道空间，把多种公用管线集中铺设在一起。综合管廊根据其所容纳的管线不同，其性质及结构也有所不同，大致可分为干线综合管廊、支线综合管廊、缆线综合管廊、干支线混合综合管廊四种。一旦实施建设城市地下综合管廊后，势必要将相关公用事业管线纳入管廊敷设，而城市地下综合管廊主体土建工程一般与道路同步建设，其增加的建设费用与各公用事业管线取消直埋后减少的费用如何分摊，也对地方政府推进这一工程提出了挑战。

城市地下管线基础设施是满足城市运行和市民生产生活的城市基础设施，担负着城市的信息传递、能源输送、排涝减灾、废物排弃的功能，是城市赖以生存和发展的物质基础，是城市基础设施和公用事业的重要组成部分，是发挥城市功能、确保社会经济和城市建设健康、协调和可持续发展的重要基础和保障。城市地下管线就像人体内的“血管”和“神经”，因此，被人们称为城市的“地下生命线”。地下管线是城市安全与繁荣的根基，因此，城市地下管线的改造、更

---

① 我国最早由同济大学束昱教授从日本引入概念，称为共同沟，在中国台湾称为共同管道，在我国之前的相关规范中称为综合管沟。

新与建设是我国新型城镇化战略的重要组成部分。

在地下管线建设方面，法国最早开始了综合管廊建设实践。综合管廊于19世纪发源于欧洲，法国巴黎修建了世界上最早的地下综合管廊。1832年霍乱大流行后，开始兴建庞大的下水道系统，同时兴建综合管廊系统，内设自来水管、通信管道、压缩空气管道、交通信号电缆等。目前法国市区及郊区已建成2100千米的综合管廊，是管廊里程最多的地区。早在20世纪20年代，东京有关方面就在市中心的九段地区干线道路地下修建了第一条地下综合管廊，将电力和电话线路、供水和煤气管道等市政公益设施集中在一条地下综合管廊之内。1963年，日本政府又制定了《关于建设共同沟的特别措施法》，规定交通道路管理部门在交通流量大、车辆拥堵或预计将来会产生拥堵的主要干线道路地下，建设可以同时容纳多种市政公益事业设施的共同沟，从法律层面给予保障。到1981年年末，日本全国综合管廊总长约156.6千米。目前，日本在东京、大阪、名古屋、横滨、福冈等近80个城市已经修建了总长度达2057多千米的地下综合管廊，在地下综合管廊建设管理方面也探索建立了一整套完整的政策和法律法规体系，从而为日本城市的现代化科学化建设发展发挥了重要作用。

第三节　激励性政府补贴的效应分析

一　激励性政府补贴效应的一般分析

在前面我们详细阐述过市场失灵的表现，对水务行业这样存在部分失灵和全部失灵的市场来说，随着城市化进程加快，水务行业的发展日益凸显，各级政府都非常重视财政补贴等政策对该行业发展的推动作用。这种“政策推动”主要体现在以下几个方面：

（一）为企业支付产业升级成本

推进企业自主生存和发展能力的提升，需要企业转型升级，其中隐含大量产品转移成本。企业想要在市场上处于竞争地位，须具有资源和能力方面的独特优势。在生产传统产品已具有路径依赖性时，企业转型生产新产品和扩大再生产等涉及一系列可能发生的成本，我们称之为转移成本，如换代升级成本、工艺改造成本、研发投入成本。当企业淡出原有生产方式时，必然需要承受退出障碍，一旦处理不当，将会有破产危机。正如宏观经济体制变革一样，改革成本很难被市场迅速吸收，尤其是传统的水务企业的转型升级更为薄弱，需承担更大的风险，往往最恰当的买单者便是政府财税优惠政策。这种优惠政策是间接地为企业承担退出障碍成本，推进企业盈利模式的逐步形成，以政府的补贴来激励企业投入，从而也解决经济外部性问题。

（二）激励引导企业长期发展

从短期来看，政府补助政策为企业节省了转型成本，促进企业进一步加大投入，属于直接性的成本降低。然而，政策的引导和激励带有一定的间接性，往往更具有长期作用机制和长期规范性特征。如企业所得税优惠，尤其是研发费用的加计扣除政策，引导企业升级产业，改变粗放型生产方式，形成集约型生产方式，放弃老产品的生产，推动新产品的生产，从而为整个社会的产业发展起到引导、激励作用，推动企业的长期发展和良性循环。同时，也可以采取税收优惠或加征资源税、环境保护税等方式，引导企业增加社会资本投入和参与该行业的生产经营等。

（三）水务行业的市场失灵由其自身属性而定

政府作为“看得见的手”，是调节市场失灵的主要手段。水务行业发展的社会效益远大于经济效益，因此，政府必会加大对该行业的投入。税收作为“治疗”市场失灵的主要手段，是各国政府都会使用的手段。税收优惠本质上是政府对企业让渡资金的机会成本，减少企业资金负担，因而企业会加大对技术人员的再教育，促进新产品和新工艺的研发。企业所得税优惠作为激励企业投资、研发和创新的最主要税收优惠手段，降低了研发成本和风险，提高了行业产出。企业所得税优惠有利于提升行业投资水平和经营利润。按计税依据不同，税收优惠可分为流转税优惠和所得税优惠。流转税优惠实施于商品流通环节，属于过程征税，与企业的生产经营和分配环节无关；所得税优惠实施于分配环节，属于结果征税，其效果能直接反作用于生产投入环节，更快降低经营成本和风险。

政府补助虽然是一种明补，力度大，理论上说，见效快。事实上，税收优惠对市场经济活动影响小，运行成本低，相比于政府补助，不易产生“寻租”、腐败等状况。对于具体的机理，如图2－5和图2－6所示。在其他条件相同的情况下，为降低企业研发价格而降低研发成本，加大创新产出，政府采用的税收优惠手段和补助手段最终结果一致，但补助的成本高，效率低。政府补助全部成本为面积 P_0P_1GF，损失效率为 EHFG，远高于税收优惠全部成本，为面积 P_0P_1EF，EHF 为其损失效率。

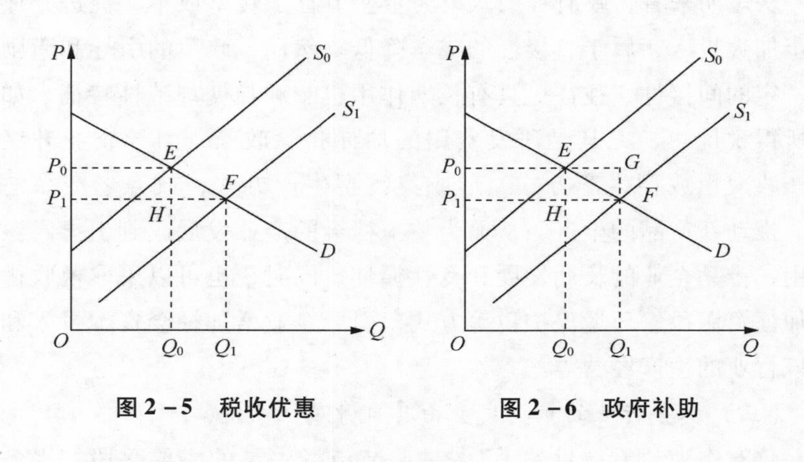

图2－5　税收优惠　　　　图2－6　政府补助

二　激励性政府补贴政策的国内外研究综述

（一）国外关于政府补助的研究

关于政府补助的研究最早可以追溯到政府干预的研究，这些研究的关注点主要集中在政府补助的社会效应与其在资源配置中的作用。经济学家庇古在《福利经济学》中指出，完全市场竞争虽然可以使社会资源达到最优配置，但是，由于在现实世界中外部性问题普遍存在，因此，政府就有必要对市场实施干预，如对生产外部经济的生产者进行补贴以促使其扩大生产等。这一阶段主要对政府是否应该提供补助进行探讨。

国外学者对政府补助的研究最早是围绕其对就业的影响展开的。

一部分学者认为，政府为企业提供补助有助于提高就业率，卡尔（Carl，1983）从政治的角度出发，通过比较不同行业和不同国家同一行业，发现很大一部分工业企业获得政府补助后可以维持较高的就业率。詹金斯和莱克特（Jenkins and Leicht，2006）以1988—1998年美国大都市的高新技术行业的就业水平为衡量标准来研究政府对高新技术行业实施的政策是否对就业水平产生了积极影响。研究结果表明，政府对高新技术行业实施的7个政策中有5个政策对创造就业机会有积极影响。另一部分学者认为，政府为企业提供补助并不会对就业水平产生显著影响，雷恩和沃特森（Wren and Waterson，1991）指出，政府为解决失业问题会对那些能够创造较多机会的企业提供补助，但是，这些补助并不能产生预期效果。哈里斯（Harris，1991）以1965—1983年北爱尔兰的制造企业为研究对象，发现政府补助并没有使就业水平提高。也有学者认为，企业的产权性质及其规模和其所承担的社会责任会对政府是否对其给予补助产生影响。埃科斯（Eckaus，2006）指出，由于中国的国有企业一般规模巨大，如果这些国有企业倒闭将会导致大规模的失业，会对社会的稳定产生不利影响。因此，中国政府为国有企业提供补助可以降低失业风险。而反过来，国有企业解决失业问题的效果也决定了其能从政府那里取得多少补助金额和持续时间。

随着对政府补助对就业影响研究的不断深入，一些国外学者开始分析企业的政治关联对政府补助的影响和政府补助的经济效果。

从企业的政治关联来看，Chen和Li（2005）认为，在财政赤字越严重、经济越落后的地区，企业与政府的政治关联越紧密，其获得政府补助越高。Charumilind等（2006）发现，由于银行普遍认为，企业的政治背景是一种非常有保证的隐性担保，因此，企业的政治关联能够帮助其更容易地获得更多的长期贷款。Faccio等（2006）的研究发现，具有政治关联的企业更有可能获得政府补助。Khwaja和Mian（2008）的研究表明，企业的政治关联对其从国有银行获得的贷款数量具有显著影响，一般有政治关联的企业从国有银行获得的贷款数量要高于那些没有政治关联的企业。这些学者的研究都说明，企业的政治关联能够使其更容易获得贷款和优先获得政府补助，这就不难理解为什么一些新兴国家的企业热衷于与政府搞好关系。

从政府补助的经济效果来看，一些学者认为，政府补助会对经济和企业的发展产生激励效应，萨林格和萨默斯（Salinger and Summers, 1984）对道·琼斯30家企业进行数据跟踪调查，结果表明，税收优惠政策能够减轻企业的税收负担，从而促进了企业的自主投资。Rajagopai和Shah（1995）的研究发现，政府实施一定的税收优惠政策有助于实现产业结构的优化和升级。Masu Uekusa（1996）对日本在经济复兴时期实施的产业税收优惠政策进行研究，结果表明，折旧优惠制度与特定产业准备金和专用基金的税收优惠对日本的汽车产业、信息技术产业起到了重要的推进作用。霍韦尔（Howell, 2002）等的研究发现，税收优惠政策对吸引国内外的产业投资有积极作用。Bottazzi和Marco（2002）认为，如果降低某技术投资的所得税率，会显著增加相关技术风险的投资。Simeno和Lara（2009）通过对发展中国家的企业的研究发现，加大税收优惠力度有利于扶持本国产业引进先进技术。亚历山大（Alexander，2010）认为，税收优惠能明显激励企业的创新活力。Kazuki Onji（2014）在研究日本1989年的税收改革时发现，要根据不同产业的特点制定合理的税收负担水平，要加大对处于国家战略竞争地位的导向性产业的税收优惠，特别是对基础性科学。

有些学者则持相反观点，比森和温斯坦（Beason and Weinstein, 1993）对政府的投资补助效应进行研究，发现企业业绩受政府的投资补助的影响出现低增长和规模报酬递减趋势。Tongeren（1998）发现荷兰政府对企业的投资补助会提高企业的偿付能力，但投资补助会改变企业的原有投资决策和投资规划。伯格斯特罗姆（Bergstrom, 2000）以1983—1993年瑞典政府给予企业的投资补贴为研究对象发现，补贴对企业的业绩在第一年有正面效应，但是，从第二年开始，补贴带来的效应是负面的。Tzelepis和Skuras（2004）对希腊政府给予企业的投资补贴的研究发现，投资补贴除使企业获得大量的自由现金流入和提高了企业的偿债能力外，并没有提高企业的生产效率和获利能力。

（二）国内关于政府补助的研究

国内学者对政府补助的研究较晚，最初主要围绕政府补助进行规范性研究，后来逐渐进行实证研究，主要研究的是政府补助的动机、影响因素和效应。

1. 政府补助动机

（1）地方官员的政绩诉求。周业安等（2004）认为，由于中央政府和地方政府间存在信息不对称，中央政府对地方政府的政治绩效考核以经济指标为主。那么地方政府在资源有限的条件下为追求经济增长，必然会通过税收优惠和财政补助扶持本地企业以增强竞争力。巴曙松等（2005）也指出，由于GDP的增长成为评估地方官员的重要指标之一，因此，出于对政治利益的追求，地方官员希望通过对企业给予政府补助来争取更多的金融资源并提高本地企业的经营业绩。罗宏等（2016）基于2008—2012年中国A股上市公司的数据，发现地方官员的政绩诉求越强烈，其对企业进行政府补助的激励程度越高。曹越等（2017）以2007—2014年沪深所有非金融、非央企上市公司为研究样本，得出的结论与罗宏等（2016）的保持一致。

（2）融资动机。陈晓和李静（2001）基于1997—1999年部分A股上市公司的数据，发现地方政府会给予上市公司政府补助，使其达到证监会规定的效益指标。同时发现如果没有地方政府的财政支持，近一半的已经配股的上市公司将得不到配股资格。李东平（2005）在研究我国大股东控股现象时发现，税收优惠、财政补贴等政府扶持行为是为了使上市公司获得IPO的资格或者是配股资格。

（3）保壳动机。黄锡生等（2002）的研究发现，为保住当地的“壳资源”，地方政府会向连续亏损两年的企业提供政府补助，以避免其陷入连续亏损三年、暂停上市的困境。龚小凤（2006）利用2001—2003年上市公司的数据从非经常性损益的角度研究发现财政补贴对于上市公司扭亏有着重要作用。地方政府为了保护本地的上市公司会通过各种手段以各种形式对上市公司进行扶持，以避免其被ST。

2. 政府补助影响因素

我们先考虑企业的政治关联这个因素。陈冬华（2003）指出，董事具有地方政府背景的上市公司能够获得更多的政府补助。潘越等（2009）的研究表明，具有政治关联的民营企业能够在其陷入财政困境时获得更多的政府补助。吴文峰等（2009）以1999—2004年在深沪上市的民营企业为样本，通过实证分析发现，在企业税收负担较重的省份中，高管具有政治背景的公司相比于高管没有政治背景的公司能获得更多的税收优惠。余明桂等（2010）认为，由于信息不对称的存在，有政治关联的民营企业能够更“有效”地与政府部门沟通，从而获得更多的财政补贴。以上研究表明，政企关系在企业获得政府补助方面发挥着重要的影响，具有较好政治关联的企业能够获得更多的政府补助，如企业亏损补贴、税收优惠、价格补贴、技术创新补贴等，进而有助于企业持续发展。因此，这就不难理解一些企业的“寻租”行为。

在行业特征这个因素上，唐清泉和罗党论（2007）发现，地方政府给予的补贴比例与上市公司的员工比例、上市公司提供公共产品、上市公司的高税率等显著正相关。吕久琴（2010）利用2006—2008年上市公司的数据检验行业特征对政府补助的影响，结果发现，不同行业的补助强度是不同的，社会服务业、电力、煤气及水的生产和供应业、房地产业是政府补助强度最大的三个行业；企业特征中，企业的资产总额、主营业务收入和员工人数都对企业获得的政府补助金额产生显著影响。不少研究表明，企业规模对企业获得的政府补助有重要影响。

在产权性质这个因素上，企业的产权性质是否会对其获得的政府补助产生影响，部分学者的结论并不一致。李静和李晓（2001）认为，企业的产权性质不会对其获得的政府补助产生影响。余明桂等（2010）以及邵敏和包群（2011）认为，政府补助显著倾斜于国有企业。孔东民等（2013）基于政府补贴的动机，研究发现，国有企业获得更高的政府补助。

3. 政府补助效应

洪银兴（1998）认为，地方政府补助对地区投资增长有显著的激励作用，从而提高当地的经济增长速度；而且地方政府运用行政手段对经济进行干预并不是好的选择，财政补贴实际上是促进产业发展的一种政策的改进。

沈晓明等（2002）以农业上市公司为研究对象，研究结果表明政府补助会对农业上市公司产生负面影响，因为虽然表面上政府补助在在短期内提高了企业的盈利能力，但却掩盖了公司实际上早已存在的经营和财政困境，使公司不能及时进行内部治理以解决面临的问题。

邹彩芬等（2006）认为，由于政府补助提高了农业上市公司的偿债能力，会使企业对政府补助产生较强的依赖性。

唐清泉和罗党论（2007）研究发现，政府补助多是被给予那些承担社会责任的企业，以及处于保壳和处于配股线附近的企业，因此政府补助更多的是发挥社会效应；但这些补助并没有提高企业绩效。潘越等（2009）也发现，政府给予那些处于财政困境的企业一定的补助，这些补助在第一年显著提高了企业业绩；但是，对企业长期业绩的提升会因企业性质和其政治关联的强弱不同而不同，政治关系较弱的民营企业获得补助能显著提高企业长期业绩，而国有企业和政治关系较强的民营企业则不显著。

陈林和朱卫平（2008）研究发现，政府创新补贴能对企业产出产生正向激励作用。安同良等（2009）发现，只有当研发补贴用来提高专用性人力资本时，才能有效激励产出。毛其淋和许家云（2015）在研究政府补助对企业创新的影响时也提到政府补助存在一个适度区间，高额的补贴并不能促进企业产品创新以及绩效的提高。

包群和邵敏和（2012）通过广义倾向评分匹配的方法证明了政府补助和企业生产率变化呈倒“U”形关系。任曙明和吕镯（2014）以中国装备制造企业为研究对象，发现虽然融资约束对企业的生产率有负向的冲击，但政府补助可完全抵消这一负面效应，使装备制造企业生产率平稳持续增长。

肖兴志和王伊攀（2014）以战略新兴产业254家上市公司数据为

样本，通过构建企业社会资本投资和研发创新投资决策模型，研究发现，企业为了获得政府补助，会使企业出现倾向于“重关系，轻创新”，政府补助扭曲了企业的投资行为。

赵璨等（2015）在研究政府财政补贴对企业绩效的影响时，发现企业为了争取获得财政补贴会采取迎合行为，但这种迎合行为对补贴的社会绩效和企业绩效有弱化影响。

综上所述，国外学者对政府补助的研究已经比较成熟，已经涵盖社会和经济领域。比如宏观上对就业的影响、对产业结构的影响等；微观上对企业技术创新的影响、对企业绩效的影响等。但是，由于样本不同、研究对象不同、所处的地区不同以及时代背景和经济背景的不同，不同学者研究的结果并不一致。而国内学者关于政府补助的研究由于起步较晚，相对于国外研究来说还有诸多不足。

三　不同财税政策对企业激励效应比较

通常，税收优惠根据优惠对象的属性，可以分为所得税优惠和流转税优惠，其中高新技术企业所得税优惠主要包括15%的所得税税率减免和研发费用的加计扣除，而流转税优惠主要包括增值税的3%即征即退、技术转让免税等。税收根据税收负担的最终归宿可以分为直接税和间接税，其中直接税主要为所得税，间接税主要为增值税和消费税等。国内学者在此方面的研究相对较晚，大多数从国外财税政策经验、研发经费支出等方面进行研究。我国税收优惠的手段和数量繁多，如免税、减税、优惠税率、退税、优惠扣除、税收抵免、税收饶让、盈亏互抵、税收递延等。此外，还有地区税收优惠、产业税收优惠等政策。对于这些税收优惠政策是否真正起到扶持高新技术企业发展，引导其进行各类创新研发活动的作用，且我国现行的高新技术企业税收优惠政策是否存在弊端、存在哪些弊端、如何改善等问题，许多国内的专家学者都进行了探讨。

马伟红（2011）以2007—2009年中小企业板67家上市高新技术企业作为研究样本，采用随机效应面板数据模型，分析税收激励与政府资助对高新技术企业R&D投入的影响效应，并对这两种政策工具的激励效果进行比较。结果发现，税收激励与政府资助对企业R&D

投入都有促进作用。与政府资助相比，税收激励的作用更大。

杨京钟（2010）为研究财税政策对特定产业的激励作用，采用比较分析法和图表法对税收政策扶持和激励高新技术产业进行定性研究，对现行税收政策在扶持高新技术产业发展中取得的积极作用以及存在的问题进行具体分析比较。研究结果表明，税收政策与特定产业发展具有紧密的关联性。运用税收政策经济杠杆调节工具，构建具有适应中国国情的税收激励政策，能够有效促进我国特定产业的自主创新和可持续发展。他还同时提出，完善我国现行的税收优惠政策：一要整合现行产业税收政策，构建产业税收政策体系。二要丰富产业税收调节方式和手段，扩大产业的扶持范围。三要适度降低企业的认定标准，激励更多企业享受到税收优惠政策。

何伟（2011）对河南省高新技术企业发放了调查问卷，并对问卷调查结果做了分析研究，通过调查数据，就我国税收激励政策对企业行为的影响进行实证分析，他发现，现行政策具有一定的激励效应，但其显著性程度随行业不同而有差异；不同政策的激励效应也不同；税额和税基式激励方式所发挥的作用开始显现；我国现行的增值税等政策需要调整，设备投资的税收抵免、增值税超税负退税等政策应进一步加强，研发投入的税前支持等政策应进一步完善，对中小型企业以及科技人员的税收激励等政策应予以重新审视和设计。

（一）财政补助与税收的比较

财政补助，是指政府根据企业进行水资源保护和污染防治等所发生的费用，对企业排污量减少或者水源保护等的程度所给予的补贴，目的是让企业在不减少产品供给的前提下，加强对污染技术和减污设备的投入，达到削减环境污染和提供更多社会产品的目的。政府利用这些补贴手段来减少污染，同时也为环境问题的解决提供激励因素。一般来说，政府对企业经营活动的补贴有两种：一种是针对企业排污量的减少程度直接给予货币补贴；另一种是以税收的方式给予间接补贴，如加快污染控制设备的折旧或者免税，或者是在某些情况下实行有条件的折扣。第二种与税收手段中的税式支出有一定的相同之处，财政补助和税收手段都能对产品供给者提供刺激激励，但是，与税收手段的运用相比，财政补助存在以下三点不足：

（1）由于提供政府补贴，使城市水务企业的利润可能较高，这将会降低该行业的退出率，并且还会吸引新的生产者进入该行业。总体来看，可能导致该行业的产品供给过剩或者污染程度实际上的加重。但是，用税收手段，由于是一种间接手段的运用，就不会对该行业企业的利益产生直接的作用，企业运行成本相比财政补助会提高很多。因此，税收手段的运用就可以有效地阻止新的生产者进入该行业，从而阻止社会资源过多流入到该行业，达到水务行业有序运行的目的。

（2）财政补助加重了公共支出的负担，需要增加其他税收来弥补开支。而征收税收是一种筹集资金的渠道，能够增加政府的税收收入，但会对社会资本的投资决策产生一定的负面影响。

（3）政府补助作为政府对企业经济活动直接性的投入，干预色彩较强，随着时间的推移，财政补助可能会成为对某些行业的一种保护。财政补助的难点在于衡量企业经营水平的标准基点，因此，反映社会目标合理性的补贴水平一般很难确定，合理与不合理的补贴的界限也可能是比较模糊的。如此一来，则财政补助不仅达不到政府调节的目的，还会助长企业在产品提供和技术创新等方面采取消极怠慢的态度。而征税方式则需要确定企业单位产品的税金，其不仅可以为政府实施环境保护和社会目标提供财力，还可直接将税款用于弥补受污染者和弱势群体，实现社会公平目标。

（二）企业所得税优惠与流转税优惠的比较

在比较了财政补助和税收优惠的功能和效应差异后，接下来我们进行税收优惠内部的比较分析，把企业所得税优惠和流转税优惠相比，通过文献研究的不同视角，来看看两者的效应差异。

范柏乃（2010）在《面向自主创新的财税激励政策研究》一书中运用广义差分法，以政府财政科技投入为解释变量，以专利授权量代表创新能力为被解释变量，选取1986—2006年数据，得出回归系数为1.074523，表明宏观上我国政府补助能促进企业创新能力的提升。

蒋华（2012）认为，政府补助是直接资金投入，对研发具有直接作用，对 R&D 投入的效果好于企业所得税优惠，并运用滞后一期的政府补助、企业所得税税负、企业流转税税负做回归分析，作用效果从高到低依次为政府补助、企业所得税优惠和企业流转税优惠。

马伟红（2011）运用面板混合 OLS 估计出税收激励估计系数为 0.158，而政府补助系数仅为 0.049，且政府补助显著性效果差。得出不寻常的结论：政府补助对高新技术企业 R&D 投入效果不明显。

从税收优惠的环节角度来看，研发费用加计扣除政策的扣除基数是以企业投入的研发费用为基数，属于直接扣除，比如，15% 的企业所得税税率优惠是以应纳税所得额为基数，应纳税所得额以净利润为基础扣除减免项目，属于间接扣除，直接扣除项在原则上作用效果更明显。由逻辑演绎推理可知，企业所得税优惠能加大企业研发和创新投入，增加创新产出，而创新作为知识产权的重要内容，其产生必然伴随正外部性。在此，我们仅研究创新带来的人力资本投入和技术人员人数两方面的外部性作用。故企业所得税优惠对以人力投入回报率和技术人员人数为代表的创新正外部性也有提升作用。

当国内学者发现所得税激励对高新技术企业的创新活动并不是十分显著时，一部分学者开始寻找更为有效的激励方式，并实证对比分析所得税优惠方式和流转税优惠方式。范柏乃（2010）提到企业所得税是对企业经营纯利润所征收的税，可以通过成本费用列支的范围、标准、方式等来影响税基的大小，进而影响企业的投资方向、生产行为，因此，资源配置功能相比于增值税来说更强一些。各国普遍运用企业所得税减免来促进高新技术企业的发展。在运用 Vensim 软件模拟几种不同税收优惠政策方案下自主创新能力的变化后，优惠的企业所得税税率对自主创新能力的激励作用是有效的，但相对于优惠的增值税税率来说作用不大，在不改变其他财税政策条件下，应保持优惠的企业所得税税率为 12% 不变。

娄贺统（2010）在其博士学位论文中运用公式推理得出，在税率优惠幅度一定的条件下，增值税优惠更能激励技术含量高的企业，所得税优惠更能激励技术含量低的企业。同时，实证研究了电子、信息技术和医药、生物制品行业后，表明各税种的优惠为企业提供的激励效应不同，总体上看，享受流转税优惠的企业研发人员比重高于享受所得税优惠的企业，这意味着流转税优惠对技术的激励作用更强，这一点同样在信息技术行业更为显著。

张济建（2010）通过问卷调查95家高新技术企业，得出结论认为，高新技术企业按15%征收所得税的政策对企业的研发费用投入的激励作用最大，其次是增值税优惠政策，而科技收入免征营业税政策作用不大。故企业所得税税收优惠在提升企业创新能力方面明显优于流转税。

马伟红（2011）收集了2007—2010年上市高新技术企业的数据进行实证分析，所得税税负的估计参数为 -0.1119，通过了1%水平的显著性检验，表明所得税税负每降低1%，可以带动企业R&D投入增加0.1119%。流转税税负的参数估计为 -0.00627，P值为0.259，未通过显著性检验。由此，该结果说明，现行的所得税激励比流转税激励对企业R&D投入影响效应更大。

潘亚岚、蒋华（2012）将税收优惠作为自变量，进行回归，得出税收激励对企业R&D投入的影响。建模：

$$RD = \alpha + \beta_1 GTG_{-1} + \beta_2 ITAX_{-1} + \beta_3 TTAX_{-1} + \beta_4 SIZE + \beta_5 LEV + \beta_6 SP + \beta_7 IC + \varepsilon \quad (2-3)$$

其中，α 为常数项，$\beta_i(i=1, 2, 3, 4, 5, 6, 7)$ 是各影响因素的回归系数，ε 代表随机误差项，其他变量依次从左到右为研发投入强度RD、政府科技补助 GTG_{-1}、所得税税负 $ITAX_{-1}$、流转税税负 $TTAX_{-1}$、企业规模SIEE、资产负债率LEV、销售净利率RD、行业哑变量IC。以沪深两市2008—2011年上市公司研发投入为研究对象，得出以下结论：①滞后一期的所得税税负与企业R&D投入呈显著负相关，系数为 -0.074。②滞后一期的流转税税负与企业的R&D投入呈显著负相关关系，系数为 -0.752。以上两实证结论表明，流转税优惠政策对企业R&D投入的作用明显优于所得税优惠。所得税优惠政策会受到企业某一年度利润波动的影响，一旦所得利润减少，则研发支出必定降低。而流转税收激励是对企业R&D活动的产出给予直接的税收激励，是一种市场导向的反应，所以导致流转税激励效果比所得税好。

李杰等（2013）以2008—2010年上市生物制药高新技术企业为研究对象，进行实证分析，结论：流转税税负对研发投入密度存在显著影响，回归系数为-2.177328，说明企业的流转税每变化1个单位，将导致企业研发投入向相反的方向变化2.177328个单位。企业所得税税负对研发投入密度存在显著影响，回归系数为-0.875187，说明企业的企业所得税每变化1个单位，将导致企业研发投入向相反的方向变化0.875187个单位。

根据发达国家经验和启示，李传志（2004）认为，直接优惠——企业所得税减免让渡事后利益，是通过利润的增减变化而定，而间接优惠——企业税基减免（通常是流转税税收优惠）让渡事前利益，是通过对高科技企业的固定资产实行加速折旧、对技术开发基金允许税前列支以及提取科技发展准备金等措施来调低税率，相比于直接优惠，间接优惠更能推动企业经营活动。

第三章　城市水务行业的现状及问题

第一节　城市供水行业发展现状

一　水环境和水资源现状仍然不容乐观

水是受全球和地区限制的一种可再生的、有限的资源。中国是世界水资源第三大国，有超过1500平方千米的河流排水区，水资源和地下水储量丰富，但复杂的地形地貌形成了不同的气候系统，使中国水资源在空间和时间上分布不均。早在1977年联合国水资源会议上，就有科学家们曾预言："水，不久将成为一个深刻的社会危机。"30多年过去了，原本紧缺的水资源严峻程度正在日益加剧。我国目前年均水资源量为28000亿立方米，按14亿人口估算，人均占有水资源量仅仅为2000立方米，在我国668座大中城市中有400座城市面临缺水问题，日缺水量1600万立方米，严重缺水的城市有110座，缺水制约了城市经济发展和人民生活的改善。在水资源总量排第六的情况下，人均占有率较低，每年人均可再生的淡水供应量仅为世界平均水平的27%，这一比例关系看，不到加拿大的1/50，俄罗斯的1/7，美国的1/5。

由于各地区处于不同的水文带及受季风气候影响，降水在时间和空间分布上极不均衡，水资源与土地、矿产资源分布和工农业用水结构不相适应。水污染严重，水质型缺水更加剧了水资源的短缺。不仅如此，不同区域分布的差异也较大，黄河流域、淮河流域、海河流域及辽河流域人均水资源量不到中国平均水平的一半，人均水资源量最少的海河流域只有 300 立方米/人，只有全国平均水平的 1/7。再者，在我国有限的淡水资源中，开发与利用存在效率低下的状况，我国能够被利用的水资源也仅为 11000 亿立方米左右。随着经济增长、人口增加和城市化进程的加快，水资源的供给压力将会越来越大。尤其是我国北方，特别是西北干旱少雨地带，未来的生产生活将面临严重缺水的困境。

从国家监测的数据看，2015 年，我国全年水资源总量 28306 亿立方米。全年平均降水量 644 毫米。年末全国监测的 614 座大型水库蓄水总量 3645 亿立方米，与上年末蓄水量基本持平。全年总用水量 6180 亿立方米，比上年增长 1.4%。其中，生活用水增长 3.1%，工业用水增长 1.8%，农业用水增长 0.9%，生态补水增长 1.7%。万元国内生产总值用水量 104 立方米，比上年下降 5.1%。万元工业增加值用水量 58 立方米，比上年下降 3.9%。人均用水量 450 立方米，比上年增长 0.9%。

2016 年，水资源总量 30150 亿立方米，全年平均降水量 730 毫米。年末全国监测的 614 座大型水库蓄水总量 3409 亿立方米，比上年末蓄水量略有减少。全年总用水量 6150 亿立方米，比上年增长 0.8%。其中，生活用水增长 2.7%，工业用水减少 0.4%，农业用水增长 0.7%，生态补水增长 1.9%。万元国内生产总值用水量 84 立方米，比上年下降 5.6%。万元工业增加值用水量 53 立方米，比上年下降 6.0%。人均用水量 446 立方米，比上年增长 0.2%。

当前，我国生态系统总体稳定，环境质量在全国范围和平均水平上总体向好，但某些特征污染物和部分时段部分地区局部恶化，环境保护形势依然严峻。在大气环境质量方面，2016 年入冬以来，多地连续发生影响范围较广、持续时间较长的重污染过程，北京等地启动红色预警，多地爆表，给人民群众生产生活带来严重影响。在水环境质量方面，有 121 个断面同比水质持续为劣Ⅴ类，主要分布在海河、黄河和长江流域。新增 22 个劣Ⅴ类断面，主要分布在辽河、海河、淮河流域。总磷污染问题日益凸显，其中 9—12 月总磷连续上升为影响地表水水质的首要污染物。112 个监测水质的国控重点湖库水质中，总磷超标率为21.4%，为首要污染物。在环境风险方面，我国社会转型期和环境敏感期共存、环境问题高发期与环境意识升级期叠加，垃圾处理设施、化工项目建设、危险废物和污染地块处理处置引发的环境事件成为社会关注焦点。在生态保护方面，生态系统质量总体处于较低水平，部分地区生态空间破碎化加剧、生态系统退化严重，生物多样性下降的速度尚未得到有效遏制。

表3-1是我们对我国水资源总量和人均占有量的历年分布状况，从表中不难看出，我国的水资源总量和人均分布还相对比较稳定。但考虑到我国水资源的污染状况时，就如同前面我们分析的那样，形势却不容乐观。

表3-1　　我国水资源总量和人均占用量状况

年份	水资源总量（亿立方米）	地表水资源量（亿立方米）	人均水资源量（立方米）
2000	27700.8	26561.9	2193.87
2001	26867.8	25933.4	2112.5
2002	28261.3	27243.29	2207.22
2003	27460.19	26250.74	2131.34
2004	24129.56	23126.4	1856.29
2005	28053.1	26982.37	2151.8
2006	25330.14	24358.05	1932.09
2007	25255.16	24242.47	1916.34
2008	27434.3	26377	2071.05
2009	24180.2	23125.21	1816.18
2010	30906.41	29797.62	2310.41
2011	23256.7	22213.6	1730.2
2012	29526.88	28371.35	2186.05
2013	27957.86	26839.47	2059.69
2014	27266.9	26263.91	1998.64
2015	27962.6	26900.8	2039.25

资料来源：根据中经网数据整理所得。

尽管近年来我国对水污染治理高度重视，投资规模不断扩大，但目前水污染状况依然严重。首先是人们无节制地开发地表水，抽取河水作为城镇和农业用水，流量不够就筑水坝建水库，结果是上游用水得到保证，但下游用水因此更加困难，而且因江河流量减少引起海水水面的下降。在地表水无法利用的情况下，就是无控制地抽吸地下水，水井深度与日俱增，造成地下水位普遍下降，城市地面塌陷，沿海城市海水入侵。其次是生活污水和工业废水通过河流和干涸的河道流入大海，污染了地表水、地下水和海洋，导致其水质下降。

目前，我国1/3以上的河段受到污染，90%以上的城市水域严重污染，50%的城市地下水遭受污染。在我国北部，降雨量只有38%入海，地下水位在某些地区已下降15米，多数重大河流的主要河段水质低于Ⅴ类。缺水城市中，60%—70%属于水质型缺水。根据中国工程院组织的《中国可持续发展水战略研究》得出的结论，即使我国未来50年的城市污水处理率达到95%的水平，城市污水排放的化学需氧量总量也只能控制在当前水平，水质型缺水将在相当长的时期无法有效解决。①

环保部发布的《2015年中国环境状况公报》显示，2015年，972个地表水国控断面（点位）覆盖了七大流域、浙闽片河流、西北诸河、南诸河及太湖、滇池和巢湖的环湖河流共423条河流，以及太湖、滇池和巢湖等62个重点湖泊（水库），其中有5个断面无数据，不参与统计。监测表明，Ⅰ类水质断面（位）占2.8%，比2014年下降0.6个百分点；Ⅱ类占31.4%，比2014年上升1.0个百分点；Ⅲ类占30.3%，比2014年上升1.0个百分点；Ⅳ类占21.1%，比2014年上升0.2个百分点；Ⅴ类占5.6%，比2014年下降1.2个百分点；劣Ⅴ类占8.8%，比2014年下降0.4个百分点。主要污染指标为化学需氧量、五日生化需氧量和总磷。全国地表水总体的污染状况不容乐观，其中部分城市河段污染较重。从监控的流域看，长江、黄

① 刘应宗、李明：《再生水的使用政策》，全国城市污水再生利用经验交流和技术研讨会，2003年10月。

河、珠江、松花江、淮河、海河、辽河七大流域和浙闽片河流、西北诸河、西南诸河的国控断面中，Ⅰ类水质断面占2.7%，同比下降0.1个百分点；Ⅱ类占38.1%，同比上升1.2个百分点；Ⅲ类占31.3%，同比下降0.2个百分点；Ⅳ类占14.3%，同比下降0.7个百分点；Ⅴ类占4.7%，劣Ⅴ类占8.9%，主要集中在海河、淮河、辽河和黄河流域，主要污染指标为化学需氧量、五日生化需氧量和总磷。

审计署关于883个水污染防治项目审计结果（2016年6月29日公告）显示，审计署审计抽查长江经济带沿江区域的23个市县，发现城市生活污水有12%（年均4亿吨）未经处理直排长江；沿江373个港口中，有359个（占96%）未配备船舶垃圾接收点，260个（占70%）未配备污染应急处理设施。抽检89个市县的231个城乡集中式饮用水源地中，有124个（占53%）水质监测指标不达标；72个地下饮用水水源中有27个（占37%）存在超采现象。

二　我国城市供水行业发展现状

水务行业问题的形成，主要源于两方面原因：一方面，人们没有对水务产业进行产品属性上的理论划分，缺乏经营意识，仅从社会效益的角度来决定项目的建设、投入和运营，而忽视了水务产业的经济属性，使项目在运作上不具备经济效率或者经济收益不明显，最终难以为继。另一方面，社会经济发展、城市化进程加快引起的城市水务设施供给与需求之间矛盾加剧，需要加大对城市水务设施的投入。

概括来说，我国水务产业发展的关键问题有两个：一是资金投入的缺乏；二是企业运行的绩效较低。我国水务行业资金缺乏和绩效较低问题与传统的投融资体制密不可分。长期以来，我国地方政府是城市建设的主体，水务行业的投资一直被视为政府的责任，投资主体是政府，项目资金的筹集和运行补贴都是各级政府的财政资金使用责任。其中，各级政府的投入形式又存在差异性，中央政府主要依托的是财政补助性，只有在跨区域重大建设项目和涉及国家的宏观战略布局的建设项目中，中央财政才会直接投资。地方政府对水务设施的投资，其运行模式大多是地方政府的责任，因此，水务行业投资存在资金来源渠道单一，数量也极其有限的情况，与城市水务设施等巨大投资成本相比，仍然显得微不足道。同时，水务行业的很多项目，在日常管理中，存在体制混乱、绩效低下等情况，造成城市水务行业发展滞后，亏损严重，严重影响了这个行业的扩大再生产，各级财政在类似的基础设施建设上存在严重的历史欠账。作为城市的基础性行业，水务行业发展的滞后不仅制约了城市的发展，也对城市生活质量的提高产生巨大影响。由于水资源缺乏而给整个城市带来的经济损失据估计每年就有近千亿元，在很多城市，甚至一些特大型城市，缺水和水质较差已经是严重制约城市发展和社会经济进步的迫切问题，因此，我国城市水资源危机不仅存在，而且有愈演愈烈的趋势。目前，城市缺乏足够的污水处理系统与二次处理系统，污水超排已经十分严重，有多于80%的没处理的水直排入水体管网中，城市水务问题不但使城市的发展受限，也会对可持续发展的理念形成严重的挑战。我国城市供水与用水情况如表3－2所示。[①]

表3－2　　　　我国城市供水与用水情况分析

年份	城市供水总量（亿立方米）	城市供水管道长度（公里）	城市生活用水年供水量（亿立方米）	城市人均日生活用水量（升/日）	城市用水人口（万人）
1992	429.84	111780	117.29	186	—
1993	450.23	123007	128.25	188.6	—
1994	489.46	131052	142.25	194	—
1995	481.57	138701	158.15	195.4	—
1996	466.07	202613	167.07	208.1	—
1997	476.78	215587	175.72	213.5	—
1998	470.47	225361	181.04	214.1	—
1999	467.51	238001	189.62	217.5	23885.74
2000	468.98	254561	200	220.24	24879.52
2001	466.12	289338.08	203.65	215.96	25832.76

① 孙茂颖：《水务产业投融资问题研究》，博士学位论文，东北财经大学，2013年。

续表

年份	城市供水总量（亿立方米）	城市供水管道长度（公里）	城市生活用水年供水量（亿立方米）	城市人均日生活用水量（升/日）	城市用水人口（万人）
2002	466. 46	312605. 44	213. 19	213. 02	27419. 93
2003	475. 25	333288. 82	224. 67	210. 94	29124. 53
2004	490. 28	358410. 49	233. 46	210. 82	30339. 68
2005	502. 06	379332. 07	243. 74	204. 07	32723. 4
2006	540. 48	430397	222. 03	188. 32	32303. 08
2007	501. 95	447229. 23	226. 37	178. 39	34766. 48
2008	500. 08	480083. 85	228. 2	178. 19	35086. 66
2009	496. 75	510399. 39	233. 41	176. 58	36214. 21
2010	507. 87	539778. 3	238. 75	171. 43	38156. 7
2011	513. 42	573773. 79	247. 65	170. 94	39691. 29
2012	523. 03	591872. 11	257. 25	171. 79	41026. 48
2013	537. 3	646413. 4	267. 65	173. 51	42261. 44
2014	546. 66	676727. 43	275. 69	173. 73	43476. 32
2015	560. 47	710206. 39	287. 27	174. 46	45112. 62

资料来源：根据中经网相关统计数据整理。

据统计，2015 年，我国水务行业规模以上企业资产总额达 9807. 78 亿元，水的生产和供应业企业销售收入 1756. 42 亿元，同比增长了 7. 23%，销售毛利率为 25. 04%。成本费用利润率为 6. 11%，销售利润率为 5. 94%，总资产利润率为 1. 06%。自来水的生产和供应行业共计实现销售收入为 1323. 39 亿元，同比增长 8. 26%。目前，威立雅、苏伊士等多家国际水务巨头已经在沈阳、天津、成都、重庆、郑州等近 20 个城市兴建了自来水厂。最早进入我国的法国苏伊士里昂集团已参与了我国 100 多个水厂的建设，国外资金在城市供水、节水和污水处理方面所占比重已达到 20%。与外资相比，我国民营资本进入城市水务市场的时间较晚，但在一些民营经济发达的地区，民营资本参与城市水务已经先行一步。20 世纪 90 年代初，浙江省温州市在全市的基础设施建设中，进行大刀阔斧的改革，运用市场机制，大胆引入民间资本。在 20 世纪最后 10 年间，温州投入城镇的基础设施资金达100多亿元，其中，70%来自民间自筹，20%集体积累，政府投入还不足10%。1998年，民营的四川瑞云集团通过招标，以内资BOT方式建设、经营了邓崃自来水厂，该集团更是在2002年以特许经营的方式出资建造了邓崃县城，并取得该座城市公用市场50年的经营权，开创了“民营城市”的先例。可见，民营资本参与城市水务市场具有很高的热情，并且已经有了不少成功的先例。但是，这一时期民营资本参与城市水务基本上都是试验性的。①

第二节　城市污水处理现状

洁净水是人类赖以生存发展必不可少的物质资源和战略性经济资源，是一种有限的、不可替代的宝贵资源，也是实现经济社会可持续发展的重要保证。20世纪50年代以后，随着全球人口急剧增长与经济发展的迅速，全球水资源状况迅速恶化，“水危机”也日趋严重。

近半个世纪来，全球性的水荒问题已经日益严重地显露出来。据有关专家预测，在21世纪水危机可能比石油危机或者粮食危机更早地到来，成为世界大部分地区将面临的最严峻的自然资源问题。因此，污水作为水危机中的重要一环，对其的处理已成为当今社会的热点问题之一。污水处理的现状以及发展前景都与经济社会息息相关，污水处理现状的良好，环境的不断改善，民众可循环的淡水资源的增多，对于整个社会而言都具有十分重要的意义。

污水处理即为使污水达到排入某一水体或再次使用的水质要求，用各种物理、化学、生物处理方法将污水中所含的有机污染物、固体悬浮物、氨氮、磷、细菌等污染物分离或将其转化为无害物质，从而使污水得到净化的过程。污水处理行业作为环保产业的重要组成部分，主要包括生活污水处理和工业废水处理两个子行业，如图3－1所示。

---

① 孙茂颖：《水务产业投融资问题研究》，博士学位论文，东北财经大学，2013年。

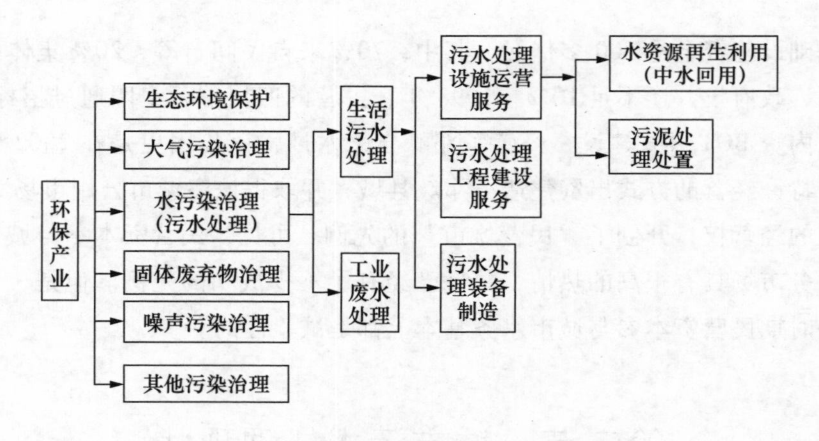

图3-1 环保产业和水污染治理结构

自20世纪80年代以来，中国经历了大规模的工业化和城市化，经历了前所未有的经济增长。近年来，随着我国工业化、城镇化进程不断推进，社会经济得到飞速发展，在过去30多年里，国内生产总值（GDP）每年增长约10%，快速经济增长和城市化的结合使中国成为世界第二大经济体。然而，经过几十年的不规范的工业化和城市化，严重的环境问题已经出现，大气污染、水污染、噪声污染等日益严重。随之而来的污染问题也成为亟待解决的重要问题。近年来，我国水体污染日益严重，工业生产对水资源的利用量少于农业，但是，工业生产对水资源的污染中处于主体的地位，随着工业的不断发展，许多污水直接被排放入河流，工业污水的排放不仅使水资源中的各项化学指标超标，同时对水生物的生存造成了很大的威胁，水资源富营养化也会导致蓝藻现象的发生。同时农业用水过程中大量化肥、农药的使用也会对水资源造成污染，影响区域内的水质。水污染问题在我国各个地区以不同程度地存在着，对可利用水资源造成了很大的浪费。污水处理已日渐成为经济发展和水资源保护不可或缺的组成部分。

水环境处在被破坏的前列，近年来，比较突出的问题是：①污水排放总量居高不下。根据环境保护部《2013年，环境统计年报》，2013年，全国废水排放总量695.4亿吨。其中，工业废水排放量209.8亿吨，城镇生活污水排放量485.1亿吨。废水中化学需氧量排放量2352.7万吨，其中，工业源化学需氧量排放量为319.5万吨，农业源化学需氧量排放量为1125.8万吨，城镇生活化学需氧量排放量为889.8万吨。废水中氨氮排放量245.7万吨。其中，工业源氨氮排放量为24.6万吨，农业源氨氮排放量为77.9万吨，城镇生活氨氮排放量为141.4万吨。[①] ②地下水水质污染严重。2014年，全国202个地级及以上城市开展地下水水质监测工作，监测点总数为4896个。水质为优良级的监测点为10.8%，良好级的监测点为25.9%，较好级的监测点为1.8%，较差级的监测点为45.4%，极差级的监测点为16.1%。[②] 总体而言，我国水环境和水污染形势严峻，水体污染已成为我国经济社会实现可持续发展的严重制约因素，2015年，十大流域的700个水质监测断面中，Ⅰ—Ⅲ类水质断面比例占72.1%，劣Ⅴ类水质断面比例占8.9%。十大流域水质总体为轻度污染，水质保持稳定。近岸海域301个海水水质监测点中，达到国家Ⅰ、Ⅱ类海水水质标准的监测点占70.4%，Ⅲ类海水占7.6%，Ⅳ类、劣Ⅴ类海水占21.9%。因此，加强水污染治理刻不容缓。③一方面是水资源污染严重，另一方面却是人均水资源短缺。以2013年为例，全国水资源总量为27958亿立方米，世界第六，而由于人口基数庞大，人均水资源量为2059.7立方米，排百名之后。[③] ④水资源污染事故频发。以2010年为例，福建紫金矿业有毒废水泄漏事件；渤海蓬莱油田溢油事故；南京“自来水含抗生素”事件等危害水环境的故事频发。这一个个的数据提醒着我们，水污染情况令人担忧。开征水污染税是当务之急，刻不容缓。一方面，人类对水资源的需求以惊人的速度扩大；另一方面，日益严重的水污染蚕食大量可供消费的水资源。中国水资源人均占有量本来就少，空间分布又极不平衡，随着中国城市化、工业化的加速，水资源的需求缺口也日益增大。在这样的背景下，污水处理行业成为新兴产业，目前与自来水生产、供水、排水行业处于同等

---

① 以上数据根据《中国统计年鉴》《中国环境统计年鉴》《环境统计公报》整理而得。
② 同上。
③ 同上。

重要地位。

日益严重的水污染和政府在管理制度的设计缺陷也密切相关，政府在设计排污费收费标准时，并没有按照企业污染治理的边际成本来设计，表3－3是2003年《排污费征收使用管理条例》实施后七年全国废水排放及处理情况的汇总情况。

表3－3　　2004—2010年废水排放及处理情况

	2004年	2005年	2006年	2007年	2008年	2009年	2010年
废水排放总量（亿吨）	482.4	524.5	536.8	556.8	571.65	589.1	617.3
工业废水排放总量	221.1	243.1	240.2	246.6	241.65	234.4	237.5
直接排入海的	14.1	15.2	13.2	15.7	15.87	—	11.8
生活污水排放总量	261.3	281.4	296.6	310.2	330	354.7	379.8
化学需氧量排放总量（万吨）	1339.2	1414.2	1428.2	1381.8	1320.7	1277.5	1238.1
工业	509.7	554.7	541.5	511.1	457.58	439.7	434.77
生活	829.5	859.4	886.7	870.8	863.12	837.9	803.29
氨氮排放量（万吨）	133.0	149.8	141.4	132.3	126.97	122.6	120.3
工业	42.2	52.5	42.5	34.1	29.69	27.4	27.27
生活	90.8	97.3	98.9	98.3	97.28	95.3	93.01
工业废水排放达标率（%）	90.7	91.2	90.7	91.7	92.45	94.2	95.3
工业废水中化学需氧量去除量（万吨）	1043.9	1088.3	1099.3	1265.4	1317.3	1321.26	1415.38
工业废水中氨氮去除量（万吨）	46.6	48.3	55.3	51.8	65.08	64.09	82.65
废水治理设施（套）	66252	69231	75830	78210	78725	—	80332
本年运行费用（亿元）	244.6	276.7	388.5	428.0	—	—	545.35
本年征收的排污费（亿元）	96.4	123.16	145.6	173.6	175.8	164	征收188 入库177.9

资料来源：根据中经网相关统计数据整理。

从表3－3中我们可以看出，尽管2003年《排污费征收使用管理条例》及其相关配套政策实施后，扩大了征收范围，提高了征收标准，改进了征收绩效，使年征收的排污费从2004年的96.4亿元上升到2010年的188亿元，但与污染治理实际所需的费用相比，仍然差距很大。如仅仅就废水治理的运行费用，2010年就是所有征收的排污费的近三倍，由于收费仅为污染治理成本的很少一部分，其对污染者的刺激作用几乎可以忽略不计，以至于污染者宁可缴纳排污费也不愿去花钱治理污染，这在事实上是鼓励企业"花钱实现合法排污"。我们可以看到，2004—2007年，废水排放总量逐年上升，治污费用也成倍增长，而污染物的排放量却还曾一度上升，企业违法成本低，缺乏动力采取措施以切实有效地减少污染物排放，排污费的污染治理作用和减少污染物排放的导向性作用有限。

一　污水规模不断增大

近年来，随着社会经济的发展，城市污水处理量总体上保持稳步增长。随着城市规模的扩大和人口集聚，经济发展状况和城市人口规模将影响城市的用水需求，同时也为污水处理提供了市场空间。在可预见的将来，随着城市规模的不断扩大以及对水资源利用效率的重视，城市的用水需求将不断增长，污水处理业务的需求将不断增加，污水处理的效率也将不断提高。随着我国社会经济的发展、城镇化进程的加快以及人民生活水平的提高，我国生活污水排放量日益增多。根据国家环保部公布的历年全国环境统计公报和年报数据，2004—2015年，全国废水排放总量从2004年的482.4亿吨增长到2015年的735.3亿吨，废水排放呈现出快速增长的趋势（见图3-2）。如2014年，全国废水排放总量716.2亿吨。其中，工业废水排放量205.3亿吨、城镇生活污水排放量510.3亿吨。废水中化学需氧量排放量2294.6万吨，其中，工业源化学需氧量排放量为311.3万吨，农业源化学需氧量排放量为1102.4万吨，城镇生活化学需氧量排放量为864.4万吨。废水中氨氮排放量238.5万吨。其中，工业源氨氮排放量为23.2万吨，农业源氨氮排放量为75.5万吨，城镇生活氨氮排放量为138.1万吨。

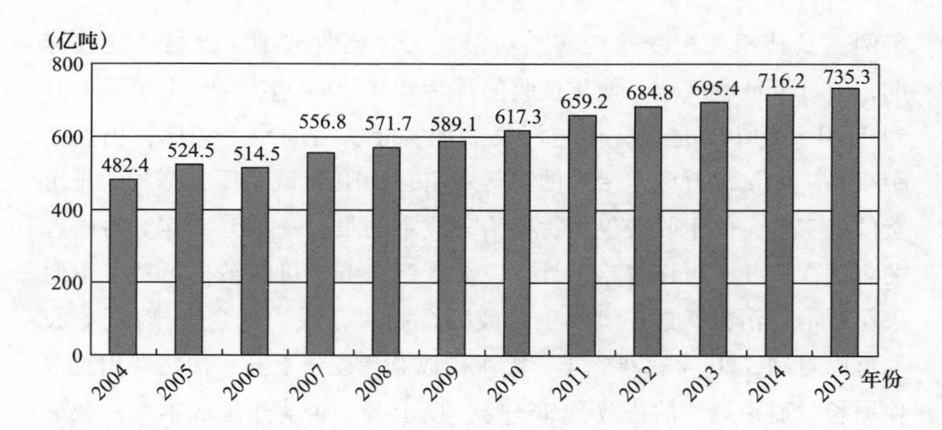

图 3－2　全国历年废水排放总量

尽管城市污水处理能力和处理率不断提高，但城市人口增长，城市化进程加快，我国城市污水排放量也进入快速增长期，城市污水已经成为主要的污水来源。与此同时，15 年间，城镇生活污水排放量稳定增长。随着我国城镇化进程加快，城镇化率每提高 1 个百分点，将会有约一千万人进入城镇居住和生活，按目前年人均生活污水排放量平均值约 65 吨计算，每年将至少带来约 6.5 亿吨的污水排放量，2011 年以来，城市污水排放量均超过 400 亿吨。表 3－4 反映了 2000—2014 年我国城市污水排放量和污水处理率变化情况。

表 3－4　　我国历年城市污水排放量和污水处理率

年份	城市污水排放量（亿立方米）	城市污水处理率（%）
2000	331.8	34.3
2001	328.6	36.4
2002	337.6	40.0
2003	349.2	42.1
2004	356.5	45.7
2005	359.5	52.0
2006	362.5	55.7
2007	361.0	62.9

续表

年份	城市污水排放量（亿立方米）	城市污水处理率（%）
2008	364.9	70.2
2009	371.2	75.3
2010	378.7	82.3
2011	403.7	83.6
2012	416.8	87.3
2013	427.5	89.3
2014	445.3	90.2

资料来源：《中国环境统计年鉴》（2015）。

根据我们对浙江省温岭市、诸暨市和嵊泗县三县市（后文中我们简称为“三县市”）300户居民的调查中发现，当地居民对污水处理的满意率并不高。66%的被调查者对污水处理的满意度为一般，被调查者普遍认为污水处理的成效不高，近年来，河流水质变化不大，既没有过度污染，也没有明显的好转。29%的被调查者对污水处理的成果持满意的态度，认为近几年所在的河流水质明显好转，且未在生活活动范围内闻到污水产生的恶臭味。5%的被调查者对污水处理的成果持不满意的态度，认为污水产生的气味及其他因素对自身产生了较为严重的影响。

在当地居民对生活污水对环境影响的认识上，94%的当地居民认为，生活污水对环境有严重影响；4%的当地居民认为，生活污水对环境影响比较严重，并且绝大多数参与问卷调查的被调查者都承认生活污水会对环境产生影响。还有2%的当地居民对生活污水的危害不关心。由此可见，广大居民对生活污水的危害已经有了基本的认识和关注。

二　城市污水处理能力有了较大幅度的提高

随着城镇化发展步伐的加快以及水污染防治的深入，国家对环保行业的重视和支持力度的不断提升，污水处理行业具有较大的市场发展空间。污水处理行业关系国计民生，与人民日常工作、生产和生活关系密切，在国民经济中占有重要地位，是社会进步和经济可持续发展的重要保证。随着我国工业化和城镇化的推进，日趋严重的水污染不仅降低了水体的使用功能，也进一步加剧了水资源短缺的矛盾，对中国正在实施的可持续发展战略带来了严重影响，而且还严重威胁到城市居民的饮水安全和人民健康。因此，尽快提升我国污水处理行业技术和产业化水平，有效地遏制水资源污染的状况，是缓解水资源短缺行之有效的方法。

近些年，随着政府大力推进城市基础设施建设，城市污水收集和污水处理能力都有了较大幅度的增长和提高。城镇污水处理及再生利用设施是城镇发展不可或缺的基础设施，是经济发展、居民安全健康生活的重要保障。“十二五”以来，各地和有关部门认真贯彻落实国务院办公厅印发的《“十二五”全国城镇污水处理及再生利用设施建设规划》，大力加强城镇污水处理设施建设力度，全国污水处理水平明显提高。截至 2015 年，全国城镇污水处理能力已达到 2.17 亿立方米/日，城市污水处理率达到 92%，县城污水处理率达到 85%，全国城镇污水处理设施建设基本完成“十二五”规划目标。但同时也应看到，污水处理设施建设仍然存在区域分布不均衡、配套管网建设滞后、建制镇设施明显不足、老旧管网渗漏严重、设施提标改造需求迫切、部分污泥处置存在二次污染隐患、再生水利用率不高、重建设轻管理等突出问题，城镇污水处理的成效与群众对水环境改善的期待还存在差距。“十三五”时期是我国全面建成小康社会的决胜阶段；是转变经济发展方式取得实质性进展的重要时期。为此，“十三五”时期应进一步统筹规划，合理布局，加大投入，实现城镇污水处理设施建设由“规模增长”向“提质增效”转变，由“重水轻泥”向“泥水并重”转变，由“污水处理”向“再生利用”转变，全面提升我国城镇污水处理设施的保障能力和服务水平，使群众切实感受到水环境质量改善的成效。

2015 年 4 月 2 日，国务院印发《水污染防治行动计划》（以下简称“水十条”），提出要强化城镇生活污染治理，加快城镇污水处理设施建设与改造。现有城镇污水处理设施，要因地制宜进行改造，2020 年年底前达到相应排放标准或再生利用要求。敏感区域（重点湖泊、重点水库、近岸海域汇水区域）城镇污水处理设施应于2017年年底前全面达到一级A排放标准。建成区水体水质达不到地表水Ⅳ类标准的城市，新建城镇污水处理设施要执行一级A排放标准。按照国家新型城镇化规划要求，到2020年，全国所有县城和重点镇具备污水收集处理能力，县城、城市污水处理率分别达到85%、95%左右。京津冀、长三角、珠三角等区域提前一年完成。

根据国家统计局公布的历年国民经济和社会发展统计公报数据，可以看出我国城市污水处理日均量呈持续增长态势（见图3－3）。整理后得到图3－3。截至2015年年底，全国城市每日污水处理能力达到16065.4万立方米（见图3－3），全年累计处理污水量达410.3亿立方米。2015年全国城市污水处理率达到91.97%，完成“十二五”规划目标要求。2005—2015年，我国城市污水处理厂处理能力年均复合增长率为9.35%。

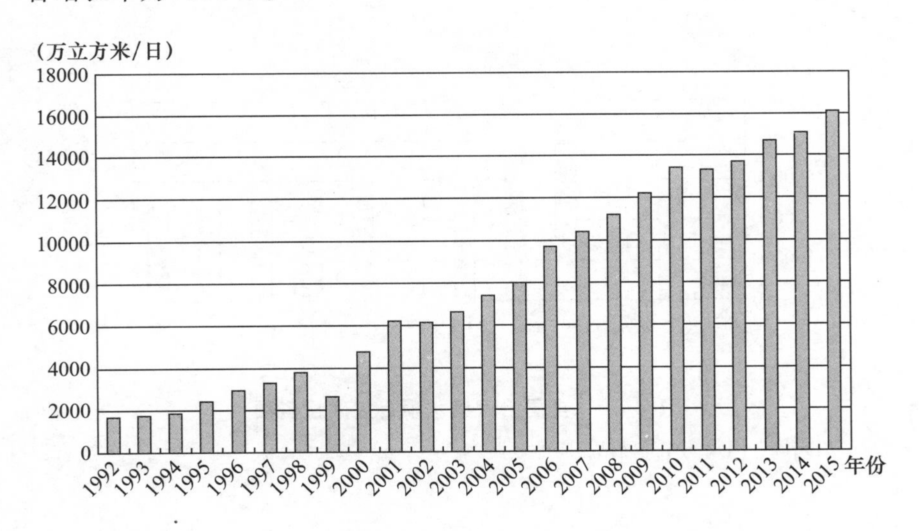

图3－3　我国城市每年日均污水处理能力

近年来，我国污水处理行业突飞猛进，整体发展处于快速成长期，主要表现在污水处理能力迅速扩张、污水处理率稳步提高、污水处理量快速增长等方面。截至2016年9月底，全国设市城市、县（以下简称城镇，不含其他建制镇）累计建成污水处理厂3976座，污水处理能力达1.7亿立方米/日。全国设市城市建成运行污水处理厂共计2238座，形成污水处理能力1.4亿立方米/日。全国已有1472个县城建有污水处理厂，占县城总数的94.3%；累计建成污水处理厂1738座，形成污水处理能力0.3亿立方米/日。未来几年，我国城镇生活污水、工业污水的治理投资将大幅增加。从图3－6显示的情况看，我国治理废水项目完成投资额一直保持在较高水平，按照国家"十三五"全国城镇污水处理及再生利用设施建设规划的要求，到2020年年底，我国基本实现城镇污水处理设施全覆盖。城市污水处理率将达到发达国家水平，约为95%，其中地级及以上城市建成区基本实现全收集、全处理；县城不低于85%，其中东部地区力争达到90%；建制镇达到70%，其中中西部地区力争达到50%；京津冀、长三角、珠三角等区域提前一年完成。污水处理能力为26766万立方米/日，年均增速将保持在4.24%左右。

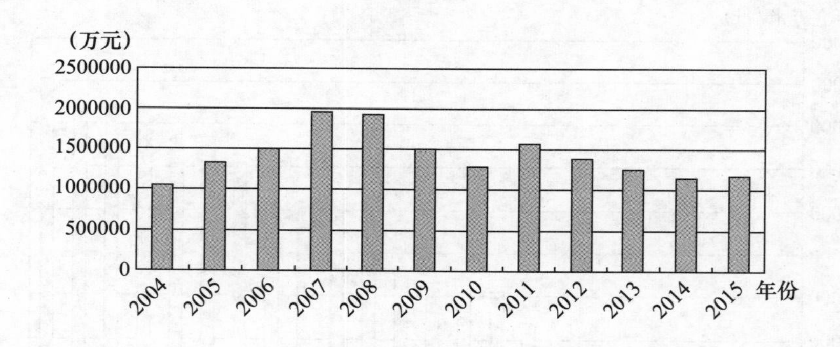

图3－4　全国治理废水项目完成投资额

资料来源：国家统计局网站公布的数据。

第三节　城市再生水和污泥处理现状

一　再生水处理现状

当前国内水资源供需矛盾突出，全国正常年份缺水量约400亿立方米，水危机严重制约我国经济社会的发展。由于水资源短缺，部分地区工业与城市生活、农业生产及生态环境争水矛盾突出。部分地区江河断流，地下水位持续下降，生态环境日益恶化。近年来，城市缺水形势严峻，缺水性质从以工程型缺水为主向资源型缺水和水质型缺水为主转变。城市缺水有从地区性问题演化为全国性问题的趋势，一些城市由于缺水严重影响了城市的生活秩序，城市发展面临严峻挑战。节约用水、高效用水是缓解水资源供需矛盾的根本途径。节约用水的核心是提高用水效率和效益。目前，我国万元工业增加值取水量是发达国家的5—10倍，我国灌溉水利用率仅为40%—45%，距世界先进水平还有较大差距，节水潜力很大。

人类用水其实一直是循环用水，即上游用水以后排放到下游再用。流动的水体有自净能力，即一种使污染物变成有用、无害的物质的自然能力。一般来说，城市用水的80%会转化为污水，经收集净化后，70%可再生利用。这意味着通过污水再生利用，在现有水资源一定情况下，城市用水量可增加50%以上。

再生水是指污水经过物化和生化二级处理后再经深度处理达到一定水质指标以满足某种用水要求，从而达到回用目的的水。再生水是以城市污水为原水，通过人为处理而恢复其使用价值，成为可使用的水资源。再生水起名于日本，“再生水”的定义有多种解释，在污水工程方面称为“再生水”，工厂方面称为“回用水”，一般以水质作为区分的标志，其主要是指城市污水或生活污水经处理后达到一定的水质标准，可在一定范围内重复使用的非饮用水。城市污水经处理设施深度净化处理后的水，其水质介于生活自来水（上水）与排入管道内污水（下水）之间，故命名为“中水”。可见，中水和再生水区别并不大，中水是对应给水、排水而得名的，对应的翻译名词有中水道、回用水、杂用水、再生水等。一般称中水设施。再生水处理一般指二级处理和深度处理，当二级处理出水满足特定回用要求，并已回用时，二级处理出水也可称为再生水。中水包括污水处理厂经二级处理再进行深化处理后的水和大型建筑物、生活社区的洗浴水、洗菜水等集中经处理后的水。中水回用正是目前国内解决缺水问题的有效出路，是实现城市污水资源化利用的最有效途径，如政府运作得当，可获得良好的社会效益、环境效益、资源效益和经济效益。

再生水水量大、水质稳定、受季节和气候影响小，就地可取，是一种十分宝贵的水资源。再生水的用途主要包括农田灌溉、景观和环境用水、园林绿化（公园、校园、高速公路绿带、高尔夫球场、公墓、绿带和住宅区等）、工业用水（冷却水、锅炉水工艺用水）、大型建筑冲洗以及游乐与环境（改善湖泊、池塘、沼泽地，增大河水流量和鱼类养殖等），还有消防、空调和水冲厕等市政杂用。此外，还可以用作补充水源补给和饮用水回用等，使其间接或直接作为居民生活用水甚至饮用水，从长远来看，是解决水危机最有效的方法之一。不过，将再生水用作饮用水是人类面临的新挑战和新任务，这不仅需要先进的技术和设备，而且需要公众高度的认可度。因此，对于再生水的整体水质要求很高，在严格控制致病菌含量的同时，还需关注有机物的存在和毒性及由此引发的一系列毒理学问题。

再生水使用方式很多，按照与用户的关系可分为直接使用与间接使用，直接使用又可以分为就地使用与集中使用。其中，直接再生利用是指城市污水经处理达到相应标准后，直接用管道送到用户，即实现再生水的短循环；间接再生利用主要是指对地表水源和地下水源的增扩，实现污水资源化和再生水的长循环，这种方式对水质的要求较高。

在美国、日本、以色列等国，厕所冲洗、园林和农田灌溉、道路保洁、洗车、城市喷泉、冷却设备补充用水等，都大量使用中水。目前，多数国家的再生水主要用于农田灌溉，以间接使用为主；日本等少数国家的再生水则主要用于城市非饮用水，以就地使用为主；新趋势是用于城市环境“水景观”的环境用水。

再生水的水量和水质取决于污水的再生能力（污水的社会再生能力），也就是取决于社会经济实力和科学技术发展水平，中国是水资源匮乏的国家，但是，目前还没有中水利用专项工程，也没有专项资金，只是政策上引导，各城市的中水利用量是根据此城市的缺水程度不同而定的。依据国际经验，当一个国家用水超过其水资源可用量的20%时，就易发生水危机。按照《“十三五”全国城镇污水处理及再生利用设施建设规划》建设任务，“十三五”期间，新增再生水利用设施规模1505万立方米/日，其中，设市城市1214万立方米/日，县城291万立方米/日。在技术要求上，要按照“集中利用为主、分散利用为辅”的原则，因地制宜确定再生水生产设施及配套管网的规模及布局。结合再生水用途，选择成熟合理的再生水生产工艺。鼓励将污水处理厂尾水经人工湿地等生态处理达标后作为生态和景观用水。再生水用于工业、绿地灌溉、城市杂用水时，宜优先选择用水量大、水质要求不高、技术可行、综合成本低、经济和社会效益显著的用水方案。表3－5显示，到2020年年底，城市和县城再生水利用率进一步提高。京津冀地区不低于30%，缺水城市再生水利用率不低于20%，其他城市和县城力争达到15%。特别是再生水生产设施等处理规模，要求有一个大的提升。

表3－5　“十三五”再生水利用率规划

	指标	2015年	2020年	“十三五”新利用率
再生水利用率（%）	京津冀地区	35.0	≥30*	—
	北京	65.9	68.0	2.1
	天津	28.5	30.0	1.5
	河北	27.7	30.0	2.3
	缺水城市	12.1	≥20	7.9
	其他城市和县城	4.4	力争达到15	11.6
再生水生产设施规模（万立方米/日）		2653*	4158*	1505*

注：*不含建制镇数据。

资料来源：《“十三五”全国城镇污水处理及再生利用设施建设规划》。

二　污泥处理现状

根据2015年住建部相关调查数据，我国各地污水处理厂产生的污泥无害化处置率约56%，无害化处理水平较低，污泥随意堆放所造成的污染问题，以及污染物进入水体所带来的二次污染问题较为严重。在污水处理过程中，会产生由有机残片、细菌菌体、无机颗粒、胶体等组成的污泥，污泥是污水处理过程中无法避免的副产品。

根据《水污染防治行动计划》，污水处理设施产生的污泥应进行稳定化、无害化和资源化处理处置，禁止处理处置不达标的污泥进入耕地。非法污泥堆放点一律予以取缔。现有污泥处理处置设施应于2017年年底前基本完成达标改造，地级及以上城市污泥无害化处理处置率应于2020年年底前达到90%以上。随着社会关注度的加大，以及国家产业政策的扶持，污泥的处理水平将得到快速提升，其作为污水处理行业不可缺少的重要环节，将推动污水处理行业的整体发展。

案例：污泥处置目前仍存在哪些不足？

国家层面上缺少一个明确的技术路线和技术标准；污泥处置经费来源仍缺乏保障。在污水处理行业近几年快速发展的同时，其副产品——污泥总量也在不断增加。而对污泥能否实现无害化处置，也成为对污水处理企业考核的重要指标之一。相较于污水处理厂的正常运行，污泥处置的重要性正在被逐步认识。

正如陕西省环境保护执法局局长马小现所言："抓污水处理，不抓污泥处理，随意堆放，一下雨，还有什么意义？"

"污泥的问题是城镇污水处理发展到一定阶段，逐步作为一个突出问题凸显出来的。"住建部城建司水务处调研员曹燕进告诉记者，如果一个地方污水都没有处理好，污泥处理相对还没有提高到重要位置。其实，污水处理时，应该泥、水并重。

据了解，目前我国污泥规范化处理处置率将近50%，有30%的污泥临时处理处置，其余的污泥处置还不太规范。

"污泥无害化处理的比重是最关键的。"曹燕进说，我国污泥问题是污水处理发展过程中的问题，需要加快建设。污泥最好的处置方式是资源化、能源化回收利用，最基本的是无害化处置，实在达不到也应该是稳定化。城市污泥处理处置的目标和县、县级市的目标不同，需要分类指导。

目前陕西省对于污泥处置的方式大多以安全卫生填埋为主。而对于污泥处置利用的其他方式，如干化焚烧、好氧堆肥，目前仍处于探索阶段。

以西安市为例，西安市水务部门相关负责人透露，目前西安市内有3家政府选定的有资质危废处置企业处理污泥。在处理方式中，水泥窑协同处置所占比例不足10%，好氧堆肥生物利用也仅在10%左右。

在西安市第四污水处理厂，污水处理采用两级生物处理工艺，污泥采用重力浓缩后机械脱水工艺，产生的污泥交由具有资质的污泥处置单位进行规范化处置。

西安市水务局副局长王俊说，截至2015年8月底，西安市已建成城镇集中式污水处理厂25座，城九区处理能力达到196.5万立方米/日，4个县城处理能力达到10.6万立方米/日。目前西安污水处理厂污水处理产生的污泥采取3个途径处理：一是水泥窑集中焚烧，比例不到10%；二是生物利用，养蚯蚓，约占10%；三是剩余约80%的污泥在烧砖厂烧掉。

陕西省安康市江南污水处理厂工程是国家南水北调“丹江口库区及上游水污染防治和水土保持规划”的工程项目之一，建设规模日处理污水6万吨。技术厂长李世东介绍，2015年国家批准了企业申请的污泥好氧堆肥项目，政府投资5800万元，专门成立污泥处置厂，在明年年底前建成运行。

对于污泥处理的新方式，李世东进一步解释，申请的项目将污泥脱水到含水率60%以下，好氧堆肥，将污泥变成肥料用于市政绿化，不会对环境造成二次污染。

污泥到底该怎么处置？在采访中，记者了解到这是目前困扰许多地方的一个突出问题。安康市相关负责人在接受记者采访时也表示很困惑。

“目前大家都开始关注污泥问题，但是国家没有一个明确的技术路线和技术标准，这就导致地方在解决问题的过程中有种‘雾里看花’的感觉。”一位相关部门负责人向记者感慨道。

据了解，目前一些地方对于污泥处置的很多项目还处在商议引进过程中，对于技术路线的选择都保持谨慎的态度。

“我们跟省发展改革委协商的结果是先将污泥脱水，将含水率降至60%以下，等好氧堆肥生物技术成熟以后，再进行技术选用。”安康市相关负责人向记者介绍说。

“在没有更好的方式之前，对于中小污水处理厂，填埋还是目前污泥处理最好的方式，这也是现在通行的做法。”陕西省住建厅副厅长任勇这样表示。

任勇说，污泥处置是个大问题，相关部门也一直在探索比较经济、彻底的方式，“路径的选择不仅仅需要考虑技术，还会有资金瓶颈”。

任勇到江苏省苏州市考察时发现，苏州的做法是将污泥脱水到含水率90%左右，呈糊状，加煤在950—1100℃的环境下焚烧，减量化非常大，放射性物质彻底消除。陕西省借鉴了苏州的做法，目前正在探索污泥处理新的方式。

曹燕进表示，处理污泥采用不同的工艺成本差异较大。一个地方选择走哪一条污泥处理技术路线要统筹考虑，不仅仅考虑处理处置装置建设运行，更要考虑最后的出路。

“污泥处置，也要因地制宜用好资源。”南京市住房和城乡建设委员会相关负责人介绍，南京市在经历了污泥填埋、制砖等多种处置方式后，在2013年下半年构建了以电厂、水泥厂掺烧为主的市场化处置模式。经过招标，最终确定江苏绿威和南京中电、华润热电厂联合体两家单位共同处置污泥，基本覆盖南京市污泥产量，初步解决了南京市主城区污泥问题。

钱又从哪里出呢？2015年1月6日，国家财政部制定并印发的《污水处理费征收使用管理办法》第二十一条规定，污水处理费专项用于城镇污水处理设施的建设、运行和污泥处理处置，以及污水处理费的代征手续费支出，不得挪作他用。办法第一次将污泥处置费用包括在污水处理费中，这为污泥处置提供了一定的经费保障。

李世东告诉记者，现在每处理1吨污水中，污泥处理成本大概是0.2元。如果对污泥进行资源化利用，那样成本就会更高。毫无疑问，今后污泥的处置费用将同样来自污水处理费，但是目前征收的污水处理费用不包含处置污染的费用。

记者了解到，今年西安市政府从财政预算拿出污泥处置费用，一年5000万元左右。西安市水务局、西安市环保局及西安市财政局分别制定了监管办法和结算办法，将污泥处置纳入规范管理。

2015年上半年发布的《水污染防治行动计划》提出，污水处理设施产生的污泥应进行稳定化、无害化和资源化处理处置，禁止处理处置不达标的污泥进入耕地。非法污泥堆放点一律予以取缔。现有污泥处理处置设施应于2017年年底前基本完成达标改造，地级及以上城市污泥无害化处理处置率应于2020年年底前达到90%以上。

曹燕进告诉记者，“十二五”规划中对污泥的考核相对弱一些，污泥没有作为考核项目单独体现，下一步污泥考核的权重将强化。目前，住建部正在和环境保护部协调，在减排考核指标中进一步加强污泥的考核力度和权重，污泥没有达到无害化，扣减主要污染物COD、氨氮的削减量。

“相当于处理了污水，污泥没有处理好，主要污染物也就没有削减掉。”曹燕说。

资料来源：《“十二五”污水处理现状：老大难依旧难》，《中国环境报》2015年12月25日。

第四节　城市地下管线和管廊建设

城市地下管线定义为：包括城市综合管廊在内的敷设于城市地下的供水、排水、燃气、供热、电力、电信、工业及其他用途的管道、线缆及其附属设施。城市综合管廊作为城市地下管线基础设施的特殊产品，本书结合《城市综合管廊工程技术规范》（GB50838—2012），将城市综合管廊定义为：实施统一规划、设计、施工和维护，建于城市地下用于敷设城市地下管线的公用设施。

1990—2015 年，我国城镇化水平保持了较快的增长势头，如表 3－6 所示。同期，城市供水、排水（污水）、供气和集中供热等市政工程地下管线的建设水平也稳步提升。截至 2015 年年底，以上市政工程地下管线长度达到 198 万千米，每万人管线长度为 38.37 千米。其中，供气管道长度 52838 千米，供水管道长度 710206 千米，排水管道长度 539567 千米，供热管道长度 204413 千米。城市建成区范围内管线密度由 1990 年的 14.15 千米/平方千米，提升到 2010 年的 33.9 千米/平方千米。

表 3－6　我国城市市政工程地下管线建设规模与城镇化发展对比

年份	城镇化指标				市政工程管道长度（千米）			
	城镇化率（%）	城区人口（万）	建成区面积（平方千米）	城市道路长度（千米）	供气	供水	排水	供热
1990	26.41	32530	12856	94820	23628	97183	57787	3257
2000	36.22	38824	22439	159617	89458	254561	141758	43782
2001	37.66	35747	24027	176016	100479	289338	158128	53109
2002	39.09	35220	25973	191399	113823	312605	173042	58740
2003	40.53	33805	28308	208052	130211	333289	198645	69967
2004	41.76	34147	30406	222964	147949	358410	218881	77038
2005	42.99	35924	32521	247015	162109	379332	241056	86110
2006	43.9	33289	33660	241351	189491	430426	261379	93955
2007	44.94	33577	35470	246172	221103	447229	291933	102986
2008	45.68	33471	36295	259740	257846	480084	315220	120596
2009	46.59	34069	38107	269141	273461	510399	343892	124807
2010	49.68	35374	40058	294443	308680	539778	369553	139173
2011	51.27	35425.6	43603.2	308897	348965	573774	414074	147338
2012	52.57	36989.7	45565.8	327081	388941	591872	439080	160080
2013	53.7	37697.1	47855.3	336304	432370	646413	464878	178136
2014	54.77	38576.5	49772.6	352333	474600	676727	511179	187184
2015	56.1	39437.8	52102.3	364978	528388	710206	539567	204413

资料来源：《中国城建统计年鉴》（2016）。

表 3-7　城市市政管道和道路详细分布

年份	城市供气管道长度（万千米）	单位城市人口拥有道路长度（千米/万人）	城市人口密度（人/平方千米）	城市人均拥有道路面积（平方米）	城市供水管道长度（千米）	城市供气管道长度_人工煤气（千米）	城市供气管道长度_天然气（千米）	城市供气管道长度_液化石油气（千米）	城市蒸汽集中供热管道长度（千米）	城市热水集中供热管道长度（千米）
2002	11.38	5.4	754	7.87	312605	53383.4	47652.2	12788.4	10139	48601
2003	13.02	6.2	847	9.34	333289	57017.4	57845.3	15349.1	11939	58028
2004	14.79	6.5	865	10.34	358410	56419.3	71411.3	20118.8	12775	64263
2005	16.21	6.9	870	10.92	379332	51403.7	92043.1	18661.9	14772	71338
2006	18.95	6.5	2238	11.04	430397	50524	121498	17469	14012	79943
2007	22.11	6.6	2104	11.43	447229	48630	155251	17202.3	14116	88870
2008	25.78	7.01	2080	12.21	480084	45171.6	184084	28589.5	16045	104551
2009	27.35	7.14	2147	12.79	510399	40447	218778	14235.6	14317	110490
2010	30.87	7.46	2209	13.21	539778	38876.7	256429	13374.4	15122	124051
2011	34.9	7.55	2228	13.75	573774	37099.9	298972	12892.8	13388	133965
2012	38.89	7.75	2307	14.39	591872	33537.8	342752	12651.5	12689.9	147390
2013	43.24	7.76	2362	14.87	646413	30467.3	388473	13436.9	12259.4	165877
2014	47.46	7.91	2419	15.34	676727	29042.9	434571	10985.9	12476.1	174708
2015	52.84	7.93	2399	15.6	710206	21291.6	498087	9009.34	11692.1	192721

资料来源:《中国统计年鉴》(2016)。

与城市道路等基础设施建设水平相比，市政工程地下管线的发展速度较快，发展趋势迅猛。2010 年，每万人城市供气、供水和排水管道长度和管道密度均超过了每万人城市道路长度。如表3 -7 和表 3 -8 所示。

表 3 -8 城市市政工程地下管线建设水平与道路建设情况对比

年份	每万人道路长度（千米）	每万人管道长度（千米）				道路建设密度(千米/平方千米)	市政管道密度（千米/平方千米）			
		供气	供水	排水	供热		供气	供水	排水	供热
1990	2.91	0.73	2.99	1.78	0.10	7.38	1.84	7.56	4.50	0.25
2000	4.11	2.30	6.56	3.65	1.13	7.11	3.99	11.34	6.32	1.95
2001	4.92	2.81	8.09	4.42	1.49	7.33	4.18	12.04	6.58	2.21
2002	5.43	3.23	8.88	4.91	1.67	7.37	4.38	12.04	6.66	2.26
2003	6.15	3.85	9.86	5.88	2.07	7.35	4.60	11.77	7.02	2.47
2004	6.53	4.33	10.50	6.41	2.26	7.33	4.87	11.79	7.20	2.53
2005	6.88	4.51	10.56	6.71	2.40	7.60	4.98	11.66	7.41	2.65
2006	7.25	5.69	12.93	7.85	2.82	7.17	5.63	12.79	7.77	2.79
2007	7.33	6.58	13.32	8.69	3.07	6.94	6.23	12.61	8.23	2.90
2008	7.76	7.70	14.34	9.42	3.60	7.16	7.10	13.23	8.68	3.32
2009	7.90	8.03	14.98	10.09	3.66	7.06	7.18	13.39	9.02	3.28
2010	8.32	8.73	15.26	10.45	3.93	7.35	7.71	13.47	9.23	3.47

资料来源：《中国城建统计年鉴》(2016)。

第五节 排污收费制度现状

一 排污收费制度的历史沿革

随着人口的增长和经济的发展，环境问题使人类生存的基本条件面临严峻的挑战，保护与改善环境、维护生态平衡已成为世界各国谋求发展的一个重要组成部分。我国环境管理的基本政策之一是“污染者付费”。基于这一政策，国家为保护自然环境和维护生态平衡，制定了向排放污水、废气、固体废物、噪声、放射性污染物以及破坏生态环境者征收一定的环境费（包括排污费、生态补偿费、环境赔偿费、罚款等费用）的制度。针对愈演愈烈的环境污染问题，从1979年实施排污收费制度以来，我国尝试利用经济激励手段实施环境治理，针对污染单位实施排污收费。1978年年底，原国务院进行环境保护工作的环保工作领导小组发布了《环境保护工作汇报要点》，其中的观点是对于那些造成污染的单位实行收费制度，1979年9月颁布的《中华人民共和国环境保护法（试行）》，首次从法律上明确了排污收费制度。随后，许多省市区开始结合各地具体条件实施排污收费试点工作，到1981年年底，全国已有27个省份开展了排污收费试点。1982年7月，国务院正式颁布并施行《征收排污费暂行办法》，这也是我国第一个专门针对排污收费制定的行政法规，标志着我国开始在全国范围推行排污收费政策。1988年7月，《污染源治理专项基金有偿使用暂行办法》由国务院颁布，规定了排污收费专项资金支出方向，明确了排污收费的专款用于环保治理的要求。1992年4月20日，国家物价局、财政部联合下发《关于发布环保系统行政事业性收费项目及标准的通知》，对排污收费和废水、废气和噪声的超标排污费征收标准以及超标排污费与排污费的关系进行了规范。1993年7月10日，国家计委、财政部联合下发《关于征收污水排污费的通知》，对废水排污费的征收进行了进一步明确。1995年，中国环境科学院等单位在世界银行的援助下开始排污收费制度改革研究，历时两年完成了新排污收费制度设计和标准的制定。1995年11月28日，国家计委、财政部作了《关于实施按排放水污染物总量征收排污费试点工作的批复》，同意江苏省开展按水污染物排放总量征收排污费的试点工作，以期通过该省试点，解决基于污染物单因子浓度超标排污收费方法存在的征收标准过低、对排污者激励功能不足和污染物排放总量控制难以开展等问题。1998年4月6日，国家环境保护总局、国家经贸委等单位联合下发《关于在酸雨控制区和二氧化硫污染控制区开展征收二氧化硫排污费扩大试点的通知》，对在“两控区”二氧化硫排污费征收进行了进一步规范；为落实《国务院关于环境保护若干问题的决定》中提出的“要按照排污费高于污染治理成本的原则，提高现行排污收费标准，促使排污单位积极治理污染，推进排污收费制度的改革”的要求，在世界银行环境技术援助项目《中国排污收费制度设计及其实施研究》成果的基础上，1998 年 7 月，国家环境保护总局、财政部等单位联合下发《关于在杭州等三城市实行总量排污收费试点的通知》，在杭州市、郑州市、吉林市进行总量排污收费试点工作。[①]

2003 年 3 月，国务院颁布《排污费征收使用管理条例》，自同年 7 月 1 日起实施并实行至今。新的排污收费政策按照污染物的种类、数量以污染当量为单位实行总量多因子排污收费。与《征收排污费暂行办法》相比，该条例的特点是：由单一浓度收费向浓度与总量相结合的收费转变；即由超标收费向总量收费转变；由单因子收费向多因子收费转变；排污费征收使用按照“环保开票、银行代收、财政统管”的原则实行收支两条线管理；由低收费标准向补偿治理成本的目标收费转变。在排污费的征收对象、收费标准、管理使用等方面均发生了重大改进，探索出包括收费对象、征收范围、计费标准、征收环节等在内的一套较完善的征收管理办法和程序，征收管理体制由三级收费、三级管理改为属地收费、分级管理，强化了上级环境保护部门对下级排污收费的稽查职能。从收费对象看，排污费征收对象由企事业单位，扩大到直接向环境排放污染物的所有单位和个体工商户，除了缴纳污水处理费和达标排放的。从征收范围来看，主要包括废水、废气、固废和危险废物排污费，以及噪声超标排污费等，其中对废水排放超标情形的，另计征污水超标排污费。从计费标准来看，综合考虑废水、废气、固废的按污染物排放的种类、数量来计征，噪声按照超标的分贝数来计征。并具体规定了不同类型的排污费征收的污染物种类，如水污染物排污费目前主要考虑有机污染物（COD、BOD、TOC）、悬浮物和大肠菌群等，总磷和总氮暂不考虑。对各种排污费

① 董战峰、葛察忠、高树婷、王金南：《中国排污收费政策评估》，中国水污染控制战略与政策创新研讨会，2010 年。

的征收是通过污染当量的方式来计征的。从征收环节来看，对排污者、环保行政主管部门、财政部门等相关部门在排污费征管中的具体职能、权责等均有详细规定。

国家环保总局、财政部等部门也相继出台了相关的配套部门规章、办法等政策文件，通过讨论，发布了《排污费资金收缴使用管理办法》《排污费征收标准管理办法》以及《关于减免及缓缴排污费等有关问题的通知》等一系列配套政策文件，各省份也积极开展排污费试点探索，如从2001年起在江苏省率先建立排污收费月报制度等。[①]

我国目前的排污收费是在全国范围内对污水、废气、固体废物、噪声、危险废物等多种污染物的各种污染因子按照标准以征收超标排污费为主、非超标排污费为辅的一种收费制度，并且排污收费是我国为数不多的纳入财政预算内的行政收费，具有"准税"性质。其征税对象为向环境排放污染物的单位和个体工商户。排污费采取按月或按季的征收方式，遵循法定的征收程序，首先进行排污申报登记，相关部门做好申报登记的核定，对于不按照规定缴纳或责令限期缴纳拒不履行的强制征收。征收上来的排污费专款专用，用于重点污染源治理、区域性污染防治、污染防治新技术和新工艺的开发及示范应用、国务院规定的其他污染防治项目等。

我国自1979年确立排污费制度，我国环境收费制度已实施近20年，特别是排污收费，已经覆盖废水、废气、废渣、噪声和放射性物质五大领域，收费项目达几百项，成为我国运用经济手段来保护环境的一项法律制度，在我国的环境管理制度和经济刺激手段的应用中起着核心作用。[②] 然而，令人无法理解的是，尽管我国政府制定了一系列环保政策，加大了环保投入，但我国的环境问题仍很严重。2003—2015年，全国累计征收排污费2115.99亿元，缴纳排污费的企事业单

---

① 董战峰、葛察忠、高树婷、王金南：《中国排污收费政策评估》，中国水污染控制战略与政策创新研讨会，2010年。

② 刘波：《关于环境管理中费改税的构想》，《江汉论坛》2001年第12期。

位和个体工商户累计达到500多万户。其中，2015年征收额为173亿元。排污费制度对于防止环境污染发挥了重要作用，但由于收费的特殊性，其中相当一部分返还到企业用于技术改造、治理污染等。不可否认，在经济发展初期，排污费的征收与返还弥补了政府、企业环保投入的不足。但经济发展的迅速导致环境污染问题加剧，尽管历经多年改革，排污收费制度此时仍问题显著，收费标准偏低、污染治理资金使用效益不高、收费乱而无序等常被人诟病。

二 环境保护“费改税”的现实要求

“50年代淘米洗菜，60年代洗衣灌溉，70年代水质变坏，80年代鱼虾绝代。”这曾是一句流传在街头巷尾的顺口溜，描述了几十年间水质破坏的严重情况，经济大规模高速度的工业化，已经对生态环境形成了巨大的冲击。很长一段时间人们将目光倾注在经济发展上，采取粗放式的经济发展模式，大量投入生产要素，消耗自然资源，大量排放污染物而忽视了环境对于经济发展的重要性。

1973年中国第一次全国环保大会召开，标志着中国人环保意识的觉醒。1983年，第二次全国环保会议召开，会上宣布将环境保护确定为基本国策。1984年国务院决定成立环境保护委员会，专门负责协调各部门间的环保问题。1989年第三次全国环保大会召开，会议提出了排污收费、地方首长对辖区环境质量负责等制度和政策。这说明人们已经意识到环境保护的重要性。环境污染不仅仅破坏人类栖息的家园，威胁我们的健康与生存，同时也制约着经济的发展和社会进步。

为了进一步了解环境污染与经济发展之间的关系，我们以我国2007—2014年废水中化学需氧量排放量、工业固体废物作为环境污染的两个指标，将其与GDP在SPSS统计软件中做相关性分析，得出结果如表3-9所示。①

如表3-9所示，我国2007—2014年GDP与废水中化学需氧量排放量、工业固体废物之间相关系数分别达到0.837和0.949，均构成高度相关。它们的相关系数检验的概率P值均小于0.01，因此它们的

① SPSS分析数据来自环境保护部公布的《中国环境统计年鉴》。

表 3－9　废水中化学需氧量、工业固体废物排放量与 GDP 之间相关性分析

指标	相关性	废水中化学需氧量排放量（万吨）	工业固体废物排放量（亿吨）
GDP（亿元）	Pearson 相关性	0.837 **	0.949 **
	P 值（双侧）	0.009	0.000
	N	8	8

注：** 表示在 0.01 水平（双侧）上显著相关。

相关性的显著性判断都表明该相关具有显著性。可见，污染物的排放量与经济的发展密不可分。

以废水中化学需氧量排放量为例，在 SPSS 中进行其与 GDP 之间的曲线估计，总体得出的曲线如图 3－5 所示。该模型的拟合优度达到 71.5%。

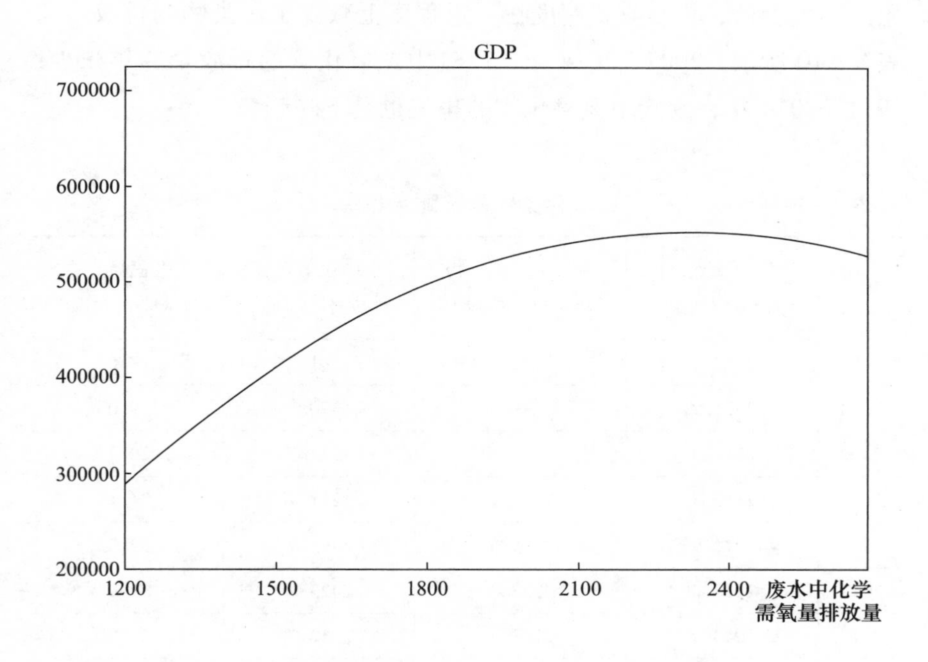

图 3－5　废水中化学需氧量排放量（mg/L）与 GDP（亿元）二次方模型拟合

由图 3-5 可见，随着废水中化学需氧量排放量（毫克/升）的增加，GDP（亿元）的数值经历了一个先上升后下降的过程。在一定程度上经济发展与污染相互促进，当污染达到环境的最大承受度时，污染的继续增加使得经济发展受制甚至下滑。因此良好的经济发展需要与环境保护相协调，两者在相互促进中协同前进。

除去经济发展的考虑，环境保护也是维护人类自身利益的要求。我国目前正面临着严峻的环境问题，人口压力大、工业化起步晚、起点低等原因导致国家在发展经济的同时造成了严重的环境污染。环境污染不仅破坏人类生活环境更直接危害人们的身体健康。在近年雾霾肆虐大江南北的情况下，由雾霾等引起的呼吸道感染等疾病与日俱增，治理污染、保护环境迫在眉睫。排污收费作为我国环境保护政策之一，其最终目的自然是减少污染物排放，促进环境保护和生态健康。不可否认，排污收费制度在一定程度上减少了污染物的排放。如表 3-10 所示，2007—2014 年，废气中二氧化碳的排放量逐年减少；2011—2014 年，废气中氮氧化物的排放也呈下降趋势。

表 3-10　　污染物排放量变化

年份	废气中二氧化硫排放量（万吨）	废气中氮氧化物排放量（万吨）	废水中化学需氧量排放量（万吨）	工业固体废物排放量（亿吨）
2007	2468.1	—	1381.8	17.6
2008	2321.2	—	1320.7	19.0
2009	2214.4	—	1277.5	20.4
2010	2185.1	—	1238.1	24.1
2011	2217.9	2404.3	2499.9	32.3
2012	2117.6	2337.8	2423.7	32.9
2013	2043.9	2227.4	2352.7	32.8
2014	1974.4	2078.0	2294.6	32.6

资料来源：环境保护部历年环境统计公报。

然而，对于废水和工业固体废物来说，排污收费制度起到的作用并不明显。如图 3－6 所示，废水中化学需氧量排放量在 2007—2010 年以缓慢速度下降，然而，2011 年却急剧上升约 102%，此后则保持以缓慢速度下降。而工业固体废物排放则是逐年上升，且在 2011 年之前其上升速度逐年加快。

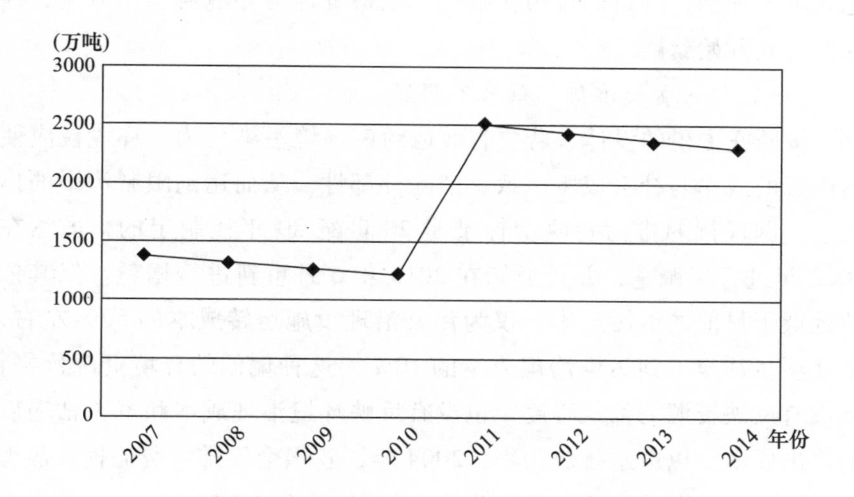

图 3－6　废水中化学需氧量排放量变化

由表 3－10 中数据不难得出，废水中化学需氧量排放量、废气中二氧化碳、工业固体废物的减排速度日益减慢，污染物排放总量难以得到控制，排污收费制度在减少环境污染物排放上的效果不尽如人意。而现行主要以排污收费为主的环保制度显然在治理污染方面力不从心，排污收费额远不足以支付污染治理费用，且多年来实行的排污收费制度在减排治污方面收效并不理想。税收作为一种经济手段，既能够广泛征税，用于污染的治理和环保事业的发展，又能最大限度地保证市场经济的自由运行，保证经济效率。在当前环境污染严重，现行制度不力的情况下，环境税的实施势在必行。

三　我国排污收费系统的体制和运行机制缺陷

排污收费制度是在环境问题不断恶化，成为阻碍我国和谐发展的情况下提出的。该制度自实施以来，已覆盖废水、废气、废渣、噪声和放射性物质五大领域，收费项目已达几百项，是我国运用经济手段来保护环境的一项重要法律制度，对促进企事业单位减少污染，节约、综合利用资源，有效控制环境状况恶化，加强有关部门环境监督能力都发挥了重要的作用。但是随着我国经济社会的不断发展，环境恶化不断加剧，现行的排污费制度无法很好地与环境需求相适应，存在的问题开始暴露。

（一）排污费标准低、效果不明显

按照庇古税的设计，若要有效地约束环境污染行为，环境税应使污染者的成本与社会成本一致，消除外部性，从而达到限制污染的作用。我国现行的排污费收费标准是20世纪80年代制定的，虽然在2003年进行了调整，并且通知在2015年6月重新进行调整。但其依然远低于目前的治污成本，仅为污染治理设施运转成本的50%左右，某些项目甚至不到污染治理成本的10%。这种偏低的环境资源价格，既没有反映资源的稀缺程度，也没有反映环境治理成本和资源枯竭后的退出成本。以废水排放为例，2004年，我国全国排污费征收总额为94.18亿元，分别占当年税收收入和GDP的0.389%和0.068%；而同年，丹麦、德国、法国和英国征得的环境税收入分别为115.9亿美元、696.7亿美元、318亿美元、563.9亿美元，分别占其当年税收总收入的9.76%、7.3%、4.94%和7.53%以及GDP的4.76%、2.53%、2.14%和2.64%。[①] 2010年，全国排污费解缴入库177.93亿元，其中，排污费污水收入22.382亿元，占排污费总收入的12.58%，远低于废气类的78.24%。[②] 以2010年为例，2010年污水治理项目本年完成投资396.98亿元，其中，治理废水投资额129.55亿元。[③]

---

① 根据《中国环境统计年鉴》（2005）数据整理所得。

② 根据《中国环境统计年鉴》（2011）整理所得。

③ 同上。

表 3－11　　我国排污费收入及污水治理投资额

年份	缴纳排污费的单位数	排污费收入总额（亿元）	污水治理投资总额（亿元）
2004	73.3	94.2	105.6
2005	74.6	123.2	133.7
2006	67.1	144.1	151.1
2007	63.6	176.3	196.1
2008	49.7	185.2	194.6
2009	44.6	172.6	149.5
2010	40.1	188.2	129.6

资料来源：《全国环境统计公报》《中国环境统计年鉴》（2004—2010）。

通过对比，我们发现：一是我国的排污费标准远远低于欧洲标准，根本无法产生抑制污水排放，激励水资源保护的行为；另一方面，排污费污水收入远远低于治理废水投资额，从而形成一个巨大的缺口，最终导致污水治理资金来源不足，从而形成巨大的资金来源缺口。

（二）排污费征收范围狭窄，调节范围不全面

根据庇古税的原理，征税是治理外部性的方法，只要排放了污染物，就会给环境造成损害，就需要对其征收税。然而，目前我国排污费征收存在很大的局限性：一是范围较为狭窄。目前我国排污收费对象仅限于企事业单位，不包括居民和其他团体，致使在消费环节和生活领域形成的污染得不到政策的有效控制。以废水为例，排污费对总量占半数以上的生活废水束手无策，对排污总量的控制自然显得力不从心。二是污染物或污染主体界定不全，对很多污染物，包括很多工业污染物没能列入污染费征收范围，比如一氧化碳、氟利昂、放射性物质等。三是忽视了间接污染对环境造成的影响，如因土地污水间接对水造成了污染；这类问题普遍存在，但是，在征收条例中没有涉及。

从表 3－12 中可以看出：生活污水占废水排放量的比例远远大于工业废水的占比；2009—2013 年，生活污水的排放量不断上升，而工业废水的排放则相对减少。而生活污水很大一部分来源于居民群体生产消费活动，因此，仅考虑企事业单位的排污收费已经不能满足社会现实。

表 3-12　2009—2013 年工业废水和生活污水占比　单位:%

指标	2009 年	2010 年	2011 年	2012 年	2013 年
工业废水占比	39.79	38.47	35.05	32.38	30.17
生活污水占比	60.21	61.53	64.95	67.62	69.75

资料来源:《中国环境统计年鉴》(2009—2013)。

因此，治理生活废水已成为我国治理水污染、保护水资源不能忽视的一个环节，而现行的排污费制度恰恰忽视了这一环节。

(三) 收费机制被动、程序复杂

排污费的征收至少需要五个环节，包括向所在地县级环保部门申报排放污染物的种类、数量；主管环保部门核定；无异议的，环保部门根据征收标准和核定的污染量确定应缴纳的排污费数额，并公告；送缴纳通知单；排污者 7 日内到指定商业银行缴纳。这五个环节中最重要的就是对每一个申报者其污染量的核定，这项工作是无比巨大的。由于我国现行的环保监管体制是政府机构，无论从人力还是从专业技术上，都无法适应日益发展的经济和庞大而繁杂的污染计量和核实的需要。因此，现有的排污费收取体制，根本无法对所有申报企业每月、每季度的申报量进行核查；即使具有这样的能力，成本也是无法承受的。因此若完全相信申报信息，即核定排污量以相信排污者申报真实为基础，则因排污者不实申报而造成的排污费流失缺乏追缴和处罚的法律手段，若不相信排污者的申报信息，则环保部门需要重新收集核定信息，不仅耗时耗力，而且对排污者的申报来说，也是一种无效申报。但税收不同，纳税是纳税人的法定义务，若纳税人不如实申报缴纳，则税务机关有权做出处罚。因此，在税收征收的一般程序中，税额的确定可以直接依据纳税人的申报信息，并可以事先假定其申报真实，而在事后（缴税以后），只要在税收征管法规定的追溯期内，都可以对纳税人的申报资料的真实性进行审核稽查，从而确保征税的有效性和降低征管成本。

(四) 排污费征收刚性不足、不透明

从排污费的管理体制来看，由于征收人和监管人均为环保部门这一主体，监管自然形同虚设，这就从客观上加重了排污费征收过程的不透明性：一是由于排污收费的公示、稽查制度执行不到位，使排污费在征收过程中缺乏部门监管而流于形式。在实际征收过程中，少缴、欠缴、拖缴现象甚为普遍。管理部门没有形成一视同仁的强有力的惩罚性机制。二是由于GDP是考核地方政府官员的政绩指标，导致一些地方政府认为治理污染、保护环境的政策和工作会阻碍经济的发展。片面的发展观、政绩观成为排斥排污费征收的内在动力，进而加剧了排污费征收的随意性，也给污染者制造"寻租"机会，同时也是排污费整体的收缴率不高的一个重要影响因素。

排污费征收的初衷是作为污染防治资金，然而从排污费的征收程序来看，只有产生了污染才可征收排污费，然而，用于污染治理的排污费越多也意味着污染情况越严重，因此，排污收费似乎与治理污染无法形成良性循环。在现行排污收费标准偏低的条件下，排污费尚无法补偿大部分的环境保护治理费用。

表3-13是2012年各省份国家重点监控企业排污费征收公告汇总情况，我们不难看出，尽管排污费只是极大环境污染中极少对价的付出，仍然有不少企业不愿意支付。2012年，全国排污费的实际入库率只有86.5%，最低的甚至只有38.53%的入库率，排污费征收严重不足。另外，《排污费征收使用管理条例》征收程序也过于复杂，在实际操作中对一些小企业、边远地区企业来说，尤其在执法人员缺乏的情况下，极大地限制了收费进度。根据相关法规，目前如果有企业没有遵守排污费用征收条例，没有按时按数额上缴费用，超过一定的时间，政府就会通过行政部门对企业进行处罚。这种处罚有两种：一种是罚款，另一种就是通报批评。如果在一段时间内，该企业一直存在这样的问题，最高行政处罚就是勒令该企业进行停业整顿，并且伴随有罚款这样的处罚。这样的处罚力度首先就是太轻，因为罚款的数额并不大，而且其他行政处罚很多时候都没有进行落实。其中有些情节特别严重的企业，并没有受到更严厉的法律制裁，这样也就助长了这些企业的不正之风，对于排污费用拖欠的现象也是屡见不鲜。在处罚方面，我国有必要利用好刑法的作用，对于这些行为进行更严厉的处罚。

表 3－13　2012 年各省国家重点监控企业排污费征收公告汇总情况

地区	征收户数	开单金额（万元）	入库金额（万元）	入库率(%)
北京市	64	1262	995	78.84
天津市	108	14012	11632	83.01
河北省	717	109954	108980	99.11
山西省	401	59730	50008	83.72
内蒙古自治区	382	82581	58384	70.7
辽宁省	417	74510	66242	88.9
吉林省	234	21903	21355	97.5
黑龙江省	303	30174	23148	76.72
上海市	128	13917	13917	100
江苏省	926	117009	103961	88.85
浙江省	798	40303	33063	82.04
安徽省	321	31732	26792	84.43
福建省	475	15526	12444	80.15
江西省	442	41907	41760	99.65
山东省	833	106051	85589	80.71
河南省	727	56213	47320	84.18
湖北省	518	25923	22747	87.75
湖南省	848	36086	35365	98
广东省	941	35937	29960	83.37
广西壮族自治区	488	17928	14703	82.01
海南省	47	2166	2017	93.12
重庆市	192	17279	16489	95.43
四川省	520	16132	13285	82.35
贵州省	229	25760	20062	77.88
云南省	236	13218	12215	92.41
陕西省	404	21601	20598	95.36
甘肃省	217	18938	17851	94.26
青海省	102	5222	4576	87.63
宁夏回族自治区	186	15505	13074	84.32
新疆维吾尔自治区	228	23712	19104	80.57
新疆建设兵团	61	6006	2314	38.53
合计	12496	1098197	949950	86.5

资料来源：根据中国环保部网站公布的统计数据统计。

表 3－14[①] 中列示了 2005—2014 年我国排污费征收总额、环境治理投资总额及历年 GDP 数值以及排污费征收额分别占环境治理投资额和 GDP 的比例变化。由表中数据可知，近十年来，排污费征收额呈波动上涨，而环境治理投资额和 GDP 则呈直线上涨，其上涨速度远超过排污收费额。由此导致排污费征收总额占环境治理投资和 GDP 总量的比例呈下降趋势。

表 3－14　　　　　　　　排污费征收情况

年份	排污费征收总额（亿元）	环境治理投资（亿元）	排污费占环境治理投资比例（%）	GDP（亿元）	排污费占 GDP 比例（%）
2005	123.20	2388.00	5.16	183868	0.0670
2006	144.10	2567.80	5.61	210871	0.0683
2007	173.60	3387.60	5.12	246619	0.0704
2008	185.24	4490.30	4.13	314045	0.0590
2009	172.62	4525.20	3.81	340903	0.0506
2010	188.19	6654.20	2.83	408903	0.0460
2011	189.90	6026.20	3.15	484124	0.0392
2012	188.92	8253.60	2.29	534123	0.0354
2013	204.81	9037.20	2.27	588019	0.0348
2014	186.80	9575.50	1.95	636463	0.0293

表 3－14[②] 更为直观地反映了近十年来排污收费额占环境治理投资和 GDP 的比例变化。排污收费额占 GDP 比值历经短暂且微小的上升后逐渐下降，而排污收费额占环境治理投资比值多年来低于 6%，且总体呈现较明显的下降态势，由 2005 年的 5.16% 下降了超过 3 个百分点，至 2014 年的 1.95%。可见，在环境治理投资方面，排污收费并不能较好地达到设置初衷——为污染防治提供资金。

这十年来，我国经济维持较高速的发展，GDP 总额不断上升，其

① 数据来源于国家统计局、环境保护部统计数据。
② 同上。

带来的资源消耗、环境污染问题也日益严重，由此需要的环境治理投资额也不断加大，2014 年的环境治理投资较 2005 年上涨了 4 倍。在这样的背景下，以治理环境污染为目标而征收的排污费增长甚微，无法反映出经济发展带来的环境问题的实际情况，其在污染防治上能起到的作用越来越小。究其原因，其一，我国目前排污收费的征税对象多而杂却不够全面，除污水、废气等五大污染物外，其他环境污染物如居民和个人排放的生活污染等未考虑在内。其二，尽管排污收费标准在不断上调，却依然偏低，在这种情况下纳税人排污成本较低则依然会选择向环境排放污染，只有当排污收费标准提高到大于或至少等于纳税人治理污染的费用时才能有效控制污染排放。其三，排污收费程序复杂且监管难度较大，目前所采取的排污收费程序要求排污企业自行申报污染情况，在缴纳排污费之前由相关部门进行审核，然而在缴费期限之前要进行核定，工作量巨大且难以如实核定每个企业的污染情况，因此排污收费的作用被大大削减。除以上原因之外，排污收费还存在诸如收费乱、使用效益低等缺陷，种种弊端使排污收费制度面临危机。

（五）排污收费的税收弹性较低

根据整理，从表 3－15 中看出，2000—2010 年排污费弹性大都小于 1，说明排污费的增长速度是慢于 GDP 的增长速度的，即低于经济的增长速度，同时也远远低于税收的发展速度。

表 3－15　　2000—2010 年排污费收入与税收弹性

年份	税收总收入（亿元）	国内生产总值（亿元）	排污费（亿元）	税收弹性	排污费弹性
2000	12665. 8	99214. 6	58. 0	1. 93	0. 46
2001	15165. 5	109655. 2	62. 2	1. 73	0. 71
2002	16996. 6	120332. 7	67. 4	1. 21	0. 87
2003	20466. 1	135822. 8	73. 1	1. 49	0. 68
2004	25723. 5	159878. 3	94. 2	1. 36	1. 49
2005	30865. 8	184937. 4	123. 2	1. 23	1. 74

续表

年份	税收总收入（亿元）	国内生产总值（亿元）	排污费（亿元）	税收弹性	排污费弹性
2006	37636.3	216314.4	144.1	1.24	1.00
2007	49449.3	265810.3	173.6	1.28	0.91
2008	57861.8	314045.4	185.2	0.95	0.41
2009	63103.6	340902.8	172.6	1.05	-0.93
2010	73202.3	401202.0	188.2	0.92	0.55

资料来源：《中国环境统计年鉴》和《中国环境统计公报》（2000—2010）。

四　我国排污费改税的客观条件分析

税收作为公共政策的重要组成部分，税收机制能够使环境破坏和环境污染的社会成本内部化到各经济主体的生产成本和市场价格中，再通过市场机制的作用优化配置环境资源，使经济效益和环境效益有机统一起来。

正是具有这样的优点，环境税在国外已经广泛开展研究并已经在各国实践中取得了成功。20世纪七八十年代，西欧国家普遍对排污税和费的采用形成了环保税收手段的第一次浪潮。80年代末，欧盟各国越来越多地采用生态税、绿色环保税等多种特指税种来维护生态环境，这可视为推行环保税收手段的第二次浪潮。荷兰是开征环保税费时间较长的国家，1971—1996年，其环境税收已占国家税收总收入的2.5%。1995年，欧盟国家中，与环境有关的税收收入占总税收收入的3.8%—11.2%，平均为7%。环境税收在环境保护方面取得了一些效益，例如，瑞典的二氧化硫税（1991年开征）使石油燃料的硫含量降至低于法定标准的50%，引进燃料税，每年二氧化硫的排放量降低了19000吨。在挪威，1991年引进的二氧化碳税使一些固定的燃烧工厂的二氧化碳排放量降低了21%。在丹麦，对无危害废物收税已经使垃圾填埋成本翻倍，1987—1993年，家庭垃圾减少了16%，建筑垃圾减少了64%，其他各方面的废物也均减少了22%。如美国1972年就对排放到空气中的二氧化硫污染物征收二氧化硫税。瑞典、荷兰、挪威、日本、德国等国家也相继开征了此税。从几年的运行情况看，这些国家以及其他 OECD 成员国也都开展得比较成功。自开征环境税以后，二氧化硫排放量明显呈下降趋势。

鉴于发达国家在经济发展进程中已经取得的经验和教训，世界银行的有关专家建议发展中国家“针对环境的破坏征收环境税”。实际上，许多发展中国家已经开始将保护环境作为其税制改革的一个重要政策目标。一个以纠正市场失效、保护环境为政策目标的新的税收类别——环境税收正在悄然兴起。从我国环境税收制度的现状可以看出，环境税收政策的涉及面较广，但内容比较零散，主要侧重于税收减免和税收优惠，缺乏以环境保护为目的的环境税收政策，没有建立起有效的税收调控机制，因此，措施实施的力度和效果都难以实现，国外的实践证明，环境税是落实污染者负担原则，将环境外部成本内部化，把环境保护目标纳入总体经济社会政策的有效手段，随着可持续发展理论得到国际社会日益广泛的认同，环境保护问题备受各国政府的重视。

五　我国环境保护税的实践探索

正如前面分析的那样，相对于排污收费制度，环境税的优势较为明显，主要体现在以下几个方面：

第一，环境税作为一个税种，与排污收费之类的规费不同，具有强制、无偿和固定的特点，有严格的法律依据，依靠法律保障执行，权威性更强。

第二，与其他税种一样，环境税具有税源充足、收入稳定、税率设置合理等特点，能够为污染治理和环保投资提供充足的财力。

第三，在征管方面，排污收费的征管程序较为复杂，前文中也曾提到，排污收费的征收需要事前核定，对于征收机关来说，无疑是一份巨大的工作量且审核难度大。而在环境税模式下，税务机关与环保部门可加强合作，采取事前申报，事后审核的工作方法，在一定时间内，对虚假申报或错误申报的纳税人均可责令补缴税款，从而提高工作效率，降低征管成本。

第四，在《税收征管法》等法律的约束和保障下，环境税的实施及收入使用会更加规范、透明，排污收费制度中存在的乱收费、资金占用、挪用等情况可以得到有效避免。此外，环境税的开征将促进我国税制结构的优化。目前有关环境保护方面的政策分散在消费税、资源税等税种中，无法发挥全面的调节作用，缺乏对环境污染的直接征税，而环境税的开征能够发挥税收杠杆的调控作用、有效矫正环境负外部性，弥补税收制度中直接与环境保护相关的缺失。环境税的开征也使高能耗、高污染、内部成本低而外部成本高的企业承担相应社会责任，促进企业提高技术水平、使用环保设备、增加环保投资，调动企业节能降耗的积极性。从长远看，环境税能够促使企业进行结构调整、产业升级，淘汰高能耗、高污染的落后企业，使资源流向环境效益较好的企业和部门，实现更有效率的资源配置。因此，环境税取代排污收费制度是效率之选。

2016 年 12 月 15 日，全国人大常委会表决通过《环境保护税法》，将于 2018 年 1 月 1 日起施行。征税项目指《环境保护税法》所附《环境保护税税目税额表》、《应税污染物和当量值》规定的大气污染物、水污染物、固体废物和噪声四类应税污染物。据介绍，待条件成熟后，将把有关污染物如挥发性有机物等也列入，扩大征税范围。

《环境保护税法》是由“费”改“税”，即按照“税负平移”原则，实现排污费制度向环保税制度的平稳转移。根据《环境保护税法》，以直接向环境排放应税污染物的企业事业单位和其他生产经营者为纳税人。其中，依法设立的城乡污水集中处理、生活垃圾集中处理场所排放相应应税污染物，不超过国家和地方规定的排放标准的，将暂予免征环境保护税。也就是说，环保税将不向普通居民征收。

《环境保护税法》规定了税务部门和环保部门的分工。税务机关依法征收管理，环保主管部门负责依法对污染物监测管理，环保主管部门和税务机关应当建立涉税信息共享平台和机制，定期交换有关纳税信息资料。现行的排污费是实行中央和地方一九分成，考虑到地方政府承担主要污染治理责任，为了调动地方的积极性，环境保护税开征以后，环境保护税收入作为地方税收收入，纳入一般公共预算。

根据我国的实际国情，开征环境税是大势所趋，同时也具备了相关的现实基础，目前的税收征管体制相对而言较为完善，同时也积累了丰富的征管经验，这为我国进一步扩大环境税征税范围奠定了实践基础。将排污费征收修正为开征环境税，提升了立法层次，使得收费更为制度化和标准化，更具透明性和规范性。①

① 陈蕾：《环保“费改税”势在必行》，《上海商报》2000 年 12 月 20 日第 001 版。

第四章 城市水务行业激励性政府补贴政策回顾

第一节 国内城市水务行业政府补贴政策回顾

一 政府补贴和投资的综合性法律法规

1993年，十四届三中全会通过了《关于建立社会主义市场经济体制若干问题的决定》，确立了我国经济体制向社会主义市场经济体制转变，同时提出经济增长方式要从粗放型向集约型转变；在投资领域要实现市场对资源配置的基础性作用。为了改进投资管理体制，提出把投资项目分为公益性、基础性和竞争性三类；公益性项目由政府投资建设；基础性项目以政府投资为主，并广泛吸引企业和外资参与投资；竞争性项目由企业投资建设。

1999年，财政部发布《关于加强基础设施建设资金管理和监督的通知》，强调要加强资金源头管理，确保建设资金及时、足额到位，凡使用国债资金或其他财政性资金建设的项目都要认真搞好工程概算审查。

2001年，国家计委宣布，对于部分城市基础设施、不需要国家投资的农林水利项目、地方和企业自筹资金建设的社会事业项目、房地产开发建设项目和商贸设施项目五大类投资项目，投资总额在国务院审批限额（2亿元）以下的基本建设项目，不必报国家计委审批，按“谁投资，谁决策”的原则，地方政府出资的由地方计划部门审批，企业出资的由企业自主决策。在2001年年底的全国计划会议上，国家计委将《深化投资体制改革方案》交各部门和各地区征求意见。为了充分调动和发挥民间投资者的积极性，国家计委发布《促进和引导民间投资若干意见》，提出鼓励民间投资参与基础设施和公用事业建设，要改进政府对民间投资的管理，创造公平竞争的条件，依法保护民间投资者的合法权益，等等。

2003 年，十六届三中全会审议通过的《中共中央关于完善社会主义市场经济体制若干问题的决定》指出，深化投资体制改革的方向是：进一步确立企业的投资主体地位，实行“谁投资、谁决策，谁收益、谁承担”风险。国家只审批关系经济安全、影响环境资源、涉及整体布局的重大项目和政府投资项目及限制类项目，其他项目由审批制改为备案制，由投资主体自行决策，依法办理用地、资源、环保、安全等许可手续。对必须审批的项目，要合理划分中央和地方权限，扩大大型企业集团投资决策权，完善咨询论证制度，减少环节，提高效率。健全政府投资决策和项目法人约束机制。

2004 年 7 月 16 日，经国务院批准的投资体制改革方案以《国务院关于投资体制改革的决定》（以下简称《决定》）名义颁布，我国投资体制进入继续深化改革的新阶段。《决定》是适应我国社会主义市场经济发展而制定的重要法规，也是改革开放以来投资领域最全面、系统的改革方案，为我国投资领域今后一个时期的改革和发展指明了方向，使我国的投资体制向适应社会主义市场经济体制方向迈出了一大步。《决定》涉及内容广泛，对我国投资领域需要改革的各方面都给以明确的规定，对规范我国投资领域各方面的发展具有重要的意义。其主要内容包括：一是明确了鼓励社会投资。放宽社会资本的投资领域，允许社会资本进入法律法规未禁入的基础设施、公用事业及其他行业和领域。逐步理顺公共产品价格，通过注入资本金、贷款贴息、税收优惠等措施，鼓励和引导社会资本以独资、合资、合作、联营、项目融资等方式，参与经营性的公益事业、基础设施项目建设。二是要合理界定政府投资范围。政府投资主要用于关系国家安全和市场不能有效配置资源的经济和社会领域，包括加强公益性和公共基础设施建设，保护和改善生态环境，促进欠发达地区的经济和社会发展，推进科技进步和高新技术产业化。能够由社会投资建设的项目，尽可能利用社会资金建设。各级政府要创造条件，利用特许经营、投资补助等多种方式，吸引社会资本参与有合理回报和一定投资回收能力的公益事业和公共基础设施项目建设。对于具有垄断性的项目，试行特许经营，通过业主招标制度，开展公平竞争，保护公众利益。已经建成的政府投资项目，具备条件的经过批准可以依法转让产权或经营权，以回收的资金滚动投资于社会公益等各类基础设施建设。

2012年5月公布的《“十二五”全国城镇污水处理及再生利用设施建设规划》，对政府补贴提出了“政府主导，社会参与”的指导原则，并要求进一步明确政府责任，加大公共财政的投入力度。同时该规划也积极鼓励引入市场机制，通过出台和完善有效的支持政策，充分调动社会资金参与城镇生活污水处理及再生利用设施建设和运营的积极性。

2012年6月住建部发布的《关于印发进一步鼓励和引导民间资本进入市政公用事业领域的实施意见的通知》（建城〔2012〕89号）中明确提出，要确保政府投入，要加大对市政公用事业的必要投入，加快完善基础设施，确保对城市供水、供气、供热、污水管网以及生活垃圾处理、园林绿化等公益性基础设施建设、改造和维护的投入。充分发挥政府投资的导向作用，引导民间资本健康有序发展。对国有企事业单位改组改制的，涉及转让、出让市政公用企业国有资产的价款，除用于原有职工的安置和社会保障费用外，应主要用于市政公用事业的发展。城市人民政府应采取必要的措施，保障城市低收入家庭和特殊困难群体享用基本的市政公用产品和服务。要进一步鼓励和引导民间资本进入市政公用事业，有利于完善社会主义市场经济体制，充分发挥市场配置资源的基础性作用，建立公平竞争的市场环境；有利于充分发挥民间资本的积极作用，加快形成市政公用事业多元化投资格局，完善市场竞争机制，进一步增强企业活力，提高运行效率和产品服务质量；有利于加快城市基础设施建设，提高城镇建设质量，改善人居生态环境，更好地满足城镇居民和社会生产生活需要。完善价格和财政补贴机制。逐步理顺市政公用产品和服务的价格形成机制，制定合理的价格，使经营者能够补偿合理成本、取得合理收益。研究建立城镇供水、供气行业上下游价格联动机制。实行煤热联动机制，全面推行按用热量计价收费。建立并规范城镇污水处理和生活垃圾处理运营费按月核拨制度。对民间资本进入微利或非营利市政公用事业领域的，城市人民政府应建立相应的激励和补贴机制，鼓励民间资本为社会提供服务。

在财税政策等方面，住建部的通知中也提出了要加强财税、土地等政策扶持。坚持市政公用事业公益性和公用性的性质，民营企业与国有企业享有同样的税收和土地等优惠政策。市政公用行业事业单位改制为企业的，按照国家税收政策的有关规定，享受既有优惠政策。政府投资可采取补助、贴息或参股等形式，加大对民间投资的引导力度，降低民间资本投资风险。要保障市政公用设施建设用地，符合《划拨用地目录》的，应准予划拨使用。

2013 年 9 月，国务院下发了《国务院关于加强城市基础设施建设的意见》（国发〔2013〕36 号），提出了城市建设投资体制改革的总体思路。坚持民生优先的建设思路，坚持先地下、后地上，优先加强供水、供气、供热、电力、通信、公共交通、物流配送、防灾避险等与民生密切相关的基础设施建设，加强老旧基础设施改造。提出要确保政府投入，要求各级政府要把加强和改善城市基础设施建设作为重点工作，大力推进。中央财政通过中央预算内投资以及城镇污水管网专项等现有渠道支持城市基础设施建设，地方政府要确保对城市基础设施建设的资金投入力度。各级政府要充分考虑和优先保障城市基础设施建设用地需求，积极创新金融产品和业务，建立完善多层次、多元化的城市基础设施投融资体系。研究出台配套财政扶持政策，落实税收优惠政策，支持城市基础设施投融资体制改革。对涉及民生和城市安全的城市管网、供水、节水、排水防涝、防洪、污水垃圾处理、消防及道路交通等重点项目纳入城市人民政府考核体系，对工作成绩突出的城市予以表彰奖励。

近年来，随着经济体制改革的不断深入和国民经济持续快速增长，特别是城市人口和资源的快速膨胀，城市发展需求呈现出超乎常规的态势，各级政府对城市公用事业的投入力度也在快速提升。城市基础设施作为保障城市运行的重要保障和生命线，对于改善人居环境、增强城市综合承载能力、提高城市运行效率、稳步推进新型城镇化、确保全面建成小康社会等方面都具有重要作用，因此无疑成为各级政府对城市各项投入的重心。《国务院关于加强城市基础设施建设的意见》（国发〔2013〕36 号）提出，各级政府要把加强和改善城市基础设施建设作为重点工作，大力推进。中央财政通过中央预算内投资以及城镇污水管网专项等现有渠道支持城市基础设施建设，地方政府要确保对城市基础设施建设的资金投入力度。各级政府要充分考虑和优先保障城市基础设施建设用地需求。

《中共中央关于制定国民经济和社会发展第十三个五年规划的建议》明确提出在培育发展新动力方面“要发挥投资对增长的关键作用，深化投融资体制改革，优化投资结构，增加有效投资。发挥财政资金撬动功能，创新融资方式，带动更多社会资本参与投资。创新公共基础设施投融资体制，推广政府和社会资本合作模式”。在拓展基础设施建设空间方面，要“实施重大公共设施和基础设施工程。实施网络强国战略，加快构建高速、移动、安全的新一代信息基础设施。加快完善水利、铁路、公路、水运、民航、通用航空、管道、邮政等基础设施网络。完善能源安全储备制度。加强城市公共交通、防洪防涝等设施建设。实施城市地下管网改造工程。加快开放电力、电信、交通、石油、天然气、市政公用等自然垄断行业的竞争性业务”。

综合以上政策法规不难看出，在未来的一个相当长时间内，政府投资依然是城市基础设施建设的重点，但巨大的资金需求必然会给中央财政和地方财政带来巨大压力。在当前城市基础设施急需扩建和更新改造的现实需求下，政府资金短缺的现状恐怕很难在短期内得到有效缓解，在这样的大背景下，研究政府直接投资，界定其基本边界并且完善其运行机制，就显得尤为迫切和重要。

2016 年 12 月公布的《“十三五”全国城镇污水处理及再生利用

设施建设规划》提出，要切实落实地方各级人民政府主体责任，加大投入力度，建立稳定的资金来源渠道，确保完成规划确定的各项建设任务。同时，积极引导并鼓励社会资本参与污水处理设施的建设和运营，国家将根据规划任务和建设重点，继续对设施建设予以适当支持，并逐步向“老、少、边、穷”地区倾斜。对暂未引入市场机制运作的城镇污水处理及再生水利用设施，要进行政策扶持、投资引导和适度补贴，保障设施的建设和运营。按照“污染付费、公平负担、补偿成本、合理盈利”的原则，合理制定和调整城镇污水处理收费标准，收费标准要补偿污水处理和污泥无害化处置的成本并合理盈利。加强对自备水源用户污水处理费的征收管理。在征收的污水处理费无法满足处理设施正常运行时，地方政府要积极采取措施适当补偿，确保设施正常运行。各地要对城镇污水处理及再生利用设施建设的规模、布局和用地进行统筹安排，并纳入土地利用总体规划、城镇总体规划和近期建设规划。在创新模式上，要完善城镇污水处理及再生利用设施建设投融资体制。积极鼓励跨地区、跨部门的合作，建立全国统一的市场培育和发展专业化、规模化的污水处理企业，健全以特许经营为核心的市场准入制度，提高产业集中度。推进政府和社会资本合作（PPP）模式在城镇污水处理领域的应用，鼓励按照“厂网一体”模式运作，提升污水处理服务效能，避免“厂网不配套”“泥水不配套”等问题。

下面围绕污水处理系统中的污水处理设施建设、污水再生品利用、污泥处理处置，以及污水处理市场化改革等各个环节对政府补贴政策等作一回顾和梳理。

二　特殊行业或产业的相关政府补贴规定

（一）城市供水行业投资方面

2012年5月25日，住建部、发改委联合发布《关于印发全国城镇供水设施改造与建设“十二五”规划及2020年远景目标的通知》，提出要加大地方财政性资金投入，地方政府要将城市建设维护资金、土地出让收益用于城市建设支出的部分优先用于供水设施改造和建设。

2012 年 10 月 18 日，《住房城乡建设部关于加强城镇供水设施改造建设和运行管理工作的通知》要求地方加大资金投入，市县供水主管部门要将规划任务和实施计划向当地人民政府主要领导作专题汇报，积极争取将项目建设资金列入当地财政预算，加大地方财政投入；争取将城市建设维护资金、土地出让收益、市政工程配套费的一定比例用于工程项目；主动配合发展改革部门做好中央预算内投资的安排，对获得资金支持的项目要加强监督检查，确保资金发挥效益。对于城乡统筹区域供水项目，结合受益的农村人口，争取农村饮用水安全工程补助资金。

2016 年 11 月 18 日，住房城乡建设部和发改委联合印发《关于印发城镇节水工作指南的通知》（建城函〔2016〕251 号），推进节水型城市建设。省级住房城乡建设、发展改革部门要对照"水十条"确定的"到 2020 年，地级及以上缺水城市全部达到国家节水型城市标准要求，京津冀、长三角、珠三角等区域提前一年完成"的目标要求。城镇节水工作，要依托市政公用基础设施服务平台，以节流工程、开源工程、循环与循序利用工程为突破口，创新工作机制，加快相关基础设施改造与建设，推动政府与社会资本合作机制，完善城市节水各项管理制度和措施，深入推进城镇节水工作。

2016 年 12 月 31 日，国家发展改革委、住房城乡建设部关于印发《"十三五"全国城镇污水处理及再生利用设施建设规划》（发改环资〔2016〕2849 号）。该规划提出，"十三五"期间，规划新增污水管网 12.59 万千米，老旧污水管网改造 2.77 万千米，合流制管网改造 2.88 万千米，新增污水处理设施规模 5022 万立方米/日，提标改造污水处理设施规模 4220 万立方米/日，新增污泥（以含水 80% 湿污泥计）无害化处置规模 6.01 万吨/日，新增再生水利用设施规模 505 万立方米/日，新增初期雨水治理设施规模 831 万立方米/日，加强监管能力建设，初步形成全国统一、全面覆盖的城镇排水与污水处理监管体系。

2017 年 1 月 17 日，发改委、水利部和住建部联合《印发〈节水型社会建设"十三五"规划〉的通知》（发改环资〔2017〕128 号），提出要充分发挥政府引导作用和市场调节作用，强化水资源承载能力刚性约束，严控水资源消耗总量和强度，提升全社会节水意识，把节水贯穿于经济社会发展和生态文明建设全过程，大力提高水资源利用效率和效益，以水资源可持续利用促进经济社会可持续发展。推进合同节水管理。建立健全激励机制，通过完善相关财税政策、鼓励金融机构提供优先信贷服务等方式，引导社会资本参与投资节水服务产业。落实推行合同节水管理，促进节水服务产业发展，发布操作指南和合同范本。在重点领域和水资源紧缺地区，建设合同节水管理示范试点。

该规划还就完善水资源有偿使用制度进行了部署，提出要全面推进农业水价综合改革，实行农业用水总量控制、定额管理制度，健全农业水价形成机制，建立农业用水精准补贴和节水奖励机制。合理调整城镇居民生活用水价格，全面推行阶梯水价和超定额累进加价制度。推进水资源税费改革，逐步扩大试点范围。完善节水奖励机制建立完善节水财税奖励机制，对节水型社会建设过程中的先进典型予以奖励。健全节水器具财政补贴政策，完善节水税收金融优惠政策。建立多元投入机制，建立节水投入稳定增长机制，加大社会投资引导力度，积极引进民营资本投资节水领域，大力推广合同节水、公私合营等模式，研究建立节水奖励基金，逐步形成多元化的投入机制。

（二）城镇排水和污水处理行业补贴政策

2002 年 9 月 10 日，国家计委、建设部、国家环境保护总局《关于推进城市污水、垃圾处理产业化发展的意见》，要求各级政府要从征收的城市维护建设税、城市基础设施配套费、国有土地出让收益中安排一定比例的资金，用于城市污水收集系统、垃圾收运设施的建设，或用于污水、垃圾处理收费不到位时的运营成本补偿。

2007 年 6 月 3 日，国务院印发《节能减排综合性工作方案》，要求全面开征城市污水处理费并提高收费标准，完善促进节能减排的财政政策。要求各级人民政府在财政预算中安排一定资金，采用补助、奖励等方式，支持节能减排重点工程、高效节能产品和节能新机制推广、节能管理能力建设及污染减排监管体系建设等。进一步加大财政基本建设投资向节能环保项目的倾斜力度。健全矿产资源有偿使用制度，改进和完善资源开发生态补偿机制。开展跨流域生态补偿试点工作。

2007 年 8 月 10 日，财政部、发改委制定了《节能技术改造财政奖励资金管理暂行办法》，明确规定了中央财政将采取“以奖代补”方式对“十大重点节能工程”给予适当支持和奖励，奖励金额按项目技术改造完成后实际取得的节能量和规定的标准确定，把过去的补助投向建设，转变为对建设和运营成果的补助，即建立与化学需氧量削减直接挂钩的运营经费补助。

2011 年 5 月 23 日，财政部和住房城乡建设部发布了《“十二五”期间城镇污水处理设施配套管网建设项目资金管理办法》。该管理办法为加强城镇污水处理设施配套管网专项资金管理，推动加快城镇污水处理设施配套管网建设，促进水污染防治工作取得实效，充分发挥专项资金使用效益提供了很好的制度保障。对集中支持地区县及重点镇污水管网建设，专项资金按“十二五”建设任务量和控制投资额予以补助，区分东部、中部和西部地区，分别补助控制投资额的 40%、60% 和 80%。控制投资额根据“十二五”建设任务量和核定的单位控制建设成本计算确定。对整体推进地区污水管网建设，专项资金根据住房和城乡建设部核定的各省上年新增污水处理能力、上年新增污水处理量、上年污水处理设施运行新增化学需氧量等主要污染物削减量实行以奖代补。根据地方财力、集中支持地区分布和污水管网建设需求情况，区分东部、中部和西部地区分别核定以奖代补资金。

2011 年 8 月 31 日，国务院印发《“十二五”节能减排综合性工作方案》，提出要多渠道筹措节能减排资金。节能减排重点工程所需资金主要由项目实施主体通过自有资金、金融机构贷款、社会资金解决，各级人民政府应安排一定的资金予以支持和引导。地方各级人民政府要切实承担城镇污水处理设施和配套管网建设的主体责任，严格城镇污水处理费征收和管理，国家对重点建设项目给予适当支持。

2012 年 5 月，《“十二五”全国城镇污水处理及再生利用设施建设规划》提出“政府主导，社会参与”的基本原则。要求明确政府责任，加大公共财政投入力度。同时引入市场机制，出台和完善有效的支持政策，充分调动社会资金参与城镇生活污水处理及再生利用设施建设和运营的积极性。在城镇生活污水处理设施建设的资金投入方面，城镇生活污水处理设施建设的资金投入，以地方为主。地方各级人民政府要切实加大投入力度，确保完成规划确定的各项建设任务。切实保障污水处理设施运行经费，污水处理收费不足以补偿运行成本时，地方政府要积极采取措施，提高财政补贴水平。在城镇生活污水处理设施建设的资金投入方面，应以地方投入为主。地方各级人民政府要切实加大投入力度，确保完成规划确定的各项建设任务。同时，要大力促进产业化发展，因地制宜，努力创造条件，完善相关政策措施，积极吸收各类社会资本，促进投资主体与融资渠道的多元化。鼓励利用银行贷款、外国政府或金融组织优惠贷款和赠款。国家将根据规划任务和建设重点，继续加大资金扶持力度，对各类设施建设予以引导和适当支持。

在现行的污水处理设备税收优惠方面，企业所得税法规定，企业从事前款规定的符合条件的环境保护、节能节水项目的所得，自项目取得第一笔生产经营收入所属纳税年度起，第一年至第三年免征企业所得税，第四年至第六年减半征收企业所得税。《中华人民共和国企业所得税法实施条例》第一百条规定：城镇污水处理项目和城镇垃圾处理项目购置并实际使用《环境保护专用设备企业所得税优惠目录》《节能节水专用设备企业所得税优惠目录》和《安全生产专用设备企业所得税优惠目录》规定的环境保护、节能节水、安全生产等专用设备的，该专用设备的投资额的10%可以从企业当年的应纳税额中抵免；当年不足抵免的，可以在以后5个纳税年度结转抵免。

2013年9月18日，国务院《城镇排水与污水处理条例》要求县级以上地方人民政府应当根据城镇排水与污水处理规划的要求，加大对城镇排水与污水处理设施建设和维护的投入。县级以上地方人民政府应当按照先规划后建设的原则，依据城镇排水与污水处理规划，合理确定城镇排水与污水处理设施建设标准，统筹安排管网、泵站、污水处理厂以及污泥处理处置、再生水利用、雨水调蓄和排放等排水与污水处理设施建设和改造。污水处理费应当纳入地方财政预算管理，专项用于城镇污水处理设施的建设、运行和污泥处理处置，不得挪作他用。污水处理费的收费标准不应低于城镇污水处理设施正常运营的成本。因特殊原因，收取的污水处理费不足以支付城镇污水处理设施正常运营的成本的，地方人民政府给予补贴。

2016 年 12 月 31 日，国家发展改革委、住房城乡建设部关于印发《"十三五"全国城镇污水处理及再生利用设施建设规划》，该规划确定七大任务，包括完善污水收集系统，新增配套污水管网，强化老旧管网改造，加强合流制管网改造；提升污水处理设施能力；重视污泥无害化处理处置；推动再生水利用；启动初期雨水污染治理；加强城市黑臭水体综合整治；强化监管能力建设。规划还提出，推进政府和社会资本合作（PPP）模式在城镇污水处理领域的应用，鼓励按照"厂网一体"模式运作，提升污水处理服务效能，避免"厂网不配套"、"泥水不配套"等问题。"十三五"城镇污水处理及再生利用设施建设共投资约 5644 亿元。"十三五"期间，全国城镇生活垃圾无害化处理设施建设总投资约 2518.4 亿元。

（三）再生品利用方面的补贴政策

2000 年 11 月，《国务院关于加强城市供水节水和水污染防治工作的通知》（国发〔2000〕36 号）大力提倡城市污水回用等非传统水资源的开发利用，并纳入水资源的统一管理和调配。干旱缺水地区的城市要重视雨水、洪水和微咸水的开发利用，沿海城市要重视海水淡化处理和直接利用。

2012 年 5 月，《"十二五"全国城镇污水处理及再生利用设施建设规划》提出"突出重点，科学引导"的原则。即重点建设和完善污水配套管网，提高管网覆盖率和污水收集率。通过加强技术指导和资金支持，加快污泥处理处置及污水再生利用设施建设。科学确定设施建设标准，因地制宜选用处理技术和工艺。在推动再生水利用方面，要求按照"统一规划、分期实施、发展用户、分质供水"和"集中利用为主、分散利用为辅"的原则，积极稳妥地推进再生水利用设施建设。各地应因地制宜，根据再生水潜在用户分布、水质水量要求和输配水方式，合理确定各地污水再生利用设施的实际建设规模及布局，在人均水资源占有量低、单位国内生产总值用水量和水资源开发利用率高的地区要加快建设，促进节水减排。

1. 污泥处置方面的补贴政策

2009年2月18日，住房和城乡建设部、环境保护部、科学技术部三部门联合颁发的《城镇污水处理厂污泥处理处置及污染防治技术政策（试行）》中明确提出：各级政府应加大对污泥处理处置设施建设的资金投入，对于列入国家鼓励发展的污泥处理处置技术和设备，按规定给予财政和税收优惠；建立多元化投资和运营机制，鼓励通过特许经营等多种方式，引导社会资金参与污泥处理处置设施建设和运营。

2012年4月19日颁布的《“十二五”全国城镇污水处理及再生利用设施建设规划》提出，在加强污泥处理处置设施建设。要按照“安全环保、节能省地、循环利用、经济合理”的原则，加快污泥处理处置设施建设。优先解决产生量大、污染隐患严重地区的污泥处理处置问题，率先启动经济发达、建设条件较好区域的设施建设。对非正规污泥堆放点和不达标污泥处理处置设施进行排查和环境风险评估，制订处理方案和计划。

2. 污水处理市场化方面的相关政策

2002年4月1日，国家计委、财政部、建设部、水利部、国家环保总局发布了《关于进一步推进城市供水价格改革工作的通知》。通知要求建立合理的水价形成机制，要加大污水处理费的征收力度。已开征污水处理费的城市，要将污水处理费的征收标准尽快提高到保本微利的水准。通过合理的水价形成机制确定水价、征收城市污水处理费，将促进供水企业的良好经营、对污水处理建设资金的筹集和设施的运转费用的充足保证产生积极的影响，有利于水务行业实行新体制，改变过去靠财政拨款的运营方式，实现水务企业的持续发展。

2002年9月10日，国家计委、建设部、国家环境保护总局《关于推进城市污水、垃圾处理产业化发展的意见》，建设部《关于加快市政公用行业市场化进程的意见》（建城〔2002〕272号）等，明确了城市污水处理行业改革的方向，加速统一了地方政府和公众对城市污水处理行业改革方向的认识。要求已建有污水、垃圾处理设施的城市都要立即开征污水和垃圾处理费，其他城市应在2003年年底以前开征。要加快推进价格改革，逐步建立符合市场经济规律的污水、垃圾处理收费制度，为城市污水、垃圾处理的产业化发展创造必要的条件。各地方政府和有关行政管理部门根据国家宏观政策框架，相继出台了一些实施细则和指导意见。

2003年1月2日，国务院颁布第369号令，发布自2003年7月1日起施行的《排污费征收使用管理条例》，条例明确国家积极推进城市污水产业化，城市污水处理的收费办法另行制定，城市污水收费有了进一步的法律基础和保障。自此，污水处理不但有充足的市场容量增幅空间，而且在运行费用上也有了基本的制度保障。

2003年1月24日，建设部城市建设司发布《建设部城市建设司2003年工作要点》，将加快推进市政公用行业市场化进程、促进城市污水和垃圾处理产业化发展列入2013年工作重点。在各类配套政策的制定、相关制度、法律和相关技术标准的完善、企业改制工作、供水价改革和污水处理收费制度的推进工作方面均有实质性进展。

2003年9月，党的十六届三中全会明确提出了对公用事业进行开放，允许社会资本进入公共行业；同时，要求在垄断行业放宽市场准入，引入竞争机制。这些相关的政策体系有力地支持和推动了城市污水处理市场化的发展，地方政府对城市污水处理行业改革方向的认识也逐渐统一起来，我国城市污水处理真正开始了市场化的进程，在主体、投融资体制、价格机制等方面取得了一定成效。地方政府根据宏观政策框架，也相继出台了一些实施细则和指导意见。

2011年12月1日，《〈城镇排水与污水处理条例〉征求意见稿》第二十七条规定，污水处理费应当纳入地方财政预算管理，专项用于城镇污水处理设施的建设和运行，不得挪作他用。收取的污水处理费不足以支付城镇污水处理设施运营成本的，地方财政应当给予补贴。审计机关应当加强对污水处理费管理和使用情况的监督。

2012年4月，《“十二五”全国城镇污水处理及再生利用设施建设规划》提出要大力促进产业化发展，因地制宜，努力创造条件，完善相关政策措施，积极吸收各类社会资本，促进投资主体与融资渠道的多元化。鼓励利用银行贷款、外国政府或金融组织优惠贷款和赠款。该规划进一步要求完善价格机制，进一步研究完善污水处理收费政策，按照保障污水处理运营单位保本微利的原则，逐步提高吨水平均收费标准。研究将污泥处理成本逐步纳入污水处理成本并纳入缴费范围，加强对自备水用户污水处理费的征收管理，为污水处理设施运行提供经费保证。

2016年11月18日，住房城乡建设部和发改委联合发布《关于印发城镇节水工作指南的通知》（建城函〔2016〕251号），提出城市再生水利用目标。要求地级及以上城市力争污水实现全收集、全处理，结合城市黑臭水体治理、景观生态补水和城市水生态修复，推动污水再生利用。2020年，缺水地区的城市再生水利用率不低于20%，京津冀地区的城市再生水利用率达到30%以上。要加强建筑中水利用。对单体建筑面积超过一定规模的新建公共建筑应当安装建筑中水设施，老旧住房逐步完成建筑中水设施安装改造。指南要求合理规划布局和建设污水再生利用设施。转变过去在城市下游“大截排、大集中”建设污水处理与再生利用设施的思路，从有利于污水处理资源化利用及城市河道生态补水角度出发，优化布局，集散结合，适度分布，加快污水再生利用。提倡城市健康水循环理念，积极推行水的循环利用和梯级利用。将污水和雨水视为城市新水源，构建“城市用水—排水—再生处理—水系水生态补给—城市用水”闭式水循环系统，实现再生水的多元利用、梯级利用和安全利用，促进城市新型供排水体系建设、水系和水生态修复体系建设。

实施污水再生利用设施建设与改造。一是再生水相关基础设施建设。以缺水及水污染严重地区城市为重点，完善再生水利用设施。加快污水处理厂配套管网建设，提升污水收集处理水平，现有污水处理设施应结合再生水利用需求，完成提标改造。二是加强再生水生态和景观补水系统建设。结合城市黑臭水体整治及水生态修复工作，重点将再生水用于河道水量补充，可以有效地提高水体的流动性。主要包括两类工程：一是对于已经完成控源截污及内源治理等的水体，实施再生水补水，需建设市政再生水补源管道、泵站等设施；二是对于短期内无法实现全面截污纳管、无替换或补充水源的黑臭水体，通过选用适宜的污废水处理装置，对污废水和黑臭水体进行就地或旁路处理，经净化后排入水体，实现水体的净化和循环流动。

2017 年 1 月 17 日，国家发展改革委、水利部和住建部联合印发《节水型社会建设“十三五”规划》的通知（发改环资〔2017〕128 号），提出建设节水型园区。新建园区在规划布局时要统筹供排水、水处理及水梯级循环利用设施建设，实现公共设施共建共享，鼓励企业间的串联用水，分质用水、一水多用和循环利用。已有园区应将节水作为产业结构优化和循环改造的重点内容，推动企业间水资源利用，强化节水及水循环利用设施建设。建立园区节水、废水处理及资源化专业技术支撑体系。推广建筑中水应用。开展绿色建筑行动，面积超过一定规模的新建住房和新建公共建筑应当安装中水设施，老旧住房也应当逐步实施中水利用改造。鼓励引导居民小区中水利用，城市居住小区建筑中水主要用于冲厕、小区绿化等生活杂用；公共建筑中水主要用于冲厕。缺水地区的城镇应积极采用建筑中水回用技术。促进再生水利用。以缺水及水污染严重地区城市为重点，加大污水处理力度，完善再生水利用设施，逐步提高再生水利用率。工业生产、农业灌溉、城市绿化、道路清扫、车辆冲洗、建筑施工及生态景观等领域优先使用再生水。具备使用再生水条件但未充分利用的钢铁、火电、化工、造纸、印染等高耗水项目，不得批准其新增取水许可。

（四）在推进城市地下综合管廊建设方面

2003 年 10 月，党的十六届三中全会通过的《中共中央关于完善社会主义市场经济体制若干问题的决定》指出，垄断行业要放宽市场准入，引入竞争机制。有条件的企业要积极推行投资主体多元化。继续推进和完善电信、电力、民航等行业的改革重组。加快推进铁道、邮政和城市公用事业等改革，实行政企分开、政资分开、政事分开。

同年 12 月，建设部颁布了《关于加快市政公用行业市场化进程的意见》，鼓励社会资金、外国资本采取独资、合资、合作等多种形式，参与市政公用设施的建设，以形成多元化的投资结构，并通过在市政公用行业建立特许经营制度来推动城市基础设施融资多元化、多渠道的改革进程。

2004年3月，建设部颁布了《市政公用事业特许经营管理办法》，提出要在城市供水、供气、供热、公共交通、污水处理、垃圾处理等行业，实施特许经营，通过市场竞争机制选择市政公用事业投资者或者经营者。同年7月，国务院出台了《关于加快投资体制改革的决定》，通过城市基础设施建设投资的多元化、市场化方式，加快城市建设领域的市场化进程，解决城市建设的资金需求与政府财政资金短缺的矛盾，缓解政府的资金压力，加快我国城市经济的发展。

2010年，国务院出台了《关于鼓励和引导民间投资健康发展的若干意见》（国发〔2010〕13号），提出鼓励和引导民间资本进入法律法规未明确禁止准入的行业和领域。规范设置投资准入门槛，创造公平竞争、平等准入的市场环境。市场准入标准和优惠扶持政策要公开透明，对各类投资主体同等对待，不得对民间资本设置附加条件。鼓励民间资本参与交通运输建设。鼓励民间资本以独资、控股、参股等方式投资建设公路、水运、港口码头、民用机场、通用航空设施等项目。抓紧研究制定铁路体制改革方案，引入市场竞争，推进投资主体多元化，鼓励民间资本参与铁路干线、铁路支线、铁路轮渡以及站场设施的建设，允许民间资本参股建设煤运通道、客运专线、城际轨道交通等项目。探索建立铁路产业投资基金，积极支持铁路企业加快股改上市，拓宽民间资本进入铁路建设领域的渠道和途径。支持民间资本进入城市供水、供气、供热、污水和垃圾处理、公共交通、城市园林绿化等领域。鼓励民间资本积极参与市政公用企事业单位的改组改制，具备条件的市政公用事业项目可以采取市场化的经营方式，向民间资本转让产权或经营权。

2013年9月，国务院下发了《国务院关于加强城市基础设施建设的意见》（国发〔2013〕36号），提出了城市建设投资体制改革的总体思路。坚持民生优先的建设思路，坚持先地下、后地上，优先加强供水、供气、供热、电力、通信、公共交通、物流配送、防灾避险等与民生密切相关的基础设施建设，加强老旧基础设施改造。提出要确保政府投入，要求各级政府要把加强和改善城市基础设施建设作为重点工作，大力推进。中央财政通过中央预算内投资以及城镇污水管网专项等现有渠道支持城市基础设施建设，地方政府要确保对城市基础设施建设的资金投入力度。各级政府要充分考虑和优先保障城市基础设施建设用地需求，积极创新金融产品和业务，建立完善多层次、多元化的城市基础设施投融资体系。研究出台配套财政扶持政策，落实税收优惠政策，支持城市基础设施投融资体制改革。对涉及民生和城市安全的城市管网、供水、节水、排水防涝、防洪、污水垃圾处理、消防及道路交通等重点项目纳入城市人民政府考核体系，对工作成绩突出的城市予以表彰奖励。

2014 年 6 月 3 日，国务院办公厅发布《关于加强城市地下管线建设管理的指导意见》（国办发〔2014〕27 号）（以下简称《意见》），《意见》指出，要在 2015 年年底前，完成城市地下管线普查，建立综合管理信息系统，编制完成地下管线综合规划。力争用 5 年时间，完成城市地下老旧管网改造，将管网漏失率控制在国家标准以内，显著降低管网事故率，避免重大事故发生。用 10 年左右时间，建成较为完善的城市地下管线体系，使地下管线建设管理水平能够适应经济社会发展需要，应急防灾能力大幅提升。《意见》指出，进一步加大政策支持。中央继续通过现有渠道对城市地下管线建设予以支持。地方政府和管线单位要落实资金，加快城市地下管网建设改造。要加快城市建设投融资体制改革，分清政府与企业边界，确需政府举债的，应通过发行政府一般债券或专项债券融资。开展城市基础设施和综合管廊建设等政府和社会资本合作机制试点。以政府和社会资本合作方式参与城市基础设施和综合管廊建设的企业，可以探索通过发行企业债券、中期票据、项目收益债券等市场化方式融资。积极推进政府购买服务，完善特许经营制度，研究探索政府购买服务协议、特许经营权、收费权等作为银行质押品的政策，鼓励社会资本参与城市基础设施投资和运营。支持银行业金融机构在有效控制风险的基础上，加大信贷投放力度，支持城市基础设施建设。鼓励外资和民营资本发起设立以投资城市基础设施为主的产业投资基金。各级政府部门要优化地下管线建设改造相关行政许可手续办理流程，提高办理效率。完善法规标准，加大政策支持。加快城市建设投融资体制改革，鼓励社会资本参与城市基础设施投资和运营。鼓励应用先进技术，积极推广新工艺、新材料和新设备。

2015 年 8 月 3 日，国务院办公厅《关于推进城市地下综合管廊建设的指导意见》（国办发〔2015〕61 号）在加大政府投入方面，要求中央财政要发挥“四两拨千斤”的作用，积极引导地下综合管廊建设，通过现有渠道统筹安排资金予以支持。地方各级人民政府要进一步加大地下综合管廊建设资金投入。省级人民政府要加强地下综合管廊建设资金的统筹，城市人民政府要在年度预算和建设计划中优先安排地下综合管廊项目，并纳入地方政府采购范围。有条件的城市人民政府可对地下综合管廊项目给予贷款贴息。

第二节　税收政策和税收优惠方面

一　增值税优惠现状

与环境相关的其他税收优惠体现在增值税方面，如对再生水、污水处理劳务、以废旧轮胎为全部原料生产的胶粉等免征增值税；以工业废气为原料生产的高纯度二氧化碳产品实行增值税即征即退政策；利用风力生产的电力实行增值税即征即退 50%；对销售自产的综合利用生物柴油实行先征后退政策等优惠政策。

在增值税方面，国家税务总局《关于污水处理费不征收营业税的批复》（国税函〔2004〕1366 号）明确，单位和个人提供的污水处理劳务不属于营业税应税劳务，其处理污水取得的污水处理费，免征营业税。各级政府及主管部门委托自来水厂（公司）随水费收取的污水处理费，一般由自来水厂（公司）作为代收代付款项，定期支付给当地财政部门用于公益性污水处理建设，如更新当地水管网、处理城市生活污水等。财政部、国家税务总局《关于污水处理费有关增值税政策的通知》（财税〔2001〕97号）规定，对各级政府及主管部门委托自来水厂（公司）随水费收取的污水处理费，免征增值税。对于经由当地环保部门审批后建立的污水处理单位，通过一定的设备或工艺流程将污水净化，达到排放或另行使用的标准，其向污水排放单位或个人等服务对象收取的污水处理费，按照国家税务总局《关于从事污水、垃圾处理业务的外商投资企业认定为生产性企业问题的批复》（国税函〔2003〕388号）规定，可以认定污水处理单位为生产性企业，其集中处理生产和生活污水属于提供委托加工性质的劳务，所收取的污水处理费应当征收增值税。

在税收政策方面，为贯彻节约资源和保护环境基本国策，大力发展循环经济，财政部和国家税务总局联合发布了《财政部国家税务总局关于资源综合利用及其他产品增值税政策的通知》（财税〔2008〕156号），该通知第三条明确指出，以垃圾为燃料生产的电力可以享受即征即退增值税的政策，此文件中垃圾包括城市生活垃圾、农作物的秸秆、树皮废渣污泥、医疗垃圾。这里提到了污泥，也就是用污泥来发电是可以享受即征即退的政策。2011年11月21日，财政部和国家税务总局又公布了资源综合利用产品的增值税优惠政策调整方案，大幅扩大了增值税优惠行业的范围，共增加了十余类增值税减免行业，污泥处理行业也在其列。研究其对应的税收优惠规定：第一，规定了对垃圾处理、污泥处理处置劳务免征增值税的政策。垃圾处理是指运用填埋、焚烧、综合处理和回收利用等形式，对垃圾进行减量化、资源化和无害化处理处置的业务；污泥处理处置是指对污水处理后产生的污泥进行稳定化、减量化和无害化处理处置的业务。第二，规定了以含油污水、有机废水、污水处理后产生的污泥、油田采油过程中产生的油污泥（浮渣），包括利用上述资源发酵产生的沼气为原料生产的电力、热力、燃料。实行增值税即征即退100%的政策。第三，对销售利用污泥生产的污泥微生物蛋白实行增值税即征即退50%的政策。再生水是指对污水处理厂出水、工业排水（矿井水）、生活污水、垃圾处理厂渗透（滤）液等水源进行回收，经适当处理后达到一定水质标准，并在一定范围内重复利用的水资源，再生水应当符合水利部《再生水水质标准》的有关规定。可见，对于污水处理和再生水，只要符合规定的标准，无论是内资还是外资企业，均可享受免征增值税的优惠政策。资源综合利用增值税优惠政策，原政策见于《财政部、国家税务总局关于资源综合利用及其他产品增值税政策的通知》（财税〔2008〕156号）、《财政部、国家税务总局关于调整完善资源综合利用及劳务增值税政策的通知》（财税〔2011〕115号）、《财政部、国家税务总局关于资源综合利用及其他产品增值税政策的补充的通知》（财税〔2009〕163号）、《财政部、国家税务总局关于享受资源综合利用增值税优惠政策的纳税人执行污染物排放标准的通知》（财税〔2013〕23号）等文件（简称原政策，已废止），项目重复，优惠方式分为直接减免、即征即退、先征后退等，即征即退比例为100%、80%和50%三档，较为复杂，不便操作。

财政部和国家税务总局印发《资源综合利用产品和劳务增值税优惠目录》（财税〔2015〕78号文）整合上述多个文件，一律采用即征即退方式，设置100%、70%、50%和30%四档退税比例，规范统一，方便办理。其中提到污水处理劳务、再生水劳务，自2015年7月1日起，征收增值税，后返还70%，即需要交纳30%的增值税。再生水产品缴税后返还50%，即需要缴纳50%的增值税，不再免征增值税。这意味着污水处理、再生水等免增值税的政策被取消。78号文打破前期垃圾处置、污水处理劳务费征收增值税规定。前期污水处理劳务、再生水劳务等相关税收政策依据主要如下：①《关于污水处理费有关增值税政策的通知》（财税〔2001〕97号）规定，对各级政府及主管部门委托自来水厂（公司）随水费收取的污水处理费，免征增值税。②《关于资源综合利用及其他产品增值税税收政策的通知》（财税〔2008〕156号）规定，对销售自产再生水免征增值税，对污水处理劳务免征增值税。③《关于污水处理费不征营业税的批复》（国税函〔2004〕1366号）规定，单位和个人提供的污水处理劳务不属于营业税应税劳务，其处理污水取得的污水处理费，不征收营业税。

总体来看，目前最大的流转税税种的税率对污水处理行业发展偏负面。从产业层面来看，如果BOT等项目的调价机制没有及时应对，目前的增值税对污水处理行业影响偏负面，主要逻辑如下：①资金是污水处理企业的核心驱动因素之一。开征增值税、后返还70%加剧企业的现金流压力，弱化企业建设新项目的能力。②PPP项目大都属BOT项目，项目补偿条款较少涉及税种变化因素。因而短期内，开征增值税削弱项目盈利能力，势必会影响社会资本进入污水处理产业，冲击PPP模式的推广。

积极等待解决之道：既然开征增值税不可避免，我们仍希望政策部门积极探索解决之道，促进产业的可持续发展。我们预期两种解决方式：①税率下调，减小影响；②启动地方水价调价机制，污水处理服务费相应增加以抵减税收影响。

二 所得税优惠政策现状

企业所得税优惠是国家为鼓励和扶持特定行业和相关企业发展而给予的轻税负优惠。2008年实施的新企业所得税法及其实施条例规定：企业以《资源综合利用企业所得税优惠目录》规定以100%的工业废水、城市污水为原料生产的再生水。生产国家非限制和禁止并符合国家和行业相关标准的产品取得的收入，减按90%计入收入总额。2010年5月6日，国家税务总局下发了《关于进一步做好税收促进节能减排工作的通知》，对进一步做好税收促进节能减排工作作出部署，强调要努力建立健全税收促进节能减排的长效机制，充分发挥税收调控作用。财政部2011年11月《关于调整完善资源综合利用产品及劳务增值税政策的通知》（财税〔2011〕115号）规定了以含油污水、有机废水等资源发酵产生的沼气为原料生产的电力、热力、燃料。实行增值税即征即退100%的政策。

在现行的污水处理设备税收优惠方面，企业所得税法规定，企业从事前款规定的符合条件的环境保护、节能节水项目的所得，自项目取得第一笔生产经营收入所属纳税年度起，第一年至第三年免征企业所得税，第四年至第六年减半征收企业所得税。《中华人民共和国企业所得税法实施条例》第一百条规定：城镇污水处理项目和城镇垃圾处理项目购置并实际使用《环境保护专用设备企业所得税优惠目录》《节能节水专用设备企业所得税优惠目录》和《安全生产专用设备企业所得税优惠目录》规定的环境保护、节能节水、安全生产等专用设备的，该专用设备的投资额的10%可以从企业当年的应纳税额中抵免；当年不足抵免的，可以在以后5个纳税年度结转抵免。

从上述的规定可以看出，企业所得税优惠主要有不征税收入、免税收入和各项扣除。我国现行居民企业享受的企业所得税优惠具体条目如表4－1所示。

表4－1　　现行企业所得税优惠具体条目

项目	优惠方式	优惠内容	优惠对象
税基式	加计扣除	研究开发费50%加计扣除或150%摊销	符合条件的所有企业
		残疾人员工资100%扣除	
	加速折旧	缩短固定资产折旧年份	
	减计收入	符合规定的收入减按90%计入收入总额	综合利用资源，生产国家规定产品的企业
税率式	优惠税率	15%	国家认定的高新技术企业
		15%	西部地区国家鼓励类产业企业
		20%	小型微利企业
		免征企业所得税	居民企业转让技术所有权所得不超过500万元部分
税额式	免税	免征企业所得税 “三免三减半”	农、林、牧、渔业项目所得
			国家规定的非营利组织收入
			从事国家扶持公共基础设施项目的企业
税额式	减税	“三免三减半” 减半征收企业所得税	从事节能节水环保项目企业及节能服务公司
			技术转让超过500万元的部分企业
		减半征收企业所得税 投资抵免	利润总额30万元以下的小微企业
			创投企业
			购置环境保护、节能节水、安全生产设备的企业

资料来源：根据《企业所得税法》整理。

第五章　城市水务行业激励性政府补贴存在的问题

自从我国城市基础设施开始建设以来，政府一直是投资的主体，城市水务行业建设投资中，政府也同样担当着主体作用。政府投资基础行业的资金主要来源就是税收和土地买卖等，政府对城市水务行业投资的预算是有限的，但基础设施的建设需要大量的资金才能保证项目的正常运营，因此，资金的需求不能仅靠政府的投资。改革开放以来，我们的经济体制从原来的计划经济转变为以市场经济为主，多种所有制经济并存的一种方式，但是，政府依然把握着国家经济发展的命脉，同样也背负着国家发展的重任。城市水务行业建设和发展的资金需求量大，经营性项目的资金回收难，周期也较长，所以风险也很大，相当一部分还是非经营性项目。尽管政府补贴激励机制在我国水务行业的建设和发展中起到了积极的推进和引导作用，但不可否认，结合近几年的运行观察来看，现行的政府补贴激励政策也存在诸多不足，其中既有政策执行方面的问题，也有政策设计方面的缺憾。

第一节　城市水务行业投融资体制存在的问题

一　城市基础设施建设管理体制与机制不适应

从发达国家城市化进程来看，城市建设体制与城市化发展阶段有密切的关系。一般都是在城市化快速发展，城市基础设施处于快速建设阶段，中央政府在规划、资金等方面承担更多的责任。在城市化进程基本结束之后，由于面临着更多的管理责任，为了提高基础设施运营效率，中央政府会倾向于将管理权限下放给城市人民政府，将基础设施更新维护责任交给城市人民政府或公用企业运营，中央政府通过规划和资金安排引导城市人民政府按中央的意图决策。综观我国城市建设体制机制沿革，与国外发达国家在城镇化率达到70%—80%的阶段才逐步调整中央与地方事权，且中央政府始终承担一定比例的建设责任相比，我国在城镇化率仅为25.3%（1987年）的大建设时期就将城市基础设施规划建设管理作为地方事权下放，只保留了“拟定发展战略”“指导实施”等中央事权，超越城镇化发展阶段就提出将城市基础设施规划、建设和管理责任下放给城市人民政府，这样的决策思路在实践中出现了一些问题。突出地表现在两方面，一是城市政府在城市建设管理体制设置方面，政出多门、管理碎片化问题普遍存在；二是中央地方事权划分与支出承担不匹配。这在后文中我们会详细分析。

二 水务行业建设投资中政府投资和补贴的比重过大

20世纪90年代初，非公有制经济开始进入城市公用事业领域，给其发展带来新的机遇和转机，一定程度上解决了政府投资不足的困境。20世纪90年代中期以前，城市水务产业投融资市场化改革的目标取向还没有形成共识。政府的财政补贴手段较为单一，城市水务行业的投资主体仍以政府为主，主要采用直接投资和间接补贴的办法，从设施的投资建设到运行管理再到运行费用，基本上属于统管包办，这种传统的政府管理体制和机制上的弊端极大地阻滞了城市水务行业建设与运营的正常发展。首先，财政补贴政策往往是事后鼓励措施，污染越严重的企业，越能得到更多的补贴，这在公平性方面是有问题的。其次，财政补贴政策并不一定会减少社会排污总量，企业在利润最大化的驱动下，只要获得的补贴收益大于治理污染的边际费用就会增加排污。因此，我们需要摆脱政府补贴的弊端，开辟多渠道融资方式来扶持行业发展。

20世纪90年代后期以来，随着城市化进程的加快，城市水务行业出现巨大的投资缺口，城市政府财力已难以维系，引入民间资本进入水务产业已成为各级政府的必然选择。因此，各级政府逐渐改变了直接参与城市水务市场投资和运营的体制，开始推行水务产业市场化，通过“政企分离”的公司制改制，初步建立了国有城市水务公司。在这一改革过程中，地方政府推进水务行业市场化的根本目的在于吸引民营资本和外资的进入。但由于污水处理外部性和公益性特征的存在，导致企业参与污水处理工作的意愿不足。种种数据表明，污水处理系统建设中对财政资金的依赖性仍未得到根本缓解。截至2015年年底，财政资金在水务产业投资资金的比例仍然为19.6%。

从表5-1关于我国水务产业投资资金来源情况可知，国家预算内资金在水务行业中投资比重仍然较大，这一方面对财政资金造成了巨大压力，另一方面也不利于水务行业的市场化。

表5-1　　我国水务产业投资资金来源情况　　单位：亿元

年份	国家预算内资金	国内贷款	利用外资	自筹资金	其他资金（除国家预算内资金、环保专项资金）
2004	56.44	111.46	24.83	215.7	25.99
2005	59.24	102.49	21.95	286.43	43.65
2006	62.78	132.18	26.37	391.06	50.58
2007	94.34	172.15	31.2	492.43	57.52
2008	132.79	203.2	25.3	624.5	67.44
2009	297.82	334.48	20.87	1047	136.97
2010	245.96	247.9	18.56	1089.26	123.15
2011	270.83	213.97	13.08	1194.26	124.08
2012	388.51	190.17	14.38	1422.43	118.65
2013	476.94	190.57	10.18	1820.11	178.29
2014	596.63	269.33	10.63	2042.48	—
2015	736.26	263.84	6.31	2738.29	—

资料来源：根据中经网相关统计数据整理。

三　水务行业市场投融资主体格局还未形成，投资不足和历史欠账严重

目前，我国大多数已建和在建水务设施的城市，主要依赖财政投

资和银行贷款，由于城市水务设施具有投资数额较大的特点，这增加了城市的财政负担，这种投资需求缺口大和投资渠道狭窄的矛盾，制约着城市水务行业的建设与发展。在水务行业建设投资中，预算内资金占据较高比例，而非预算内资金，如政策性贷款、商业贷款、利用外资、自筹资金等，大多靠政府举债，而且这些举债资金的借贷是以政府财政作担保的，并非真正意义上的其他非国有资本的投入。也就是说，城市水务行业建设资金的主要来源仍然是政府或政府为担保的银行贷款，国有企业占据主导性的地位，而民营经济和外资，由于规模、政策和其他方面的限制，在城市水务行业的投资渠道较为有限，投资主体多元化尚未形成。

当前，我国城市水务建设的资金来源仍然以地方财政为主，国家适当给予补助。在城市基础设施中，政府是最主要的投资主体。也就是说，我国城市水务基础设施领域实行的是政府财政主导型的投融资机制，主要靠政府以自身所掌握的财政性资金注入城市基础设施的建设，其他的投资渠道尚未完全建立。并且对所建成的基础设施往往由政府直接经营，同时对基础设施产品和服务采取低价使用或无偿使用的政策。此外，由于基础设施项目一般投资规模大，建设周期长，投资回收慢，而且预期收益不高，再加上价格扭曲原因，使其投资风险加大，总体来讲，我国城市基础设施建设投资渠道单一，投资总额不足。按照《全国城镇供水设施改造与建设“十二五”规划及2020年远景目标》的估算，仅就供水行业的新建管网投资就高达1843亿元，管网改造投资835亿元。可想而知，单纯依靠政府投资，财政必然面临着巨大的压力。

另外，原有的投资不足还造成了严重的历史欠账，随着城市化进程的加快，城市人口增长，城市供水、燃气、热力管网等市政设施不能有效满足城市发展的需要，城市垃圾无害化处理、污水处理设施不足、处理率低等问题依然存在，市政公用设施供需矛盾仍然比较突出。根据联合国开发计划署研究，发展中国家城市基础设施投资最好占固定资产投资的10%—15%，占GDP的3%—5%。但是，1994—2006年，中国城市建设基础设施投资占固定资产投资的平均比重为

6%，最高为8%。占GDP的比重平均为2.6%，最高为3.8%。均未达到合理水平，逐年累积形成巨额投资欠账。

在对浙江省三县市居民愿意为污水处理花费多少财力和精力的调查中，我们发现，虽然大部分居民认识到生活污水对环境造成了严重的污染，却选择“无动于衷”。47%的居民选择让政府处理的“搭便车”行为，把污水处理的任务推给政府处理。30%的居民愿意提供费用给污水处理中心，但前提是花费不会过大。18%重视污水问题的居民为了个人和家庭的健康会直接在家安装净水设备。另外5%的居民选择支付高的费用来支持污水处理。

第二节　城市污水处理系统政府补贴问题

水是受全球和地区限制的一种可再生的、有限的资源。中国是世界第三大国，有超过1500平方公里的河流排水区，水资源和地下水储量丰富，但复杂的地形地貌形成了不同的气候系统，使中国水资源在空间和时间上分布不均。而且，中国拥有世界上最多的人口，在水资源总量排第六的情况下，人均占有率较低，每年人均可再生的淡水供应量仅为世界平均水平的27%。另外，城市发展、景观变化、污染、人口的快速增长以及人民生活标准的提高，使水的利用效率低，而污水排放则进一步加剧了城市地区的水资源短缺。特别是随着中国经济和社会的发展，快速的城市化导致城市用水需求不断增长，大量未经处理的废水和污染物导致环境恶化。如何使有限的水资源得到更好的管理已成为一个热门话题。为了提供一个在未来16亿人口的开发环境中的可持续发展，国家相关部门开始在管理制度、规定、方法和技术等相关政策方面改革城市水资源，以提高水的利用率。解决中国水资源短缺及污染问题的重要方式是污水处理。

在社会主义市场经济条件下，污水处理是从一定量的资金投入开始的，污水处理资金的规模决定着污水处理的规模。污水处理资金自身的发展速度决定着污水处理发展的速度和污水处理技术进步的速度。现实的污水处理中，技术先进、处理费用低的决策方案通常是预付资金量较大的方案，从这个意义上说，资金自身的发展速度越快，污水处理技术的进步和应用才能越快，污水处理也才能越快。巨大的资金需求必然给中央财政和地方财政带来巨大压力。

从图 5－1、图 5－2 和表 5－2 不难看出，在全国废水排放持续增

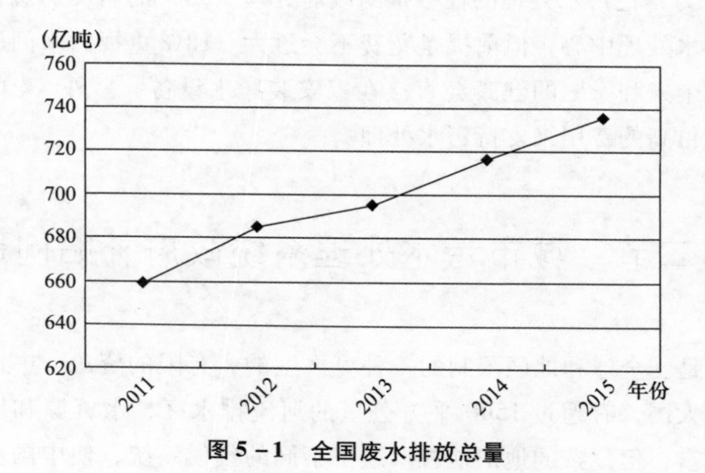

图 5－1 全国废水排放总量

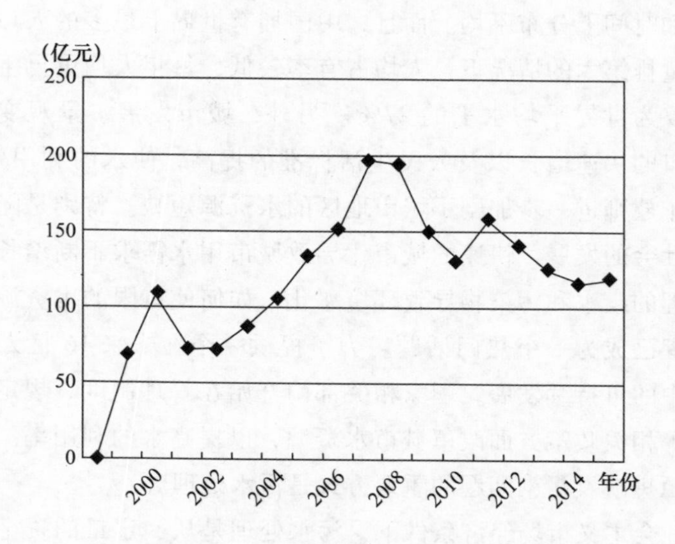

图 5－2 全国工业废水治理投资总额

资料来源：根据中经网相关数据整理所得。

表 5-2 全国历年治理废水投资总额和废水排放总量

年份	工业污染治理投资总额（万元）	废水排放总量（万吨）
1999	688301.6	
2000	1095897.4	
2001	729214.3	
2002	714935.1	
2003	873747.7	
2004	1055868.1	
2005	1337146.9	
2006	1511164.5	
2007	1960721.8	
2008	1945977.4	
2009	1494606	
2010	1295519.1	
2011	1577471.08	6591922.44
2012	1403447.54	6847612.14
2013	1248822.26	6954432.7
2014	1152472.73	7161750.53
2015	1184138.3	7353226.83

资料来源：根据中经网相关数据整理所得，表中空白为缺省值。

加的同时，废水治理的投资总额却在呈下降趋势，特别是从2011年开始，废水排放总量一直在攀升，但投资额在逐年减少，这从一个方面也说明污染治理的财政投入压力增大，政府的预算约束也在增强，因此不难得出，在当前城市污水处理设施急需建设的现实需求下，政府资金短缺的现状又很难在短期内得到有效缓解，在这样的大背景下，研究政府财政补贴制度运行的问题并找出改善措施就显得尤为迫切和重要。

具体来看，污水处理系统政府激励性补贴存在以下述几个方面的缺陷：

一 地方财政补贴资金的支出压力较大

按照出台的《“十三五”全国城镇污水处理及再生利用设施建设

规划》测算，“十三五”期间，全国城镇污水处理及再生利用设施建设共投资约5644.13亿元。其中，监管能力建设投资43.84亿元（见表5-3）。这一数据是以前历年投资总额的两倍左右。由于受财税体制的限制，地方政府普遍财力薄弱，甚至部分地方政府债务高筑。比如说，地方政府财政配套相当有限的，尤其是内地不发达省份配套往往局限于土地的投入，国内银行贷款由于受宏观政策调控和金融体制改革的影响较大，国债资金的投入也是相当有限。再说各地普遍采用的国外贷款，获得贷款的条件往往是要引进贷款国成套设备作为污水处理厂的配套设备，进口设备价格一般是国产设备的4—6倍，进一步加剧了城市污水厂的建造成本。2014年最后一次地方政府债务审计结果显示，截至2014年12月31日，地方政府性债务余额为24万亿元，其中地方政府负有偿还责任的债务（地方政府债务）规模为15.4万亿元，地方政府或有债务规模为8.6万亿元。2015年全国财政总收入15.4万亿元，地方政府2015年的债务余额是16万亿元，所以，地方债务率必然超过100%。财政部公布的2015年和2016年地方政府一般债务余额数据显示，2016年年末，地方政府一般债务余额限额为107072.40亿元，专项债务余额限额为64801.90亿元。2016年年末，地方政府债务余额限额约为17.2万亿元。在这样的大背景下，如果仍然维持现在政府投资为主的态势，恐怕能够用于城市基础设施建设和环保事业的预算内资金将会十分有限，再加上目前国债资金、利用收费、政府基金、银行贷款等融资渠道筹集到的资金也少之又少。这些都对各级政府财政的支出构成了巨大的压力。

审计署公布的2016年第28号公告显示，个别污水处理厂扩建工程进展缓慢，造成大量污水直接排入河道。2013年4月，甘肃省发展改革委批复了陇西县污水处理厂扩建工程，计划投资6700万元、2014年建成。因陇西县人民政府推动征地拆迁工作不力、筹措建设资金不及时，项目直到2015年9月才开工，截至2016年6月，仅完成投资3300万元。同时，由于污水处理能力不足，陇西县每日有2500—3000吨生活污水未经处理直接排入河道。2016年第三季度国家重大政策措施贯彻落实跟踪审计结果（2016年11月25日公告）

表 5-3　“十三五”全国城镇污水处理及再生利用设施建设投资　单位:亿元

地区	新增污水管网	老旧污水管网改造	合流制管网改造	新增污水处理设施	提标改造污水处理设施	新增污泥无害化处置设施	新增再生水生产设施	监管能力建设	初期雨水治理设施	合计
全国	2134.56	493.8	501.32	1505.96	431.89	293.98	158.07	43.84	80.71	5644.13
北京	19.85	0.62	3.84	20.07	1.27	1.98	4.26	0.10	1.00	52.99
天津	15.41	1.96	3.06	12.53	13.80	3.68	3.06	0.10	4.80	58.40
河北	43.85	12.38	25.61	34.59	9.19	9.36	6.46	1.80	1.60	144.84
山西	48.34	14.95	30.00	37.78	0.48	4.82	4.80	1.53	2.00	144.70
内蒙古	18.88	26.12	6.78	16.11	3.52	3.95	4.22	1.38	1.40	82.36
辽宁	108.06	18.41	59.68	72.57	24.12	13.60	9.50	2.16	4.80	312.90
吉林	45.21	11.87	16.00	20.40	11.33	1.86	5.17	1.55	2.80	116.19
黑龙江	38.13	6.93	3.58	28.40	3.95	7.64	3.00	1.81	2.40	95.84
上海	22.75	0	0	83.16	112.42	10.34	0	0.10	0	228.77
江苏	161.28	20.01	23.82	61.50	30.00	18.38	5.10	2.19	4.40	326.68
浙江	159.86	20.85	8.11	113.69	53.16	22.85	8.24	1.95	4.70	393.41
安徽	123.26	16.05	29.00	56.43	6.09	16.16	6.00	1.88	2.40	257.27
福建	61.87	4.63	1.96	40.20	9.82	7.93	3.50	1.54	1.50	132.95
江西	33.60	35.37	19.27	34.44	15.90	7.71	1.32	1.55	1.60	150.76
山东	119.55	14.00	10.35	119.63	17.95	10.00	0	1.67	4.70	297.85
河南	100.10	22.21	39.89	50.99	5.40	17.11	9.00	2.43	1.00	248.13
湖北	103.81	40.90	40.46	83.95	12.50	16.33	10.12	2.02	3.10	313.19

续表

地区	新增污水管网	老旧污水管网改造	合流制管网改造	新增污水处理设施	提标改造污水处理设施	新增污泥无害化处置设施	新增再生水生产设施	监管能力建设	初期雨水治理设施	合计
湖南	140.05	35.82	45.00	51.81	8.30	16.93	7.21	0.15	1.70	306.97
广东	136.19	43.20	37.45	98.40	20.98	26.72	20.63	3.03	11.50	398.10
广西	47.81	14.56	21.74	42.15	3.10	9.57	4.79	1.76	1.70	147.18
海南	55.68	6.27	2.81	27.84	0	2.29	4.55	0.58	1.01	101.03
重庆	63.37	26.17	10.48	84.89	5.40	12.89	6.89	1.99	7.40	219.48
四川	102.12	24.18	10.23	54.80	10.36	6.88	3.06	2.32	3.60	217.55
贵州	73.37	14.64	2.83	44.12	8.60	5.41	4.27	0.96	0.50	154.70
云南	52.27	14.33	9.15	37.35	4.07	4.61	3.80	1.29	0.50	127.37
西藏	21.63	2.66	0	16.74	0	0.26	0	0.45	0.50	42.24
陕西	77.79	12.69	8.45	78.23	8.05	21.63	8.20	1.24	2.60	218.88
甘肃	60.89	9.33	11.00	23.15	9.85	3.27	3.31	0.55	1.60	122.95
青海	19.80	6.52	8.91	10.08	1.51	0.82	1.25	1.40	0.50	50.79
宁夏	9.79	1.28	2.40	6.06	7.05	0.90	1.48	0.61	0.90	30.47
新疆	35.14	13.69	9.46	35.75	13.44	6.90	4.13	1.07	2.50	122.08
新疆生产建设兵团	14.85	1.20	0	8.15	0.28	1.20	0.75	0	0	26.43

注:①“十三五”地级及以上城市黑臭水体治理涉及的设施建设投资约1700亿元,已分项计入有关建设任务投资,未再单列。②新增监管能力建设投资合计中含国家中心站投资0.68亿元。

资料来源:《“十三五”全国城镇污水处理及再生利用设施建设规划》。

也显示，部分项目因地方建设资金不到位影响建设进度。如山东省7个中央预算内投资大型灌区续建配套和节水改造工程项目总投资2.49亿元，其中市、县应配套资金1.22亿元，因9233万元配套资金不到位，应于2014年完成的项目至2016年9月底，仅完成投资计划的73.9%。在我们对浙江省三县市的调查中也发现，污水处理市场化程度低，融资渠道相对比较单一。如浙江省三县自来水中的污水处理为8角/吨（自来水费为4元/吨），约占水费的20%，一切盈亏皆由政府全权负责。目前多数污水处理厂的生产活动一切以政府上级下达的达标命令为主，没有考虑与国际先进技术看齐，更是没有发挥市场的作用，创新污水处理技术。因此，政府的财政资金压力较大。

案例：管网配套难到位　污水处理厂常“吃不饱”

虽然陕西在污水处理厂建设方面取得显著成绩，但陕西省住建厅副厅长任勇透露，在实际运营中，很多污水处理厂污水收集难度大，经常面临“吃不饱”的局面。

如何定义“吃不饱”？业界公认的一个评价标准就是运行负荷率（运行负荷率=每日实际进水量/每日设计处理量）。据了解，陕西省2013年污水处理厂运行负荷率为70%。这与同期全国城镇污水处理厂运行负荷率（82.6%）相比，确实有一定差距。甚至在一些中小型城市，运行负荷率则更低，如安康市运行负荷率只有52.88%。

为什么运行负荷率偏低？“一方面当初建厂的时候很多属于‘一哄而上’，设计规划缺乏统筹，特别是在陕南地区。而另一方面，也是最重要的原因就在于管网配套建设不到位。”任勇如是回答。

陕西省某污水处理企业负责人表示，众多城市污水处理规划设计普遍存在“重厂轻网”现象。处理厂设计规模偏大，管网却不配套，直接导致实际来水量严重不足。“一个设计规模为日处理能力10万吨的项目，实际来水量只有2万—3万吨，这是普遍情况。”

“为什么会滞后？一个很重要的原因就是资金来源不足。”陕西省住建厅副厅长任勇“一语中的”。

资料显示，陕西省在争取资金支持方面，组织该省各地申报2015年污水处理设施配套管网项目698个、964.21千米，会同陕西省财政争取污水管网专项资金4.36亿元。2011—2015年，共计争取中央城镇污水管网专项资金35.7亿元。

“看似很多，但对于地方来说，仍是‘杯水车薪’。”任勇算了一笔“账”：目前中央层面对管网建设的补贴额度是60万元/千米，但是建设成本往往高达300万—500万元/千米。“这中间的差额，只能靠地方政府自己配套。在大中城市，配套资金尚能跟得上，但在一些中小型城市，政府财政很难拿出那么多钱。所以才会出现配套管网建设难到位的现象。”对此，任勇表示，希望中央层面在管网资金补贴方面，能继续适当加大补贴力度。

资料来源：《配套管网建设难到位，资金不足严重制约污水处理发展》，中国水工业网，http：//www.chinawaternet.com/news/detail-20151013-16692.html。

二　债务负担和财政风险进一步加大

在我国目前的城市基础设施投融资模式下，政府事实上仍旧是城市基础设施投融资的主体，财政投入和银行贷款是政府进行投资的主要来源，这样的不断积累事实上增加了政府财政债务负担和财政风险。偿债率是直接反映政府偿债能力的指标，它是指当年债务的还本付息额占当年财政收入的比重，政府偿债能力低下已成为我国扩大国债规模的主要障碍。国家财政的振兴又非短期内能够达到，同时为扩大内需、继续保持宏观经济的健康发展，今后几年内国债的发行仍将会保持较大规模，而近年来发行的国债大多用于城市公用事业建设，根据城市公用事业建设周期长、投资量大的特点，如果不能尽早地有效改善城市公用事业的建设效率与使用效益，无疑会导致我国财政风险进一步积聚。据审计署统计的结果，全国 78 个市级和 99 个县级政府负有偿还责任债务的债务率高于 100%，分别占两级政府总数的 19.9% 和 3.56%。在 2012 年、2013 年、2014 年到期的债务分别占总数的 17.17%、11.37% 和 9.28%。也就是说，在这三年内，需要偿还约 4 万亿元的地方债务。而在 2012 年年底至 2013 年年初，审计署公布的针对 36 个地方本级政府性债务的审计结果显示[①]，2012 年，有 9 个省会城市本级政府负有偿还责任的债务率超过 100%，最高者 188.95%，若加上政府负有担保责任的债务，债务率最高者达 219.57%。以武汉市为例，一份来自财政部驻湖北专员办的研究报告显示，2011 年年末，武汉市地方政府性债务余额为 1964.47 亿元，相比较武汉本级政府综合财力 1058.22 亿元，债务率达 185.64%，已超过美国最高警戒线的 1.5 倍。到 2012 年 6 月，武汉市债务余额高达 2037.05 亿元。其中，武汉市一级的各类投融资平台超过 10 家，最大的 3 家分别为武汉城投、武汉地产集团和武汉地铁集团。截至 2012 年年底，武汉城投负债合计 1169 亿元；截至 2011 年年底，武汉地产集团负债 407.8 亿元；武汉地铁集团负债合计 314.2 亿元。

三　地方执行中央拨付资金效率较低

由于污水处理资金量大、沉淀性强的投资特征以及水资源的战略地位，加之与公共利益、环境保护的紧密关联，以政府为主体的商业投资在投融资结构中举足轻重。但是，投融资主体往往与水业项目的地方性特征严重脱节，致使资金使用效率低下。

审计署发布的 2016 年第 29 号公告显示，山东省 7 个中央预算内

---

① 审计署：《关于 36 个地方政府本级政府性债务审计结果公告》2013 年第 24 号。

投资大型灌区续建配套和节水改造工程项目总投资2.49亿元，其中市、县应配套资金1.22亿元，因9233万元配套资金不到位，应于2014年完成的项目至2016年9月底，仅完成投资计划的73.9%。

审计署关于883个水污染防治项目审计结果（2016年6月29日公告）发现，地方上存在着预算分配与专项规划衔接不够的现象。审计抽查18个省实施"十二五"水污染防治相关规划情况发现，9个省份纳入规划的项目中有1684个（占44%）未得到中央相关补助，而7个省份获得补助的2135个项目（相当于其规划项目的63%）不属于规划范围。这种状况，在一定程度上影响到规划项目的顺利推进。

审计还发现，有176.21亿元财政资金未能有效使用。至2015年年底，中央财政下达18个省份水污染防治相关资金中，有143.59亿元结存在地方各级财政部门，未及时拨付到项目单位，其中，4.22亿元滞留超过2年；12个省份的地方主管部门和项目单位闲置资金29.28亿元，其中9.4亿元闲置3年以上；5个省份由于前期准备不充分、决策不当等造成水污染防治相关资金损失浪费2.69亿元；6个省的9个项目单位通过编造虚假申报资料、报大建小等方式违规套取资金6531.57万元。

2016年审计署第10号公告中，公布了关于883个水污染防治项目的审计结果，表5-4和表5-5中，我们截取了部分数据来对当前的水污染防治资金拨付情况进行反应，分别从2年之内和两年之外分别进行归类。从中发现，不仅资金违规延迟拨付的覆盖面广，金额也非常巨大。这些现象的存在说明地方政府在资金的执行率上存在着较为突出的问题。

如在财政部的评估核查中，就出现个别地方管网专项资金使用效率较低，涉及管网专项资金0.11亿元，占中央管网专项资金345亿元的0.03%。评估核查还发现，个别地方已将管网专项资金拨付至项目单位，截至2010年6月，项目单位尚未使用。如广西壮族自治区大化县2009年已将管网专项资金0.046亿元拨付建设单位在建管网项目，尚未使用；甘肃白银市2008年已将管网专项资金0.03亿元拨付至污水处理厂在建管网项目，该厂将资金定期存储，尚未使用；广

表5－4　拨付不及时（滞留两年以内）的水污染防治相关资金

序号	省（直辖市、计划单列市）	截至2015年年底财政资金未拨付金额（万元）
1	北京	2802.67
2	天津	6321
3	山西	11100.33
4	辽宁	140935.59
5	吉林	75745.05
6	黑龙江	45227.63
7	江苏	167137.55
8	山东	90957.87
9	河南	78508.72
10	湖北	103545.34
11	湖南	157449.62
12	广东	160428.19
13	重庆	66742.85
14	四川	99126.35
15	云南	64567
16	陕西	92086.92
17	甘肃	24990.08
18	深圳	6000
合计		1393672.76

资料来源：2016年第10号公告：《审计署关于883个水污染防治项目审计结果》。

表5－5　拨付不及时（滞留两年以上）的水污染防治相关资金

序号	部门	滞留资金额（万元）
1	辽宁省新民市财政局	180
2	辽宁省抚顺市东洲区财政局	402.04
3	辽宁省铁岭市昌图县财政局	4911.57
4	吉林省长春市财政局	1325
5	吉林省四平市财政局	3100
6	吉林省辉南县财政局	770
7	吉林省吉林市蛟河市财政局	1080

续表

序号	部门	滞留资金额（万元）
8	黑龙江省哈尔滨市松北区财政局	200
9	黑龙江省哈尔滨市道外区财政局	100
10	黑龙江省哈尔滨市香坊区财政局	300
11	黑龙江省富裕县财政局	1552.15
12	黑龙江省林口县财政局	2590
13	江苏省常州市武进区财政局	1527
14	江苏省溧阳县财政局	73
15	江苏省宜兴市财政局	466
16	江苏省江阴市财政局	827
17	江苏省盱眙县财政局	349
18	湖北省丹江口市财政局	2415
19	湖南省永兴县财政局	3000
20	广东省茂名市财政局	3969.66
21	广东省湛江市财政局	1969.68
22	重庆市涪陵区财政局	1445.84
23	四川省成都市温江区财政局	1511.69
24	四川省崇州市财政局	593.76
25	四川省乐山市市中区财政局	135.31
26	四川省资中县财政局	1046.9
27	四川省绵竹市财政局	2445.32
28	四川省武胜县财政局	2600
29	云南省陆良县财政局	853
30	云南省昆明市官渡区财政局	500
合计		42238.92

资料来源：2016 年第 10 号公告：《审计署关于 883 个水污染防治项目审计结果公告》。

东省阳山县财政局于 2009 年 12 月将管网专项资金 0.008 亿元拨付至阳山县污水厂建设项目，尚未使用。①

① 北京中证天通会计师事务所：《全国城镇污水处理设施配套管网建设专项资金评估核查报告》，2010 年 11 月。

在中央拨付资金使用过程中，部分地方预算执行偏慢，涉及管网专项资金145.21亿元，占中央管网专项资金345亿元的42.09%。经财政部评估核查发现，34个省市（包括新疆生产建设兵团）中央管网专项资金136.38亿元未安排至具体项目，占中央管网专项资金345亿元的39.53%；17个省市（包括新疆生产建设兵团）中央管网专项资金8.83亿元已安排至项目但拨付偏慢，占中央管网专项资金345亿元的2.56%（见表5-6和表5-7）。

表5-6　中央管网专项资金尚未安排至项目情况　单位：亿元

项目	省级	地市级	县级市	县城	镇	合计
2007年	0.00	0.82	0.08	0.90	0.08	1.87
2008年	0.00	1.49	0.79	2.85	0.08	5.20
2009年	0.00	7.74	3.69	14.32	0.19	25.94
2010年	51.61	21.87	8.67	21.21	0.01	103.37
合计	51.61	31.91	13.23	39.28	0.35	136.38

资料来源：北京中证天通会计师事务所：《全国城镇污水处理设施配套管网建设专项资金评估核查报告》，2010年11月。

表5-7　中央管网专项资金已安排至项目但拨付偏慢情况

单位：亿元、%

项目	涉及的省份数量	涉及资金金额	占奖补资金比例
2007年预算	8	0.89	0.26
2008年预算	13	2.40	0.69
2009年预算	16	5.54	1.61
合计	17	8.83	2.56

资料来源：北京中证天通会计师事务所：《全国城镇污水处理设施配套管网建设专项资金评估核查报告》，2010年11月。

然后，我们从多个角度对现在的水污染防治闲置资金（见表

5－8)，水污染防治浪费资金（见表5－9）和水污染防治相关资金被套取情况（见表5－10）进行分析后发现，当前的水污染治理资金还存在不同程度的违规现象，亟待整理和规范。

表5－8 水污染防治相关资金闲置情况

序号	主管部门或项目单位名称	闲置资金额（万元）
1	吉林省白城市住房和城乡建设局	36200.00
2	吉林省白城市发展改革委	520.00
3	吉林省白城市中兴城市基础设施建设有限公司	326.40
4	吉林省白城市新开城市建设集团有限公司	436.93
5	吉林省大安市住房和城乡建设局	1412.00
6	吉林省长春市长春净月建设发展有限公司	1026.70
7	吉林省长春市长春净月开发区政府采购办公室	491.45
8	辽宁省新民市住房和城乡建设管理局、新民市动物卫生监督管理局、新民市环境保护局、新民市财政局	4450.00
9	辽宁省沈阳市环境保护局	400.00
10	辽宁省沈阳市环境保护局沈北新区分局	60.00
11	辽宁省抚顺市环境保护局	2662.8
12	黑龙江省绥化市发展改革委	2160
13	黑龙江省绥化市北林区环境保护局	2500
14	黑龙江省绥化市供排水有限公司	4140
15	黑龙江省哈尔滨市环境保护局	271
16	黑龙江省齐齐哈尔市垃圾处理公司	5135
17	黑龙江省齐齐哈尔市政排水工程有限公司	2040
18	江苏省泰州市姜堰区财政局环境保护局	766
19	江苏省泰州市姜堰环卫管理中心	422.96
20	山东省金乡县人工湿地管理办公室	924.6
21	山东省济宁市任城区环境保护局	5068.6
22	山东省菏泽市牡丹区水务局	2998.37
23	湖北省十堰市环境监察支队	500
24	湖北省十堰市环境监测站	320
25	湖北省十堰市茅箭区住房和城乡建设局	4500

续表

序号	主管部门或项目单位名称	闲置资金额（万元）
26	湖北省十堰市茅箭区环境保护局	130
27	湖南省岳阳市平江县黄金开发总公司	390
28	重庆市长寿区环境保护局、大足区环境保护局	32890.31
29	重庆市大足区创佳公司、重庆市水务资产公司	135363.41
30	四川省乐山市城市建设投资有限公司	2950
31	四川省成都市温江区环境保护局	914.69
32	四川省崇州市水务局	1756.04
33	四川省隆昌县住房和城乡建设局	1193
34	云南省昆明市滇池投资有限责任公司	10421.93
35	云南省昆明市西山区水务局（环境综合治理工程）	3067.96
36	云南省昆明市西山区水务局（清水河、杨家河、太家河截污及水环境治理）	1304.84
37	云南省昆明市西山区水务局（金家河水系截污及水环境综合整治）	707.5
38	云南省昆明市空港投资开发有限责任公司	358.5
39	陕西省丹凤县住房和城乡建设局	892.3
40	陕西省商洛市城管局	1933.6
41	甘肃省白银市环境保护局	13000
42	甘肃省会宁县住房和城乡建设局	1500
43	甘肃省白银市白银有色集团股份有限公司	3800
44	甘肃省白银市平川区给排水公司	507
合计		292813.89

资料来源：2016 年第 10 号公告：《审计署关于 883 个水污染防治项目审计结果公告》。

表 5－9　　水污染防治相关资金损失浪费情况

序号	项目名称	损失浪费金额（万元）
1	山西省长治市三河一渠综合治理工程项目	896.25
2	山西省阳曲等 11 个县农村环境连片整治示范工程项目	363.02
3	山西省忻州市镀锌重金属污染防治项目	49.98
4	辽宁省抚顺市望花区塔峪镇污水处理设施项目和东洲污水处理厂项目	28.83

续表

序号	项目名称	损失浪费金额（万元）
5	湖南省衡阳市钛白副产硫酸亚铁生产5万吨/年聚合硫酸铁工程项目	1200
6	云南省昆明市主城区城市污水处理厂污泥处理处置工程项目	22600
7	陕西省咸阳市城西快速干道工程项目	680
8	陕西省西安市第三污水处理厂扩建工程项目	480
9	陕西省西安市第四污水处理厂、第六污水处理厂和第十污水处理厂建设项目	580.28
合计		26878.36

资料来源：2016年第10号公告：《审计署关于883个水污染防治项目审计结果公告》。

表5-10　水污染防治相关资金被套取情况

序号	项目名称	套取资金额（万元）
1	河南省安阳市富氧铅熔池熔炼环保技改工程项目	2902
2	湖南省衡阳市铬渣污染综合治理工程项目	120
3	湖南省郴州市固体废物管理及交易平台建设项目	98.88
4	广东省茂名市重金属污染防治项目	428.62
5	重庆市大足区江河湖泊生态环境保护项目和农村环境连片整治项目	1080
6	四川省内江市道路污水管网完善工程项目	460
7	四川省自贡市污水管网完善工程项目	630.07
8	陕西省商洛市污水管网建设项目	812
合计		6531.57

资料来源：2016年第10号公告：《审计署关于883个水污染防治项目审计结果公告》。

四　运营成本居高不下

污水处理费是按照“污染者付费”的原则，由排水单位和个人缴纳并专项用于城镇污水处理设施建设、运行和污泥处理处置的资金。向城镇排水与污水处理设施排放污水、废水的单位和个人（以下简称缴纳义务人），应当缴纳污水处理费。污水处理费属于政府非税收入，全额上缴地方国库，纳入地方政府性基金预算管理，实行专款专用。污水处理属于政府的公共服务范畴，由政府委托污水处理企业进行投资、运营，并对企业支付相应费用。具体费用根据企业成本及合理利润，以合同的形式约定。虽然目前水务上市公司看起来毛利率较高，但事实并非如此。首先污水处理厂为重资产投资，资金回收期限长，企业需长期承担金额巨大的融资成本，而这部分融资成本的会计核算在项目运营期不计入成本，毛利率的计算并未扣除该部分融资成本。另外，对于香港上市的公司，还受香港会计准则的影响。在香港会计准则下，其初始投资成本多被认定为金融资产，不计入成本，而且冲抵收入，这样计算出来的毛利率会较传统投资成本进行折旧摊销的方式要高很多。根据 Wind 的数据，水务行业 2015 年平均资产收益率仅为 4.2%，且近年来随着竞争加剧，新项目的收益率呈不断下降趋势。虽然行业利润不高，但收益相对稳定、长期，同时个别企业会因为管理及效率的不同，而实际利润有些偏差。[①] 2014 年 1 月 1 日起实施的中华人民共和国国务院令第 641 号文件《城镇排水与污水处理条例》指出，污水处理费的收费标准不应低于城镇污水处理设施正常运营的成本。因特殊原因，收取的污水处理费不足以支付城镇污水处理设施正常运营的成本的，地方人民政府给予补贴。居民缴纳的污水处理费，在地方政府购买水处理服务中，可作为政府补贴的费用来源，但与污水厂的收入并没有直接关系。《关于制定和调整污水处理收费标准等有关问题的通知》中明确，2016 年年底前，城市污水处理收费标准原则上每吨应调整至居民不低于 0.95 元，非居民不低于 1.4 元；县城、重点建制镇原则上每吨应调整至居民不低于 0.85 元，非居民不低于 1.2 元。基于此，国内多地目前先后开启污水处理费调价模式。

① 中国环保在线：《多地污水处理进入抢时调价模式，未来或将覆盖全成本》，2017 年 1 月 10 日，http：//www.hbzhan.com/news/detail/114197.htm。

案例：污水处理费难以覆盖成本

在污水处理领域，采用BOT、TOT、PPP等模式解决融资难的问题，早已不是什么新鲜事。这在陕西也不例外。据了解，目前在陕西，上述融资模式大多用于污水处理厂建设和运营，并非配套管网建设。究其原因，是因为管网建设投资回报比建厂要低很多。所以一般民间资本介入管网建设的意愿较低。

咸阳市西郊污水处理厂就是这样一家通过借助BOT模式建成的生活污水处理厂。该厂总投资人民币1.53亿元，2009年1月正式运营，2012年4月开始提标改造，2013年6月提标验收。目前该厂污水处理后出水水质均达到《城镇污水处理厂污染物排放标准》（GB 18918—2002）一级A标准和《黄河流域（陕西段）污水综合排放标准》（DB 61/224—2011）一级标准要求。

该厂负责人透露，目前该厂的运营成本在1.039元/吨左右，而当地居民的污水处理费为0.95元/吨。“这中间的差价缺口，基本都是由政府来补贴。”该负责人透露。

当被问及政府是否能按时准确发放处理费时，该厂负责人表示，从污水处理厂正式运营以来，基本都能按时付费。“但是，我们污水处理厂在试运营期间的费用还有一部分没有到位。这部分希望政府也能尽快给予解决。”

据了解，污水处理费用难以覆盖成本的另一个重要原因是污水处理费的多头管理。

在污水处理费这一块，由于管网破损等原因，存在不同程度的跑、冒、滴、漏现象，居民输水管网中大概有7%的污水处理费是无法收取到的；而在自备水源这块，是由西安市节水用水办公室来收取的。

国家发展改革委、财政部、住建部三部委在年初曾联合下发《关于制定和调整污水处理收费标准等有关问题的通知》（以下简称《通知》），明确污水处理收费最低标准。《通知》强调，2016年年底前，城市污水处理收费标准原则上每吨应调整至居民不低于

0.95 元，非居民不低于 1.4 元；县城、重点建制镇原则上每吨应调整至居民不低于 0.85 元，非居民不低于 1.2 元。虽然 0.95 元/吨的收费价格不及一线城市的污水处理收费标准，但是对二、三线城市和偏僻地区基本能够覆盖处理成本，达到了污水治理的最低行业标准。对此，一些污水处理企业负责人对于这一政策的落地都表示了相当的关切。

“西安市城市污水处理收费标准自 2006 年至今一直为 0.8 元/吨。而我们企业早在 2013 年就已经完成了提标改造工作，目前已累计亏损 1 个多亿。”一位污水处理厂负责人对此表示很无奈。

资料来源：《配套管网建设难到位，资金不足严重制约污水处理发展》，中国水工业网，http：//www. chinawaternet. com/news/detail－20151013－16692. html。

五　投资管理模式和项目建设管理组织形式不尽合理

在基础设施投资中，投资主体和建设主体、营运主体之间的产权关系不清楚的现象长期存在，在城市基础设施建设项目上，投资主体、建设主体和营运主体大都是以政府为主导，并且往往都是地方政府的下属公司，甚至是政府下属公司的几家子公司。由于体制上的原因，这些下属公司只管建设，不管运营，无法解决整个工程中的资金、质量、运营等问题，虽然有的地方引入项目法人，但实质上仍是政府领导人负责制，致使项目风险约束软化，投资效果受到严重影响。因此在投资、建设及营运时产权关系混淆，造成无人负责的局面。这种体制上的弊端造成投融资公司仅充当政府职能部门的配角，无法发挥政府投融资主体的地位。“谁投资，谁决策，谁负责”的投资风险约束机制和责任机制难以落实，监管不力，产权不明晰，债权债务关系混乱。投资的责任和权利不对等，缺乏必要的监控和约束。

六　监管体制机制和法律法规方面不够健全

对投资于城市基础设施尤其是非经营性和准经营性基础设施的财

政资金，没有一套预算决算管理体系，缺乏中长期规划，导致资金使用监管缺失，财政资金使用率不高。由于政府预算约束软化，建设过程对于造价等相关问题的失控，导致概算、预算和决算三超现象严重。半拉子工程、工程建设投资成本偏高现象也时有发生。各地方政府通过整合原有国有企业或事业单位而建立起来的投融资平台，市场化运作能力不足，风险控制手段匮乏，规范的公司治理结构缺失。外部监督和内部治理结构两个层面严重缺位。导致地方政府债务规模居高不下，无形中增加了财政运行的风险，风险明显集中于地方政府。加上信息不对称，地方政府投融资平台资金使用不透明，债务管理混乱，贷款资金流向缺少监控，必然会增加商业银行的信贷风险。这些风险的存在，不仅仅增大了地方政府财政的隐性压力，更有可能转嫁为商业银行的不良资产。从宏观上说，有可能对中央政府的宏观政策的执行效果产生冲击。在法律法规方面，缺少对政府融资行为的规范约束。

七　补贴的设计缺乏应有的监控机制

“机制”源于希腊文，是从“机器”和“制动”这两个科技术语中各取一字构成的。原指机器的构造和运作原理，借指事物的内在工作方式，包括有关组成部分的相互关系以及各种变化的相互联系，泛指一个工作系统的组织或部分之间相互作用的过程和方式。其在《辞海》中的几个解释分别是：用机器制造的；机器的总体构造和工作原理；有机体的构造、功能和各器官的相互关系；某个复杂的工作系统或某些自然现象的演变规律。在经济学中，“机制”范畴的使用包括两方面：一方面把社会经济活动当作一个生命机体看待；另一方面把经济研究由抽象的经济关系拓展到经济体及其机构的研究。

在财政部经济建设司组织的中央财政建设专项资金评估稽查中，发现部分地方将管网专项资金用于其他方面，涉及管网专项资金7.61亿元，占中央管网专项资金345亿元的2.21%。经评估核查发现，一是5.44亿元用于污水处理厂建设及运营、设备购置、征地及前期费等，占中央管网专项资金345亿元的1.58%；二是0.34亿元用于垃圾处理场建设等，占中央管网专项资金345亿元的0.10%；三是

0.20 亿元用于 2006 年以前年度污水管网建设，占中央管网专项资金 345 亿元的 0.05%；四是 1.16 亿元用于雨水管网、排水管网、沟渠整治、城市道路及相关设施、办公楼等非治污项目，占中央管网专项资金 345 亿元的 0.34%；五是 0.47 亿元用于人员工资、购车、技能培训、购买理财产品、支付其他项目贷款或利息等非项目支出，占中央管网专项资金 345 亿元的 0.14%。[①]

案例：中国多个“水匮乏”城市鼓励使用再生水

近年来，作为“城市第二水源”的再生水利用，逐渐受到重视，但却难掩尴尬。

在陕西省西安市，地处闹市中的丰庆公园，杨柳低垂，繁花簇拥，园中一片春水碧波荡漾。

“我们公园这个人工湖内注入的就是再生水。”丰庆公园管理处园容部科长吴键说：“不仅如此，整个丰庆公园花草的浇灌、厕所的冲洗等用的都是再生水。”

吴键算了一笔账，再生水水价每方 1.17 元，自来水水价每方 4.25 元，公园人工湖容积约 6.6 万方，注入自来水就需 25 万元，而再生水只需 8 万元。“再生水水质不错，水中还能养鱼，浇花也没问题。我们公园用了 8 年，感觉既能节约成本，又生态环保。”吴键说。

“再生水是以污水处理厂处理后达到排放标准的原水作为原料进行再处理。我们目前采用的工艺是混凝、过滤、沉淀、消毒等常规工艺，执行的是国家 2006 年出台的再生水生产标准，在这一标准下，再生水能够供给工业领域、景观领域、城市杂用领域。完全符合作为‘城市第二水源’的要求。”西安清远中水有限公司副总经理袁媛说。

---

① 北京中证天通会计师事务所：《全国城镇污水处理设施配套管网建设专项资金评估核查报告》，2010 年 11 月。

数据显示，西安市多年平均水资源总量为23.47亿立方米，人均水资源占有量278立方米，仅为陕西省和中国人均的1/3和1/6，属于极度缺水城市。西安市水务局负责人对媒体表示，要缓解城市供水压力，“开源”的余地已经非常小，关键还要在“节流”上下功夫——主要是提高再生水利用率。

中国各地尽管发展阶段不一，但近年来对再生水的推广利用不断加强。河北唐山推广利用再生水源热泵供暖。青海西宁首个再生水利用工程将于今年6月竣工。江西南昌则推广小区再生水系统。

在西安清远中水有限公司的生产间，记者看到，这里的再生水正在完成加氯消毒的工艺，水质与自来水相比透明感稍低。

袁媛说，在西安，再生水供应的主要领域是工业，目前公司生产出来的再生水97%供给了电厂。“作为西安最大的再生水公司，下辖三个分厂，再生水的日生产能力达到16万吨。但是我们每日的供水量只有3.3万吨，仅为处理能力的18%—20%，大量产能闲置。”

袁媛表示，制约再生水应用的最主要因素是管网。“西安市区我们能输出管网只有43.5公里，覆盖的只是有限的地区，因此大量的水生产出来也送不出去，很多用户想用也用不上。”

西安昆明路的一家洗车行，是少数再生水用户之一。“我们靠近丰庆公园，能够从公园拉出管道，用再生水洗车，这不仅降低了成本，而且能节约自来水资源。”洗车行负责人张彩霞说。

但在几百米外，另一家洗车行则仍然使用自来水。洗车行老板宁先生说：“再生水每方不足两元，我们用自来水则需17元，成本差的不是一星半点。不是我们不想用再生水，而是这里没有管网，接不过来。”

专家指出，在水资源日趋紧缺的今天，再生水利用已经成为实现水生态良性循环的有效途径。然而，中国再生水利用率仅占污水处理量的10%左右，与发达国家70%的利用率相比还有相当大的差距。有专家预计，如果中国能达到发达国家的水平，则每年可开发利用年150亿立方米的再生水资源。

据袁媛介绍，西安现有7座污水处理厂将建设再生水处理设施，新增再生水设施供水能力36万吨/日，新建市政杂用、景观供水网供水能力67.4万吨。同时10年内，西安再生水管网将达到460公里，届时将覆盖西安市区的主要干道沿线。

但460公里管网的铺设需要7.4亿元资金投入。业内人士表示，"资金、管网是制约再生水利用的最大障碍，如果不能有效解决，可能会错失再生水发展的良好机遇。"

资料来源：姜辰蓉、张晨俊：《中国多个"水匮乏"城市鼓励使用再生水》，新华网，http：//news. xinhuanet. com/local/2014 - 04/09/c_ 1110161437. htm。

八　污泥处置方面的政策缺位严重

污水和污泥是解决城市水污染问题同等重要又紧密关联的两个系统，污泥处理处置是污水处理得以最终实施的保障。根据建设部统计，截至2010年6月底，全国设市城市、县城及部分重点建制镇（以下简称城镇）累计建成城镇污水处理厂2389座，污水处理能力达到1.15亿立方米/日。按照1万吨水产生5吨80%湿泥，我国污泥日产量可达5.75万吨，年湿泥产量（按365天计算）将达到2098.75万吨。2015年，"水十条"对污泥处理处置提出了明确的工作目标，污泥问题逐步成为我国生态文明建设的工作重点。作为污水处理的"衍生品"，近年来，随着居民生活用水量和工业用水量的不断增加，污水处理量也随之上升，污泥产量随之不断增加，2015年我国城镇污泥年产量达到3500万吨，同比增长16%。[①] 面对如此巨大的污水处理的衍生品，绝大多数污水处理厂对污泥产生量、成分和性质等缺少清楚的认识，其利用和处置方式的选择往往贪图简单、节省，就近随

① 中国投资咨询网：《"十三五"期间污泥处理市场规模分析》，2016年8月24日，http：//www. h2o - china. com/news/245132. html。

意处置，有些甚至任意丢弃；采取土地填埋的污泥往往也没有预先脱水，填埋场也往往没有采取有效的防渗漏、防废气爆炸的措施，污泥的随意处置致使全国近80%的污泥没有得到稳定化、无害化处理处置，许多大城市出现了污泥围城的现象并已开始向中小城市蔓延，给生态环境带来不容忽视的安全隐患。

目前，我国政府虽然对污泥问题开始关注，但仍然停留在技术层次。2003年开始，我国主要大城市开始尝试进行污泥处理处置规划。因为污水处理厂自身污水处理的运营费用都难以保证，自然无暇顾及污泥的出路。从技术上看，实现污泥无害化处理是可行的，关键是政策要到位，在税收政策上，尽管财政部、国家税务总局印发的《资源综合利用产品和劳务增值税优惠目录》（财税〔2015〕78号），明确指出，含油污水、有机废水、污水处理后产生的污泥，油田采油过程中产生的油污泥（浮渣），包括利用上述资源发酵产生的沼气、微生物蛋白、干化污泥、燃料、电力、热力等，其产品原料或燃料90%以上来自所列资源，其中利用油田采油过程中产生的油污泥（浮渣）生产燃料的，原料60%以上来自所列资源，可以享受70%的退税。但相应的投资问题、运转费用、污泥处置服务定价等问题都很难解决，这决定着即使有很好的技术方法，也难以在实际中有效运用。

九　污水再生利用方面的财政补贴缺位严重

随着污水处理产业驶入发展快车道，再生水利用问题也是摆在各级政府面前的紧迫问题。目前，我国的污水回用市场尚未完全形成，规模较小，属于新兴行业，截至2012年2月，在全国3000多座污水处理厂中，有近700座的规模为2100万立方米/日，出水标准为一级A标准，即达到再生水的基本要求，其总数、规模分别占全国污水处理厂的21%和15.5%。“十二五”末期，我国城市再生水生产能力达到1200万立方米/日以上，实际再生利用量接近1000万立方米/日，按照《“十三五”全国城镇污水处理及再生利用设施建设规划》的要求，“十三五”期间，新增再生水利用设施规模1505万立方米/日，其中，设市城市1214万立方米/日，县城291万立方米/日。

从再生水的使用来看，大部分再生水最后主要用于荒山、城市绿化、景观补水等公益性领域，存在着价格低、用量少且不稳定等发展瓶颈，加上取水价格的差异性不明显，供需双方的积极性都不高。正是由于污水回用激励机制的缺乏，对污水回用在很多城市仅处于提倡阶段，多是市政部门自己使用，缺乏激励企业和个人使用回用水的各项优惠措施，致使污水回用市场难以形成和发展，回用水资源无法得到高效利用，产生了极大的浪费。

从目前的财政补贴来看，普遍存在着“重建设、轻管理，重回收、轻处理”。从各级政府的财政奖金安排上看，基本上是围绕着污水处理设施和管网建设展开的，对于各污水处理厂处理后的污水去向，不但缺乏相应部门的专门规划与管理，也没有实质性的资金支持与扶持政策来推进回用水的有效利用。针对再生水的“十二五”发展目标，尽管财税部门已经出台了一些免税政策，但这远远不够扶持其快速发展。因此，应抓紧制定污水处理产业系列扶持政策。

第三节　城市管网和综合管廊存在的问题

一　管网建设还存在一定的滞后性

虽然污水处理厂建设力度不断增大，但在实际运营中，很多污水处理厂污水收集难度大，经常面临“空转”或者“饱和率”偏低的现象。比如，我们用业界公认的一个评价标准运行负荷率来衡量，由于运行负荷率等于每日实际进水量占每日设计处理量的比例来表示。据媒体披露，陕西省2013年污水处理厂运行负荷率为70%。这与同期全国城镇污水处理厂运行负荷率（82.6%）相比，确实有一定差距。甚至在一些中小型城市，运行负荷率则更低，很多只有一半左右。[①] 这反映出我们现在的城市污水处理规划中，普遍存在“重厂轻网”现象。处理厂设计规模偏大，管网却不配套，直接导致实际来水

① 慧聪水工业网：《配套管网建设难到位资金不足严重制约污水处理发展》，2015年10月12日，http：//www.h2o-china.com/news/231473.html。

量严重不足。一个设计规模为日处理能力10万吨的项目，实际来水量只有2万—3万吨，这在很多城市是普遍情况。

按照审计署公布的2016年第28号公告，个别保障性住房项目未建设配套生活污水处理设施，造成生活污水污染河水水质。审计署抽查了2009—2012年长春市朝阳区建成的保障性住房项目房屋5861套，截至2016年6月末，在未通过环评、未取得竣工验收手续的情况下分配入住4178套，因长春朝阳经济开发区管委会未及时推进配套污水处理设施建设，导致上述居民的生活污水直接排入下水管网，对周边河流水质造成影响。

目前，我国大多数已建和在建城市地下综合管廊的城市，主要依赖财政投资和银行贷款，由于城市地下综合管廊具有投资数额较大的特点，这增加了城市的财政负担，这种投资需求缺口大和投资渠道狭窄的矛盾，制约着城市地下综合管廊的建设与发展。在城市地下综合管廊建设投资中，预算内资金占据较高比例，而非预算内资金，如政策性贷款、商业贷款、利用外资、自筹资金等，大多靠政府举债，而且这些举债资金的借贷是以政府财政作担保的，并非真正意义上的其他非国有资本的投入。也就是说，城市地下综合管廊建设资金的主要来源仍然是政府或政府为担保的银行贷款，国有企业占据主导性的地位，而民营经济和外资，由于规模、政策和其他方面的限制，在城市地下综合管廊的投资渠道较为有限，投资主体多元化尚未形成。

二　管线综合规划建设存在较大的漏洞

城市地下管线规划是城市地下管线建设和管理的依据，虽然各种地下管线专业规划编制相对完善，但是，缺少对各类管线进行综合安排、统筹规划。一般来说，城市建设应当让基础设施先行，先地下，后地上，是一般建设规律。然而，在现实生活中，人们往往忽视地下设施的存在，道路建设只注重地面，忘记地下还需进行各种管线铺设这个事实。因而有关部门在搞建设时不按程序报批，不按规划建设，随意变更规划，或者全凭领导的主观意愿，规划管理被搁置起来。

特别是近年来，市场经济的快速发展促进了城市建设，在大规模城市扩张过程中，各种利益集团开始大规模投资地下管线建设，抢夺地下空间资源，多占、挤占有限地下空间资源的现象非常严重，相互之间甚至出现对立现象，这给规划管理地下空间资源带来了难度。由于地下空间资源十分有限，而近几年地下管线的种类不断增加，因为各种各样的原因，造成了地下空间拥挤，特别是道路或管线改造地段，导致管线重叠交错和相互打架现象严重，各种管线之间的安全距离达不到规范要求，甚至还有不同管线上下重叠现象存在。同时，由于投资主体不同，实施时间随各自的意愿难以统一，既与道路建设难以协调，各种管线之间的建设也难以协调，对此又缺乏有力的监督和约束手段。因而，路面重复开挖现象严重，不仅给社会生产生活带来了非常大的不利影响，也带来了巨大的经济损失，据中国城市规划协会地下管线专业委员会的不完全统计，全国每年由于路面开挖造成的直接经济损失约 2000 亿元。不仅如此，道路开挖也给相邻管线安全运行造成了隐患，给今后管线运行、维护带来极大的麻烦，也很容易出安全事故。统计数字显示，2009—2013 年，全国直接因地下管线事故而产生死伤的事故共 27 起，死亡人数达 117 人。

第四节 税收优惠政策存在的问题

从前面所分析的污水处理系统各环节所适用的税收政策我们可以看出，我国目前促进节能减排的税收优惠大多采取低税率、减免税等直接优惠方式，而对投资抵免、加速折旧、延期纳税等间接优惠方式采用较少。虽然直接优惠方式简单明了，但与纳税人经营活动关联度小，容易使纳税人借虚假名义骗取税收优惠，引导企业节能减排的效果有限。另外，我国现行的税收政策主要采取“正向激励”方式，即对采用先进技术、符合投资导向的企业予以税收支持，但对技术水平低、污染量大的企业没有进行有效的约束。因此，税收优惠应坚持以直接减免为主转向以间接引导为主的原则，着重增加投资抵免、再投资退税等方面的规定，针对具体的科技开发活动或高新技术项目来适用优惠政策。同时，要坚持税收激励支持与约束限制相结合，对能耗高、污染大的行业企业和产品实行惩罚性的税收政策。

在企业所得税中，企业购置的用于环境保护、节能节水等专用设备的投资额，可以按一定的比例实行税额抵免。专用设备必须符合《环境保护专用设备企业所得税优惠目录》及《节能节水专用设备企业所得税优惠目录》的规定。同时企业所得税对于环境保护、节能节水项目，包括公共污水处理、沼气综合开发利用、节能减排技术改造、海水淡化等企业所得，采取三免三减半的优惠政策，企业综合利用资源符合政策规定的可以减计收入。在个人所得税方面，如对国务院部委、省级人民政府和人民解放军以上单位以及外国组织颁发的环境保护等方面的奖金免税等优惠政策以及其他税收中存在的有利于保护环境、节约资源的相关优惠政策。但从总体上看，采取优惠的形式比较单一，主要以减免税为主，导致纳税人的受益面较为狭窄，缺乏一定的针对性和灵活性。

从税收优惠的实施方式上看，税收优惠要转向以中间环节为主的原则。从税收优惠方式看，税率式和税额式所得税优惠属于结果优惠，税基式所得税优惠属于中间环节优惠。结果优惠，如所得税额的直接减免，高新技术企业适用的15%所得税税率优惠等，表现为对企业最终经营成果的减免税，受企业利润总额影响，与企业生产、销售环节直接挂钩，让渡事后利益，对企业研发环节的经费投入及自主创新力度的引导较弱，削弱了企业的创新动力。中间环节优惠，包括加速折旧、加计扣除、减计收入等，是对企业所得税的税基减免，让渡事前利益，与利润无关，直接作用于研发环节，效果明显。然而，我国所得税优惠以税率式和税额式为主，该种事后优惠约占企业所得税优惠的60%，中间环节优惠约40%，不利于当前经济结构的调整。发达国家多以中间环节优惠为主，引导市场健康发展，有利于市场公平竞争。因此，以研发费用加计扣除为代表的中间环节优惠是当前税收优惠“瓶颈”的突破口。实现结果优惠向中间环节优惠的转变，政府让渡研发环节利益，加大对研发环节的激励，有利于水务企业持续发展，激发创新活力，为经济新常态贡献主要力量。

第六章　典型国家城市水务行业政府补贴政策的借鉴和启示

从世界范围内看，西方发达国家较早对城市水务行业政府补贴进行了探索和实践，并取得良好效果，这些经验丰富的国家，如美国、英国、日本、法国、德国等。它们在投资之初，也经历了低效率、粗放式的管理模式，运营成本的居高不下使政府投资和补贴饱受诟病。随着市场经济体制的日趋完善和成熟，民营资本的日益壮大，这些国家也呈现了投资主体多元化和管理效率不断提升的态势，外来资本的引入不仅使外部约束不断强化，也使先进的管理经验和方法在水务行业得到应用，从而导致水务行业迈入可持续和健康发展的轨道。

在全球经济一体化形势下，发达国家正逐步向全球范围扩展自己的投资领域。政府通过财政政策与税收政策对企业投资和经营活动予以补贴。财政政策与税收政策的主要区别有三点：一是财政资助是直接的，税收优惠是间接的；二是财政资助有选择性，税收优惠是普惠的；三是税收优惠带有更多的激励性。

第一节　美国水务行业政府补贴及其相关政策

一　美国城市污水处理系统的规划、投融资与运营[①]

20 世纪 60 年代末，面对渐趋严重的水环境污染和由此引发的种

① 浙江财经大学：《城市污水处理系统激励性监管和绩效管理实施方案》，水体污染控制与治理科技重大专项子课题研究报告，2012 年 11 月。

种社会矛盾和经济纠纷，美国联邦政府研究制定了推动全国城镇污水处理设施建设的战略规划，确立了促进污水处理设施建设的目标、要求、投资计划和鼓励政策。经过大约15年的发展，至20世纪80年代中期，在联邦政府的统筹规划和强有力的投资支持下，美国完成了城市污水处理系统的全面普及。

（一）公共设施项目的资金来源

美国各级政府用于公共设施建设的预算资金主要来自税收。美国经常性的税收主要有财产税、销售税（企业税或营业税）、所得税。财产税归地方政府支配，销售税（企业税或营业税）由州政府掌握，所得税交联邦政府，其中的一部分要返还给州政府。另外，还征收汽油消费税补贴公路的建设。近些年，由于预算的不足，已不能满足公共设施建设的需要，各级政府都设法开辟一些其他的资金来源。主要办法如下：

（1）在正常的税收之外，开辟专项建设的税费，原则是“谁受益，谁出钱”。如在波特兰市的某一社区要修一条人行道，政府没有足够的预算经费，要求社区内的居民出一部分建设费用，征求该社区居民的意见后，政府制定了收费的方案，经议会通过之后，就由政府出面组织收费和建设。

（2）发行专项建设债券（市政债券）。对于建成后可以收费的项目，如机场、收费公路、桥梁、隧道等，许多地方政府采取发行债券的办法筹资。如波特兰市机场扩建10亿美元的投资，50%是靠发行债券解决的，另外50%的资金是从机场降落、租赁场地、商店承包、设施使用及一些临时性的收费筹集的。为了鼓励公众购买基础设施建设的债券，政府往往规定对这些债券的收益不征所得税，使购买这类债券的实际收入高于购买其他债券的收入。在市政债券发行方面，美国最为典型。美国州及州以下政府依靠举市政债进行公用事业、市政建设等基本建设项目相当普遍。1998年，美国发行的市政债券占当年GDP的3.8%，为公共支出提供60%以上的资金。2002年，州及州以下地方政府债务余额达到1.69万亿美元，与其当年财政收入1.68万亿美元非常接近。为鼓励投资者购买市政债券，联邦政府对投资于市政债券的利息免税，这使州与市政债券利息成本往往低于私人举债成本。同时由保险公司为债券偿还提供信用支持。

（3）鼓励私人部门投资。近些年，一些原来完全由政府投资的基础设施项目开始鼓励私人部门参与投资。如波特兰市在与华盛顿州交界的哥伦比亚河上新建的5号码头，建设资金的10%是政府筹集的，其他90%资金是私人企业投入的。政府为了鼓励私人企业投资，提供了一些优惠的条件，如免交财产税，有权购置港口附近的土地，可以租赁使用港口，可以出售利率低的债券等。

（4）由政府提供信用。这是鼓励私人部门参与基础设施建设的一种新的方法。如在南加利福尼亚州有一条国道，由于过于拥挤需要扩建，建设费用要11亿美元，联邦和州政府都拿不出这么多钱，原来准备按“谁受益，谁出钱”的原则在当地居民中收取50%的费用，另外50%靠运营收费解决。但此方案遭到了当地居民的反对。后来决定政府负责35%的建设费用，其他65%由私人开发公司承包，并由开发公司发行政府提供担保的建设债券。如果公路运营之后的收益达不到预期的收益，联邦政府负责提供贷款，并予以资助，以保证运营成本和偿还债券本息。

（二）美国城市污水处理系统的投融资

1972年，美国的《清洁水法》规定了三个层次的水质规划：一是流域规划，主要是规定河流各段所要求的处理水平；二是城市地区的规划，主要是确定污水处理厂的数量和地点；三是给定污水系统的工程设施规划。其中，州政府在流域规划中起着领导作用，而通常由区域规划机构进行城市地区的规划。各州（如加利福尼亚州、宾夕法尼亚州和俄亥俄州）在州政府的领导下实施城市地区的规划，将它们的地区按流域或其他标准分为几大部分。在这之后，城市污水机构才开始实施给定污水系统的工程设施规划。

19世纪初期，美国纽约和费城开始利用私人资本建设城市污水处理项目。19世纪末期，多数水务公司为私人部门所拥有。出于利润考虑，私人部门并不适合投资城镇水务产业，它们没有动力让污水处理系统覆盖整个城区。20世纪70年代，美国法律规定：“地方投资建设污水处理厂的75%所需资金，可由联邦政府资助。”因此，美国城市污水处理厂的建设资金，一般通过申请贷款（包括商业贷款和政府低息贷款）和发行债券来筹集，并用污水处理收费来偿还。贷款的期限一般都在30年以上。为鼓励居民购买污水回用建设债券，联邦政府规定对居民购买污水回用建设债券所获得的收益，免征收入税。2013年3月，美国总统奥巴马再次强调基础设施建设对于吸引投资和振兴美国经济至关重要。按照美国旧金山联储发布的报告，基础设施领域的每一美元投资至少产生两美元的经济收益。预计到2020年，美国长期投资总额将达5.2万亿美元，其中银行贷款占长期投资外部资金来源的19%，其余81%来自金融市场。其中美国土木工程学会预测，到2020年美国基础设施维护费将达到3.6万亿美元。

1972年，美国联邦政府启动了“清洁水补助金工程”，向各州污水处理设施项目的建设提供专门的财政补助资金。各州政府也设立了类似的专项财政资金，如加州先后设立了“州周转基金贷款工程”和“水回用贷款工程”，配套支持城镇污水处理设施的建设。到1985年，联邦政府用于城镇污水处理设施建设项目的补助金拨款，累计达800多亿美元，城镇污水处理设施实现了全面普及。在此期间，美国城镇污水处理设施的建设资金，75%来自联邦政府的财政补助，12.5%来自州政府的拨款或低息贷款，12.5%由地方通过发行债券筹集。联邦政府、州政府和地方政府的投资比例为6:1:1。

但是从1979年开始，联邦政府拨付的资金比例大幅下降，单纯依靠财政资金已经不能满足城市污水处理行业的投资需求，随着技术进步与市场范围的巨大变化，城市污水处理行业中自然垄断领域不断收缩，而城市污水处理系统的运营成本也因私人部门的参与而大幅降低，很多地方政府开始重新考虑吸引私人部门到城市污水处理行业投资，并积极探索有利于激励企业追逐利润最大化且实现社会目标的管理手段。

（三）美国城市污水处理系统的运营管理

由于美国的多数污水处理厂由联邦政府资助修建，因此这些污水处理设施多是公有设施，只有大约20%的污水系统由私人拥有，虽然美国城市污水处理设施的投资主体以政府为主，但经营运作方式则是多元化的。有的污水处理厂由城镇水区直接管理，经营管理人员属于政府职员，实行企业化运作。有的城镇水区，则将污水处理设施的经营权委托给私人企业，在保留污水设施公有权的情况下，实行特许经营，以承包形式运行和维护污水系统。目前，美国部分地区已实行政府与民营企业联合管理。例如，美国亚特兰大市采取民营方式把城市供水系统交给法国水务公司苏伊士里昂管理，实现政府和企业的“双赢”。无论哪种经营运作方式，污水处理厂和污水回用厂的生产和服务，都必须符合联邦和地方法律法规的有关规定，接受有关部门的执法监督。[①]

美国、欧洲等国家主要致力于城市污水厂出水经深度处理后回用于工业、农业等，多发展城市集中式系统，而分散式建筑中水和小区中水则相对较少。其中，美国自1987年《清洁水法》实施后，集中式污水处理便成为主旋律，分散式污水处理源于19世纪中叶使用的现场污水处理系统（On - Site Wastewater Treatment Systems，OWTS），污水经分散式污水处理系统处理之后，一般就地利用，改善周围的水环境，或用于景观用水，再利用的途径较少。

（四）美国政府市政公用事业的补贴方式

美国政府对基础设施补贴有两种形式：一是财政拨款；二是由依法专门为基础设施设立的资金提供补贴，如0.5美分的销售税和1美分的汽油税。基础设施建设由政府予以资助，该项资金的来源由联邦法律明文规定：来自联邦政府的款项不能超过工程费用的80%，其余费用由州政府和地方政府负担。一般情况下，联邦政府资金占54%，管理机构从各种税费中自筹22%，州政府资金占13%，当地政府资金占11%。比如，在公交运营成本分摊中，40%来自票款收入，21%来自当地政府，16%来自非政府及税费，州和联邦政府分别占20%和3%。美国国会于1964年通过《城市公共交通法》，明文规定为公交

① 王旭艳：《我国水务投资主体多元化》，硕士学位论文，对外经济贸易大学，2003年。

系统固定资产提供资助。1974 年颁布的新条例规定，联邦政府按照人员数量及人口密度向 5 万及以上人口的城市提供资金，既可用于公交项目建设，也可用于弥补公交亏损。1974 年石油危机高潮中，洛杉矶市政府拿出每户 25 美分的经费补贴给公交企业，该市给公交补贴额在 1975 年曾达交通财政预算的 15%。1998 年 6 月通过的《交通公平法》使用于资助公交的拨款大幅度增加。公交企业接受联邦政府的补贴必须满足联邦政府的条件，如给予老年人和残疾者非高峰时的票价优待，一般为高峰车费的一半。1979 年 9 月后，公交购置运营车辆必须备有升降机，以便坐轮椅的残疾人乘车等。可见，美国政府的公交补贴政策不但体现了“公交优先”战略，也体现出民生优先的内涵。[①]

二 美国各级政府间在水务基础设施上的事权划分

所谓多级政府间的事权划分，就是指把各种公共权力及政府职责在一国的各级政府之间进行分配，从而确定不同类型公共权力政府职责的管辖主体。政府间事权的划分受政治、经济、历史、文化背景、人口结构、地理状况等各种因素的影响。政府间事权划分的前提首先在于明确政府职能范围，只有在政府职能范围明晰、合理的条件下，政府事权划分的科学性和合理性才能得到保证。美国是一个典型的联邦制国家，各级政府独立性很强。在定位政府职能时将效率与公平摆到同等重要的位置上，政府既强调对经济的干预，也重视对收入分配结果的调节，反映在财政上则表现为这些国家一方面通过大规模减税刺激经济增长，另一方面又通过大量福利性支出增加居民保障。

（一）地方政府是城市基础设施的主要投资者

州和地方政府对基础设施的投资额 1993—1994 年上升了 2.9%，达到 1430 亿美元，占政府部门对基础设施投资总额的 74%。1984—1994 年，地方政府对每种基础设施的投资额都在增加。不考虑日常性支出，对于资本支出而言，州和地方政府也占整个资本支出的 59%，

① 杨则海：《城市公共交通的二重性与补贴机制研究》，《城市公共交通》2000 年第 4 期。

绝对高于联邦政府的比例。以上数字均是指整个基础设施的投资，对于城市基础设施而言，联邦政府对此类基础设施的投资占其对所有基础设施投资总额的不到30%，故地方政府对城市基础设施的投资在政府部门中拥有绝对的主导地位。

美国地方政府的收入来源主要是三块：财产税、使用者收费和发行市政债券的收入。地方政府根据收入来源的不同性质分别用于资本性支出和日常性支出。

前已述及，基础设施的投资是联邦政府和地方政府的共同事权，图6－1显示了美国联邦政府、州政府历年基础设施投资额及两者的比例关系。总体来看，州政府是城市基础设施的主要投资者，联邦政府在城市基础设施的投资中虽然是相对次要的主体，但投资比例均维持在20%以上。

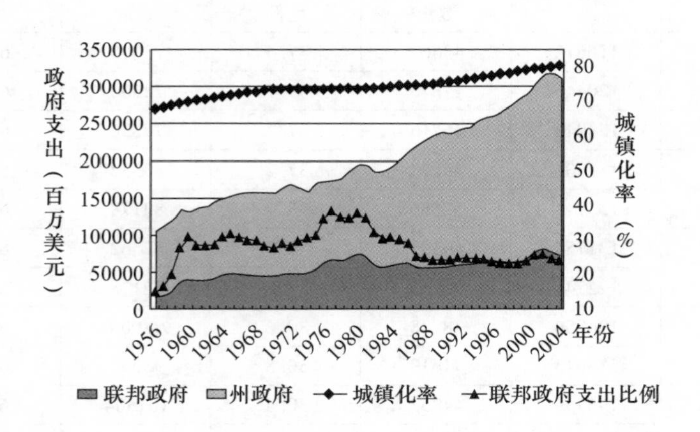

图6－1　美国联邦政府、州政府历年基础设施投资额及两者的比例关系（2006年价）

（二）不同阶段事权划分（侧重城市基础设施事权，并明确相应的制度安排及政策措施）

美国是一个典型的联邦制国家。其政府体系包括联邦政府、州和特区政府、地方政府（包括县、市、镇、学区和特殊劳务区）三个层级。1991年，联邦财政预算约占各级财政支出总额的55%；同年，地方政府占26%；州财政的地位最低，只占18%多一点。从财政支出的行政主体结构方面看，美国的联邦政府处于主导地位，其次为地方政府。但从基础设施的投入程度看，地方政府却是城市基础设施的主要投资者，联邦政府在城市基础设施的投资中反而处于相对次要的位置。

联邦政府对基础设施的投资主要是以拨款形式提供，并不直接参与对城市基础设施的建设。对1996年的基础设施存量的统计表明，88%的基础设施是由州政府或地方政府拥有，联邦政府只占12%。在城市基础设施层面，联邦政府所占的比例更小。表6－1是美国联邦政府和地方政府在基础设施投资上的比较情况。

表6－1　美国政府的基础设施公共支出情况 单位：百万美元、%

年份	总计	联邦政府		地方政府	
		数量	比例	数量	比例
1976	116672	43667	37.4	73005	62.6
1977	120446	47846	39.7	72600	60.3
1978	124043	46716	37.7	77326	62.3
1979	132606	49274	37.2	83332	62.8
1980	135714	52536	38.7	83178	61.3
1981	131754	49192	37.3	82562	62.7
1982	122741	40563	33.0	82178	67.0
1983	126856	38848	30.6	88009	69.4
1984	135013	41619	30.8	93394	69.2
1985	145759	44255	30.4	101504	69.6
1986	153662	45066	29.3	108595	70.7
1987	158324	40025	25.3	118299	74.7
1988	163736	40974	25.0	122762	75.0
1989	168899	40542	24.0	128358	76.0
1990	174852	41679	23.8	133173	76.2
1991	175304	42593	24.3	132711	75.7
1992	182383	45308	24.8	173075	75.2
1993	184518	45580	24.7	138938	75.3
1994	190535	47532	24.9	143003	75.1

资料来源：美国国会预算办公室，1997年。

由表6－2、图6－2、图6－3和图6－4可知，美国基础设施的投资是联邦政府和地方政府的共同事权，总体来看，地方政府是城市基础设施的主要投资者，联邦政府在城市基础设施的投资中是相对次要的主体。[①] 对于地方政府而言，最多的三项支出为城市供水、城市交通和污水处理。在城镇化率小于70%（1966年以前）的阶段，无论是联邦政府投资基础设施数额，还是地方政府，基础设施投资额占GDP比例均呈现出先提高后降低的倒"U"形函数关系。此后随着城镇化进程的加快，联邦政府、地方政府对基础设施的投资占GDP比例呈现出持续下降的趋势。由表6－3可知，联邦政府对客运铁路、电信、邮政设施等具有极强外部性的设施实行100%联邦政府投入形式，而对于饮用水和污水、能源、监狱、学校等外部性相对较弱的设施地方政府投资占较大比例。

表6－2　　美国联邦、州政府历年基础设施投资额和比例

单位：百万美元、%

年份	城镇化率	总额	联邦政府		地方政府	
			总额	比例	总额	比例
1956	—	105628	15998	15.15	89630	84.85
1957	—	113215	18718	16.53	94530	83.47
1958	—	120683	24032	19.91	96651	80.09
1959	—	133742	36972	27.65	96769	72.35
1960	70.00	131273	40100	30.55	91173	69.45
1961	70.37	136779	38531	28.17	98247	71.83
1962	70.75	138190	39047	28.26	99143	71.74
1963	71.13	146238	41600	28.45	104638	71.55
1964	71.50	149125	45746	30.68	103379	69.32
1965	71.88	153831	48767	31.70	105064	68.30
1966	72.22	156140	47603	30.49	108537	69.51
1967	72.57	157852	46653	29.55	111199	70.45

① 浙江财经大学课题组：《国外基础设施建设及投融资研究专题报告》，2015年3月。

续表

年份	城镇化率	总额	联邦政府		地方政府	
			总额	比例	总额	比例
1968	72.91	157794	46439	29.43	111355	70.57
1969	73.26	159029	44767	28.15	114262	71.85
1970	73.60	156969	43437	27.67	113532	72.33
1971	73.61	164791	47591	28.88	117200	71.12
1972	73.62	168620	47071	27.92	121549	72.08
1973	73.63	163206	48415	29.66	114791	70.34
1974	73.64	158743	48785	30.73	109958	69.27
1975	73.65	170699	52877	30.98	117822	69.02
1976	73.67	173644	62419	35.95	111225	64.05
1977	73.69	173609	66496	38.30	107113	61.70
1978	73.70	177147	64658	36.50	112489	63.50
1979	73.72	189598	68504	36.13	121094	63.87
1980	73.74	196318	74060	37.73	122258	62.28
1981	73.89	194547	70478	36.23	124070	63.77
1982	74.04	185053	59417	32.11	125636	67.89
1983	74.19	187699	56140	30.06	131559	69.94
1984	74.34	192071	58292	30.35	133779	69.65
1985	74.49	202740	60744	29.96	141996	70.04
1986	74.66	213993	61951	28.95	152042	71.05
1987	74.82	220775	55150	24.98	165624	75.02
1988	74.98	228880	56514	24.69	172366	75.31
1989	75.14	233906	55562	23.75	178344	76.25
1990	75.30	239220	56728	23.71	182491	76.29
1991	75.69	237175	57159	24.10	180016	75.90
1992	76.08	243268	60049	24.68	183219	75.32
1993	76.47	245042	59871	24.43	185171	75.57
1994	76.86	253712	62384	24.59	191328	75.41
1995	77.25	258517	62859	24.32	195658	75.68
1996	77.62	260850	61779	23.68	199071	76.32

续表

年份	城镇化率	总额	联邦政府		地方政府	
			总额	比例	总额	比例
1997	77.99	268005	62118	23.18	205887	76.82
1998	78.35	274113	62910	22.95	211203	77.05
1999	78.72	283936	65339	23.01	218597	76.99
2000	79.09	290518	68180	23.47	222338	76.53
2001	79.42	305811	77956	25.49	227855	74.51
2002	79.75	317570	81146	25.55	236424	74.45
2003	80.07	319110	77934	24.42	241176	75.58
2004	80.40	312217	73517	23.55	238700	76.45

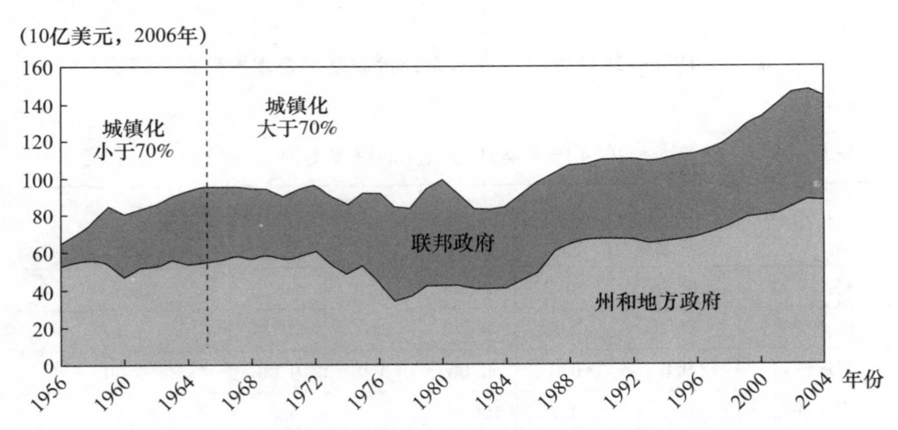

图6－2　1956—2004年交通和水基础设施投资变化情况

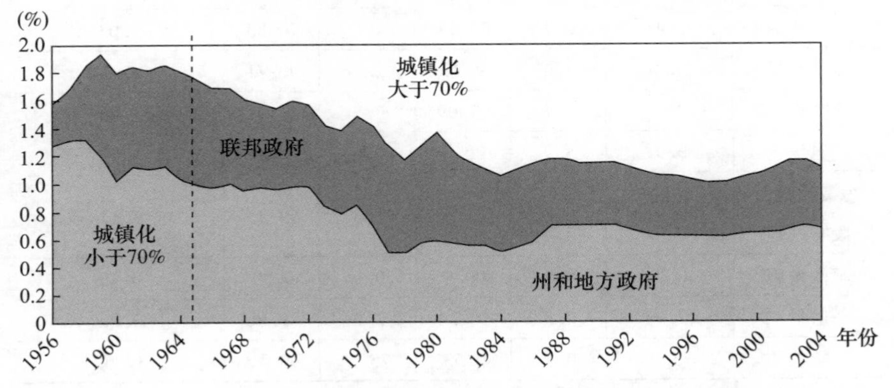

图6－3　1956—2004年交通和水基础设施投资占GDP比例情况

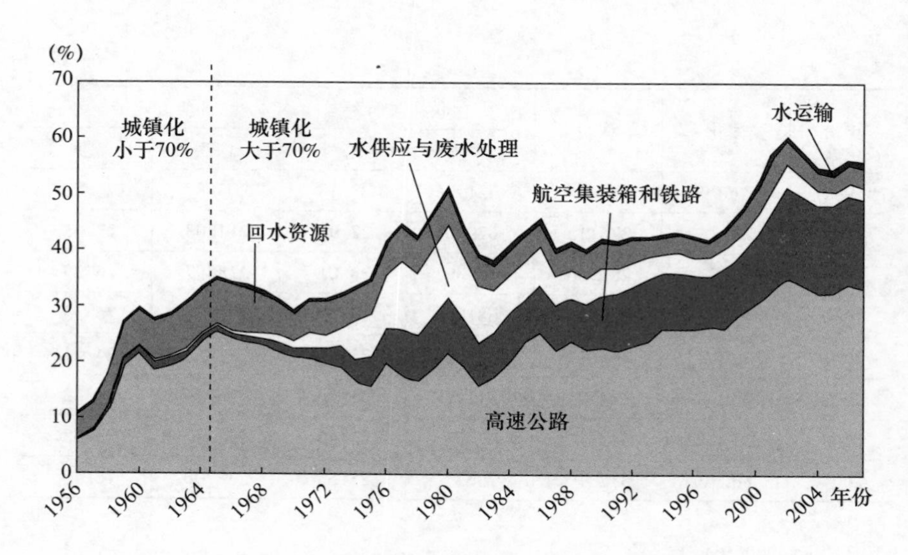

图 6-4　1956—2004 年交通和水基础设施联邦资本投资占比情况

表 6-3　　2004 年各类基础设施的资本支出　单位：十亿美元、%

行业	政府部门投资总额	联邦政府		地方政府		政府对行业支出占总投资比例
		总额	比例	总额	比例	
高速公路	66.7	30.2	45.28	36.5	54.72	28.65
公共交通	15.6	7.6	48.72	8.0	51.28	6.70
货运铁路	0.0	0.0	0.00	0.0	0.00	0.00
客运铁路	0.7	0.7	100.00	0.0	0.00	0.30
航空	12.4	5.6	45.16	6.8	54.84	5.33
水上运输	2.4	0.7	29.17	1.7	70.83	1.03
饮用水和污水	28.0	2.6	9.29	25.4	90.71	12.03
能源	9.4	1.7	18.09	7.7	81.91	4.04
电信	3.9	3.9	100.00	0.0	0.00	1.68
污染控制和废物处理	2.6	0.8	30.77	1.8	69.23	1.12
邮政设施	0.9	0.9	100.00	0.0	0.00	0.39
监狱	2.9	0.3	10.34	2.6	89.66	1.25
学校	75.9	0.4	0.53	75.5	99.47	32.60

续表

行业	政府部门投资总额	联邦政府		地方政府		政府对行业支出占总投资比例
		总额	比例	总额	比例	
水及其他自然资源	11.4	7.1	62.28	4.3	37.72	4.90
全设施	232.8	62.4	26.83	170.2	73.17	100.00

资料来源：Congressional Budget Office。

美国的全部税收收入，联邦政府一般占60%左右、州政府和地方政府占40%。联邦政府为实现各地服务的均等化，其拨款计划涵盖了所有的政府活动，其中最主要的部分是对教育、交通、污染治理以及地区发展的拨款，州及州以下政府对联邦政府拨款有着很强的依赖性。自20世纪以来，美国城市政府在发展中面临着许多自身难以应付的问题，如城市规划、环境保护、污染处理、失业和贫困等。“罗斯福新政”改革后，联邦政府为了减轻州政府的开支压力，开始通过州政府或直接对自治市实施大规模的资金援助，从而依靠这种援助对城市政府实施了一定程度的监督。

（三）事权法定，设置科学的管理机构

美国联邦宪法从一般事权、专有事权和共有事权等各个层面对联邦、州和地方政府间的事权范围进行了科学划分，其中明确“通信和交通”“城市发展”等基础设施属于中央和地方共有事权。美国各级政府的事权划分如表6-4所示。

表6-4　　美国各级政府的事权划分

事权范围	联邦政府	州政府	地方政府
社会保障	P	P	N
高速公路	P	P	S
外交	P	S	N
国防	P	S	N
教育	S	S	P

续表

事权范围	联邦政府	州政府	地方政府
卫生	S	S	P
通信和交通	S	S	S
城市发展	S	S	P
财产保护	S	S	P
自然资源开发	S	S	N

注：表中“P”表示主要事权，“S”表示次要事权，“N”表示没有或稍微小的事权。

与财政支出的职责划分相适应，美国各级政府的税收权限划分也较为明晰。其中，联邦政府主要分享个人所得税、公司所得税、遗产与赠与税、关税以及社会保险收入等；州和县市政府主要分享消费税、财产税、特种物品税以及附加征收的部分所得税。同时，各级政府债务规模由各级根据需要自行掌握，并由市场进行调节。由于政府间财权独立、事权和支出责任界定清晰，地方政府对自身可支配的资源以及应提供的公共产品和服务有相对稳定的预期，这就为地方政府结合实际科学合理地编制和执行预算，以及根据形势变化适时调整财政政策等创造了有利条件。

联邦与州政府在纵向分权上，两级政府的权力通过联邦宪法进行明确划分。联邦政府主要负责与各州共同利益休戚相关的具有整体利益的事务；各州则负责有关本州人民基本政治和民事权利的事务。

此外，美国联邦政府还出台相关政策解决基础设施的投资不足问题，如1984年美国国会对废水处理、水源，以及航空港的交通控制设施进行长期针对成本效益的规划，用以解决基础设施建设过程中资金不足问题。

三　允许地方政府举债是弥补地方基础设施建设资金不足的重要手段

比如，美国市政债券发行，就是为满足地方政府公共物品配置职能，并体现大规模公共投资的代际公平问题，美国法律允许州及州以下地方政府进行债务融资，即可以发行市政债券。美国州和地方公债制度运行至今已有相当长的时间，为州及州以下地方政府提供了大量资金。2002年，州及州以下地方政府债务余额与其当年财政收入的基本相当（约1∶1），占政府债务比重为21.4%。市政债券成为美国地方政府用于支持基础设施项目建设的一种重要融资工具。值得注意的是，尽管允许地方政府发债，但筹措的款项一般只能用于“资本工程”，如道路、学校、供排水等公共资本建设项目或大型设备采购。可以说，资本支出是美国州与地方政府举债的一个主要用途。美国大部分州及州以下地方政府都有处理大型资本支出的资本预算，联邦拨款、举债和地方税收收入是其三大资金来源，借款占资本预算的比例最大。以1989年为例，在州和地方资本支出中，联邦拨款约占25%，借贷资金约占55%，剩下部分为州与地方的当年收入。

第二节　英国水务行业政府补助政策

一　成熟的转移支付制度

英国具有比较完全、成熟的转移支付制度，转移支付数额在中央财政支出中占有相当大的比重，地方财政支出的2/3也主要靠财政转移支付安排。英国转移支付的主要目标是实现财政支出纵向横向平衡，同时对地方政府的收支实施统一管理，保证中央政府的集权。英国中央政府在考虑各地方支出需要或收入能力的基础上，通过转移支付使各地在基本的公共服务能力方面达到均等，但均等的范围仅限于“公共商品”，如教育、卫生服务、警察、消防、公路维修等经常性开支部分，也包括住房建设、医院建设和道路建设等资本性支出项目，但通常不包括直接援助工业的资本性支出项目。其目的是使英国不同地区的居民都享有同等的就业、就学、就医、交通服务、供水等方面的机会和服务水平，创造一个统一市场，使中央对地方的转移支付能够在不同地区、不同地方当局之间实现。①

英国是新公共管理制度的发源地。英国政府一直积极推进鼓励私人财力参与或主导公共投资计划，其核心安排是私人融资优先权（Private Finance Initiative，PFI）。1997 年工党政府执政后，又围绕着 PFI 创新发展出公私合伙制（Private and Public Partnership，PPP）操作方式，提出构建“合伙制的英国”政府工作目标，通过公私合作提高公共投资的专业管理水平，拓宽公共融资渠道，延伸私人投资领域，确保公共投资项目的按时实施和成功。

英国具有地方自治传统，都市郡、大都市等城市政府与中央的关系具有法定分权性质，其职能涉及公民“从摇篮到坟墓”的整个生活。但是，它们行为的背后却有中央政府的手在进行控制，40% 以上的收入来自中央政府的拨款；所有重大问题都由内阁决定，职权大小取决于中央政策并受中央各部监督。具体来说，都市郡及郡属区、大都市及自治市的自治，是在中央立法监控、行政监控、司法监控、财政监控下的有限自治：它们的设立或撤销、区划结构调整要由中央政府决定。

二 英国水务行业规模化历程及政府作用

英国（指英格兰和威尔士地区）基础设施（水务、电力、煤气、航空、交通等公用事业）产业规模化均经历了地方国有企业到中央国有企业，再到民营化改革的过程。在水务行业规模化过程中，英国政府颁布了《1973 年水法》，将公有水务系统投融资权利和控制权，由地方政府转移至中央政府，实现了真正的国有化。后又颁布了《1989 年水法》揭开了英国水务行业民营化序幕，实现了规模化运营，以及政府融资与提高效率的改革初衷。

20 世纪四五十年代，供排水服务高度地方化与分散化。水资源管理、洪水控制、供水服务以及污水收集、处理和排水服务基本处于分散状态，管理机构众多。例如在 1945 年，英国有 1000 个供水主体和

---

① 庞海军：《适应公共财政进一步完善转移支付制度——实现政府间财政转移支付制度规范化管理的国际经验与比较借鉴》，《中央财经大学学报》2000 年第 12 期。

1400 个污水处理主体，且大部分是地方政府所有（类似中国的地方性国有企业）。

20 世纪六七十年代，建立流域一体化管理模式，强化中央集权。1963 年，英国颁布《水资源法》，成立 27 个河流局（River Authorities），地方机构对供水主体进行整合，法定供水主体从 1956 年的 1030 个整合到 1973 年的 198 个，但没有完全改变供排水主体的构架和分散的状态。1973 年，政府修订《水法》，成立了以流域一体化管理与经营、产业链条纵向一体化为基础的 10 个区域性水务局（Regional Water Authorities，RWAs），直接承担供排水服务以及其辖区域内的所有与水资源相关的事务，并接受相关单位移交的全部资产。至此，公有水务系统投融资权利和控制权，由地方政府转移至中央政府，实现了所有权和管理权高度集中的中央集权。

20 世纪 70—90 年代，股份制改革，政府分离监管职能和经营职能。1989 年，重新修订《水法》，政府通过公开出售 10 个供排水公司的股份，剥离水务局的非营利性业务，分离监管职能和经营职能。英国的市政债券主要是由英国和北爱尔兰的地方当局为城市基础设施建设而发行的债券，同时有些地方性水利机构和房地产抵押机构也有发行。英国的市政债券以 1 年期和 5 年期以上的市政债券为主，它们有些是由发行者直接出售给贴现所及其他金融机构，有些则通过证券经纪商在证券交易所上市进行公开交易。在二级市场的交易中，已上市交易的和未上市交易的市政债券均可买卖，且其最低交易金额均为 1000 英镑。各贴现所通常是以交易主体的身份办理某种市政债券的买卖。英国地方当局发行市政债券的额度由英格兰银行统一负责控制，债券利息率则主要取决于举债当局的资信程度和知名度。

英国的市政债券发行在某些方面不同于其他国家，一般国家市政债券发行市场没有具体组织和具体集合场所，而伦敦证券交易所则在英国包括市政债券在内的新债券发行市场中担负着极为重要的任务，其经纪商不仅积极参加各种方式的新债券发行，还在新债券发行的管理上负有重要责任。

第三节　荷兰水务行业政府补贴及相关政策

一　荷兰水务行业的运营和监管

据统计，荷兰全国水务委员会平均每年运转所需费用达20亿荷兰盾（约合12亿美元），这些运营经费全部来自水务委员会征收的"水务委员会税"和"地表水污染费"。"水务委员会税"主要用于水量控制、水质管理和水道的建设等方面，主要向普通居民征收，这些居民是水务委员会管辖范围内土地或财产的所有者或使用者，且征收的费用多少与拥有土地或财产的数量成正比。谁拥有的土地面积越多，需要缴纳的费用就越多；谁的房子越贵，需要缴纳的费用也越多。此外，根据荷兰《地表水污染法案》的规定，任何排放污水的个人或单位都要按照"污染者付费"的原则缴纳"地表水污染费"，主要根据排放污水的水量和水质来缴费。①

在运营方面，荷兰是高福利的中小型发达国家，采取的是国有水务企业（PLC）上市融资、公有股份有限公司运营模式。通过上市融资的市场监管保证水务项目建设和经营的良好运行。这种模式利用相关法律的保护来避免政治干预，公有水务公司的总经理比公用事业单位或法人化的公用事业单位的同行享有更多实质性的自主权；公有水务公司的成本回收和运营方式明显优于完全公有事业单位；虽然坚持全成本回收，但并不以利益最大化为目的。

在运营监管方面，荷兰引进了完善的绩效平台进行比较竞争和成本监管，并通过市场对污水处理企业的财务进行监控，使污水处理的效率和服务质量均保持在较高水平。荷兰的实践证明，即便是公有企业，如果以真正的政企分开为基础，完全企业化运作，在有力的监管体系下，也能够达到所预期的效率目标。在社会资本运营环节，通过

① 浙江财经大学：《城市污水处理系统激励性监管和绩效管理实施方案》，水体污染控制与治理科技重大专项子课题研究报告，2012年。

标杆竞争，政府基于绩效付费，提高项目运营效率。荷兰则于1993年由自来水协会开始负责实施标杆管理，对供水企业进行绩效评估，并且每三年公布一次新的标杆作为行业典范基准，激励供水企业对标管理。2004年，荷兰修订饮用水法，强制规定供水企业必须参加水协组织的标杆管理绩效评价。

实施有偿使用原则，建立使用者付费制度。城市基础设施不但基建投资量大，而且维护运行费用高，如不解决有偿使用的收费问题，势必造成投资短缺，而且造成维护、运行资金的困难。到了20世纪70年代后期，随着供水和污水处理设施的普及和效率的提升，除一些重大水工程建设资金由中央政府财政支付、省政府分配外，其他水控制、供应和污水处理的管理运行及设备维护所需的全部费用完全通过向使用者征收的税费的方式来确保，并做到略有盈余。目前，荷兰政府对供水公司已不提供补贴支持投资和运营费用，供水公司主要通过用户收费、银行贷款和资本市场实现融资。①

二　荷兰基础设施建设中的各级政府事权划分

从表6－5可以看出，在城镇化发展过程中荷兰也并未将基础设施建设当成地方政府的事情，而是中央政府和地方政府的共同事权。

表6－5　　　　荷兰典型基础设施投融资情况

<table>
<tr><th rowspan="2">时间</th><th rowspan="2">城镇化率</th><th colspan="3">事权</th><th colspan="2">财权</th></tr>
<tr><th>中央政府</th><th>省政府</th><th>市政府</th><th>中央政府</th><th>地方政府</th></tr>
<tr><td>20世纪70年代前</td><td><60%</td><td>P</td><td>S</td><td>S</td><td rowspan="2">90%的财政收入（增值税、消费税、收入所得税等）</td><td rowspan="2">10%的财政收入（财产税、法庭费、垃圾费、排污费、中央补助等）以及基础设施一般性收费</td></tr>
<tr><td>20世纪70年代后</td><td>>60%</td><td>S</td><td>S</td><td>P</td></tr>
</table>

注：表中“P”表示主要，“S”表示次要，“N”表示没有或稍微小。

① 城市基础设施投融资体制改革课题组：《国外城市基础设施投融资比较研究报告》，建设部、中国人民大学，2001年。

比如，荷兰在20世纪70年代前，城镇化率处在60%以下，供水设施相对落后，设施建设任务重，中央政府设立专项资金对供水进行补贴，迅速提高了供水覆盖率，并保证了供水服务延伸到最偏远落后的地区。70年代后，事权的责任就逐渐下移，落实到地方政府（市级政府）上。

荷兰的低层次政府（如省、市、水利部门）主要关心的是对与特定污染有关的行为征收的生态税收，如地表水污染税、地下水税等。实际上，荷兰环境税收的主要部分还是由较低层次的政府征收的，并且这些税收的开征由特定的法律和法规明确规定，低层次政府无权自行开征税收。环境税法定主义原则在荷兰环境税制中得到了很好的贯彻。①

三 荷兰地表水污染税

荷兰属于温带海洋性气候，常年湿润多雨，是欧洲水资源比较丰富的国家，2010年人均水资源量为5426立方米，是中国的2.4倍。②尽管如此，荷兰政府仍非常重视对水资源的利用和保护，为了防止地表水域的污染，制定实行地表水污染税。1970年荷兰通过并颁布《地表水污染防治法》，该法规定地表水污染税是政府对排污者向地表水排放废污水（直接排污行为）或者向水净化工厂排放废污水（间接排污行为）的行为而课征的一种税。

荷兰地表水污染税实行定量征收，具体计税依据根据污水的排放数量和污染程度不同（排放物的耗氧量及重金属含量）共同确定。设定统一税率，又根据各个水资源保护区净化水处理成本的高低，在统一基础上又稍有差别，不同水资源保护区域可采用有差异的税率。同时规定，对于污染量低于5个单位污染当量的居民用户和小企业，实行定额征收。荷兰的地表水污染税由省级政府所属水资源委员会征收。水资源委员会在性质上属于社会团体而非政府机构，其委员会成员来自社会的各个阶层（包括中央政府代表、地方政府代表、企业代

① 计金标：《生态税收论》，中国税务出版社2000年版。

② 《中国环境统计年鉴》（2011）。

表、居民代表及其他人士代表等），因而具有非常广泛的代表性，代表着不同的利益集体，其主要任务是管理非国有的水资源和防治水污染。目前，荷兰大概有30个水资源管理委员会，负责本段流域的水资源的管理与保护。荷兰地表水污染税税款实行专款专用，主要用于水质的研究、管理；水污染防治治理等。

四　荷兰水务行业规模化历程及政府作用

1905—1950年，供水落后，政府开始介入供水行业。荷兰结束了所谓“市政府的时代”，恢复了省政府的财政自主权。国家牵头加上各省财政自主权，使在市级以上层面建立了有利于进一步普及农村供水服务所需的管理能力和专业技能。从1910年开始，荷兰政府第一次为供水行业划拨资金。1913年，中央政府设立永久性的顾问委员会和一个中央政府部门，提供建议并协助供水行业的发展，主要关注农村供水，特别是区域性供水系统的发展。

1950—1970年，城镇化水平为50%—60%，供水设施相对落后，设施建设任务重，中央政府设立专项基金对供水进行补贴，迅速提高了供水覆盖率，并保证了供水服务延伸到最偏远落后的地区。由于政府专项资金支持，供水量得以大幅增长，供水公司数量减少。第二次世界大战后，用水量翻了两番，中央政府通过专项资金对供水进行补贴，供水服务延伸到最落后的地区，实现了100%覆盖率。但随着城镇化和工业化进程的加速，水源污染加剧，水质恶化，水处理技术快速发展，为更好地控制水质、提高供水规模效应，1957年颁布《饮用水供水法案》，要求供水行业重组，合并为更具规模的单位。

1970—2005年，城镇化率为60%—80%，城镇化快速发展，政府主导重组，供水公司规模扩张、数量减少。1970年，荷兰经济结构调整，用水量激增，原水水源污染急剧恶化，为保障供水水质，政府认为供水企业应当具有专业能力、实验室和足够的规模。为遏制日益严重的水污染，国家颁布《地表水污染法》，国家设立一个特殊基金来补助为减少污水排放所进行的投资，根据污水处理工艺和水平补贴污水处理建设成本的60%—90%不等。市政府则主要负担下水道系统投资及维护的支出责任。因此，1975年，政府修订《饮用水供水法案》，要求省政府有义务在必要时制订和实施重组计划，为确保省政府落实重组。

第四节　日本城市污水处理系统政府补贴管理

一　日本政府的事权划分和补贴政策

发达国家在落实基本法确定的城市基础设施建设职责，在中央层面设立了强有力的基础设施建设主管部门进行履职。特别是第二次世界大战后的日本，为尽快恢复经济和加强国土开发及城市基础设施建设的管控，于1948年在中央政府设立了建设省，全面负责全国国土规划、地方规划及都市计划的相关业务。值得注意的是，日本建设省的都市局是城市规划和城市建设的主管部门，主要职能是协调全国层面和区域层面的土地资源配置和基础设施建设；都市局内设政策课、安全课、建设推进课、规划课、市街地整备课、公园绿地景观课等，全面规划、建设和管理全国的城市基础设施建设相关业务，其城市建设推进课还根据城市开发资金借贷法律的规定，负责资金借贷的相关工作。这种机构设置为日本战后用不到20年的时间完成城市化进程发挥了重要作用。①

日本在第二次世界大战之前，地方政府极少具有独立性或完全不独立，普遍认为是中央政府的行政分支组织。日本宪法中不存在地方自治权的基本认可，地方政府的合法地位仅以几项基本法令为依据。现行《地方自治法》采用大陆法体系国家通行的“概括授权”方式，对政府间事务进行原则性划分，并通过个别法进行具体界定。其中，消防、港湾、城市规划、公共卫生、住宅、都道府县道路、流通机构和旅游设施的建设等是由都道府县政府提供的。日本的城市基础设施

① 浙江财经大学：《城市污水处理系统激励性监管和绩效管理实施方案》，水体污染控制与治理科技重大专项子课题研究报告，2012年11月。

建设以政府财政投融资为主，具体由中央政府、地方政府和官方代理机构三级管理。其中，中央政府负责全国性的、公益性的基建项目；地方政府负责同本地区居民日常生活直接相关的公益性的基建项目；而官方代理机构负责地区内具有经济效益的基建项目。

目前，日本实行都、道、府、县和市町村两级地方组织体制，全国共有650个左右的市。市名义上是独立的地方自治体，但实际上必须服从中央政府和都、道、府、县知事的指挥和监督。其约60%的行政业务是上级的委任事务，约30%的财政支出需要中央政府的财政转移支付填补，在内部的行政机构上也被要求对口设置，市在日本实际上也是上级政府的下级“机关”。因此，日本的城市府际关系，其突出特征是在纵向关系上，市对上级政府具有较强的依赖性，处于被领导、被监督的地位。

日本的全部税收收入中，地方政府一般占30%—40%。但支出却占全国支出的60%—70%，财政支出的大部分依赖中央财政向地方的财政转移，主要包括地方交付税、国库支出金等，从而形成覆盖范围广泛的中央政府拨款制度，这种体制保证了大规模社会基础设施建设的财力所需，使国土开发等能在国家的统一指导下有计划、均衡地实施。

在地方债管理上，日本于1879年确立了“举债地方政府债务必须通过议会决定”的原则，开始建立地方政府债务制度。地方政府债券的发行由中央政府根据全国的财政投融资计划、经济状况和各地区的状态平衡决定。日本《地方自治法》第250条规定：“发行地方债以及变更发债、偿债方法、调整利率时，必须根据政令规定经自治大臣或都道府县知事批准。”因此，市町村发债必须经所属都道府县知事同意后报中央政府，最终批准权在中央政府。值得注意的是，尽管允许地方政府发债，但筹措的款项一般只能用于“资本工程”，如道路、学校、供排水等公共资本建设项目或大型设备采购。

二　日本政府水务行业补贴的相关政策

通过前面的分析可知，各国中央政府对城市的规划普遍保留否决或调审的权力，或者规定一些有重要影响的项目或设施规划由中央直接审查管理。2001年前，日本地方基础设施建设都由国家建设省制定规划，而且政府根据经济发展的不同时期，制定不同的投资重点，20世纪50年代初到60年代中期，日本政府动员国内外资金和技术，对以电力、交通运输、农业为代表的基础设施进行了8—15年的集中投资。日本政府将城市排水与污水处理作为公共责任，由政府直接投资建设，并以政府直接领导的事业单位来运营。在这种模式下，政府和运营单位之间是行业管理关系。政府的作用主要表现在三个方面：制定和实施水资源开发和环境保护的政策和总体规划；对水务事业单位和设施进行监管并负责其运营、维护和管理；为城市排水与污水处理提供财政支持。

根据日本《下水道法》规定，公共下水道管理者可向公共下水道使用者即排水户收取污水处理费或下水道使用费。收费标准应遵循以下原则：根据下水水量、水质以及使用者的使用情况确定费用；不能超过有效管理下的合理价格；要有明确的比率或定额；不得对特定使用者采取不当的差别对待。据测算，1999年日本城市居民所支付的污水处理费平均价格为121日元/立方米，而实际平均处理成本为206日元/立方米。排水与污水处理成本由折旧费、贷款利息、维修费、动力费、人工费等组成，污水处理费低于成本的部分由地方财政负担。对于因损坏公共下水道设施产生的合理维修费用，公共下水道管理者有权要求造成损坏的一方进行全部或部分赔偿。若因排水水质原因引发了健康公害赔偿，公共下水道管理者应缴纳特定赋税。同时，对将引发水质污浊的物质排放入公共下水道的排水户，公共下水道管理者有权让其负担缴纳该特定赋税所需的全部或部分费用。若排水设备排放的下水量超过了政令规定，从而迫使公共下水道改建，在合理范围内，公共下水道管理者有权要求排水设备设置者负担部分施工费用。

日本自20世纪60年代起，开始出现污水再生利用。80年代开始扩大推广。根据本国情况，在发展集中模式的同时也大力发展了建筑物中水和小区中水系统，回用作为大型建筑物杂用水，是国际上分散模式（主要以大型楼宇为主）应用相对较多和比较成熟的国家。

第五节　加拿大水务行业政府补贴及相关政策

一　加拿大基础设施政府投资责任和融资政策

从加拿大来看，中央政府允许地方政府为市政基础设施融资而采取长期贷款或发行债券的方式举债。加拿大中央政府对省级政府举债的控制很少，但省级政府对市级政府的借债进行严格的行政管理，一般要求地方政府实现经常性收支平衡，不能为弥补日常运营的赤字而借债，如果非借不可，也要确保短期融资在下一财年的预算中得到偿还。除个别大的城市的市政府可以直接通过资本市场融资外，其他的市政府都是通过省级政府某一专门负责地方融资的机构贷款。将市级政府贷款集中到省一级政府的主要优势有两个：一是由于市政府隶属于省政府，在市级政府无力还债时，省级政府有隐性的义务替市级政府偿还债务。所以省级政府会比较认真地审批和监督地方举债以确保它们发行的债务能顺利偿还。二是省级政府集中发债的方式降低了债券购买者的风险，使债券利率比单个地方政府发行债券时要低，这种方式对较小的市政府尤其有利。与此同时，由于规模经济的原因，这种方式也使发债的管理成本大大降低。省级政府还可以为市政府提供技术支持和咨询服务。

图 6－5 中，我们把加拿大三级政府的基础设施投资比例分别用不同的区域宽窄来表示。上面区域是市级政府，中间区域表示的是联邦政府，下面区域是省级政府。从几个区域的变动情况看，1955—2010 年，加拿大三级政府在基础设施投资方面出现的一个明显趋势就是联邦政府的投资比例逐渐减少而地方政府的投资比例不断增加。表明城市基础设施的建设责任已经由联邦政府转移到地方政府身上。[①]

---

① 浙江财经大学课题组：《国外基础设施建设及投融资研究专题报告》（加拿大报告，执笔人王岭），2015 年 3 月。

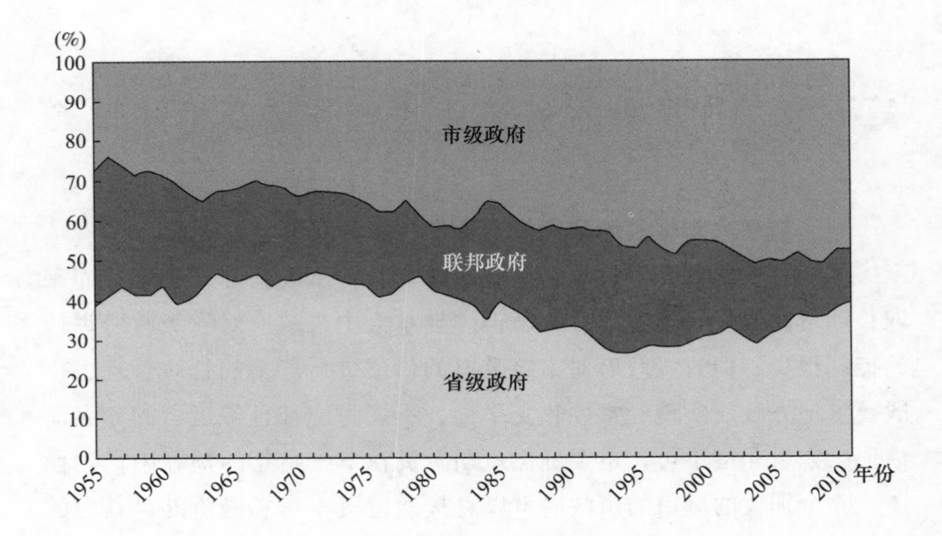

图 6－5　加拿大三级政府的基础设施投资比例

资料来源：Mackenzie，H.，Canada's Infrastructure Gap，Statistics Canada，2013。

二　中央设立基础设施专项基金，实施对地方政府基础设施建设上的支持和引导

加拿大设立了“加拿大基础设施建设”项目。作为一项 1993 年大选中承诺的“创造就业计划”的一部分，自由派政府引进了“加拿大基础设施建设”项目。依照此计划，联邦政府提供 20 亿加元以资助已获批准的项目，同时省级政府、市政府也提供等额的资金与之匹配，用于改善地方社区的物质基础设施的质量。1997 年，联邦提供了附加的 6 亿加元。2000 年 6 月，联邦政府设立了总价值为 2.5 亿加元的两个“绿色城市”基金，用于资助那些有助于改善市级基础设施的环境效率，提高其成本收益的项目。在 2001 年 12 月的预算中，又增加了 20 亿加元作为基础设施建设基金。2002 年 2 月 5 日联邦政府建立了“加拿大战略基础设施基金”，用于地方高速公路、铁路、地方交通系统、旅游和城区发展启动等主要项目。2003 年又增加了 30 亿加元的“战略基础设施基金”，原有的基础设施基金用于小规模的供水、下水处理、交通等项目。此外，加拿大省级政府通过补贴来减少市政府的贷款需求或帮助市政府偿还债务在加拿大也是普遍现象。

例如，省级政府使用政府间转移支付援建资本项目，引入利率补贴偿还市政府贷款或缓解贷款压力。联邦及省政府有时还会为特定项目（如环保、住房等）提供减息贷款。

第六节　其他国家的水务行业管理及补贴政策

一　德国水务行业的管理和补贴

德国政府十分重视项目的前期规划，对于城市基础设施建设，政府都要做出长期的规划，规划期可达十年。具体项目一般由行业协会提出，由政府（及议会）审批做出决策。重要的是，政府在审批过程中，要通过非常细致、严格的核算，确定项目的规模和投资额，同时确定项目总投资额中各级政府投资的比例。项目一旦批准，则建设时间、工期、投资不得更改。在制订计划时，明确中央与地方的权责范围是至关重要的。对于影响重大的项目，主要由中央政府投资，城市一般性的基础设施项目，中央政府投资也占很大比重，各级地方政府和企业承担相应的投资责任。

德国《基本法》明确了各级政府的主要职责。联邦政府基础设施的事权范围包括联邦铁路、邮电、公路、水运和航空交通等。其中，在公路方面，联邦政府只负责跨州的远程道路建设，各州的公路建设由州政府负责；在铁路方面，联邦政府负责远距离的铁路投资，近距离的铁路由州和地方政府负责。州政府负责道路和公用设施两个方面，其中州级财政参与较多的是公用设施建设方面。德国市政债券可以由地方政府、地方性公共机构发行。当地方政府作为市政债券发行人时，所融资金一般用于地区、市政基础设施的建设；当地方性公共机构作为市政债券发行人时，所融资金一般用于与该公共机构相关的市政基础设施建设和营运中。由地方政府和地方性公共机构发行的市政债券，一般以地方政府的税收收入担保这些债券的利息支出和本金偿还。但同时，市政债券的发行必须满足严格的保险规定，即未清偿市政债券额必须由公共债务贷款所保险。立法机构对于用作保险的抵押贷款的长期价值有很严格的规定，因而使市政债券成为同联邦政府公债一样安全的投资工具。在德国的债券交易市场上，市政债券得到了政府的大力支持。大多数州政府发行的市政债券都是免缴证券交易税的，这提高了市政债券的吸收力，使通过市政债券为城市基础设施建设融资更加便利。

德国是世界上最早征收水污染税的国家之一，于 1981 年开始征收。德国的废水污染税属于防治环境污染税的范畴，是对在其境内直接将废水排入地表或者地下水的污染者课征的一种税。德国废水污染税的纳税义务人是在德国境内直接向外界水体排放废水的排放者。同时州政府规定日排放量少于 8 立方米的家庭或者具有相同排污规模的排污者定为公共法人团体并负有纳税义务。征税范围包括居民家庭、工商业、农业或其他用途所产生的废水及在某些特殊情形下积聚的脏水等。废水污染税在全国实行统一税额，单位税额设定考虑到废水中污染物种类和浓度各不相同其对水体的污染程度不同，一般选择先设定根据不同的污染浓度对应污染单位不同折算率。纳税人应参照其污染程度找到适用换算率，将总的废水排放量折换成若干个污染单位后核算纳税。该税实行从量定额征收，以污染物排放的数量为计税依据，不包括经污水处理厂处理后排放的。

德国是联邦制国家，因而废水污染税属于地方税，由州政府征收，收入全额纳入州财政，用于改善本地区水资源质量，各州根据自己的实际情况，决定该税的具体使用方向。同时州政府有权决定具体何种情况下，排放废水享受何种减免税优惠。主要的减免税项目包括：废水排放者按规定进行污水处理设施投资的可酌情减税；废水排放前进行预处理并做到达标排放的，在纳税期限内可减按 75% 征收废水污染税。

二　巴西水污染税实践及经验

（一）巴西水资源费实践

巴西是全球重要的发展中国家，拥有丰富的水资源，占世界淡水的 12%，居世界首位。但是拥有如此丰富水资源的巴西，水资源分布却非常不均匀，其东北部干旱较为严重，常出现水资源紧张问题。同时部分流域内因工业发展和城市化建设等，出现了严重的水环境污染问题。为解决这一问题，巴西采取了一系列经济措施，其中一项就是开征水资源费。

早在1988年，巴西联邦法就对水资源管理做出了相应的制度规定、政策工具、技术研究等。1997年，巴西通过并颁布《水法》，该法明确规定了水资源实施管理的体制框架、管理原则及管理的政策工具。征收水资源费的用水类型与取水许可用水类型相同，即未授权取水许可证的用户不必缴纳水资源费。巴西水资源费采用从量定额征收，按照取水量、废水排水量、废水水质以及不同的取水流域采用不同的收费标准。水资源费的征收管理主要由州水资源秘书处负责，其主要职责是负责地方水资源事务的管理监督，并对违反规范的行为进行处罚。巴西《水法》还明确规定每个流域内征收的费用92.5%必须投入本流域水资源治理与保护，7.5%用于水资源工程与行动项目、研究课题及管理机构经费支出，真正做到了专款专用。

（二）巴西水资源费的经验

作为发展中国家，水资源总量丰富同时又分布不均匀，中国的现实情况和巴西有着很多相似的地方，因而我国可总结巴西水资源管理实践的经验教训，以便为我所用。

首先，相关法律法规必须完备。巴西《水法》制定了水资源管理的政策，并确立政策所需的体制和制度，但是巴西并没有关于水资源税费针对性的法律制度。

其次，注重中央与各流域间的权力协调，国家水利部门拥有统一决策和管理权力，同时将政策实施的权力分配到各个流域内，各流域内再结合本流域的特点，实施管理。

三　法国城市污水处理的价格监管[①]

法国水务产业投资管理模式较为成熟，从18世纪开始，私人部门就参与投资运营城市水务产业的探索。1782年，皮埃尔（Perrier）

---

① 浙江财经大学：《城市污水处理系统激励性监管和绩效管理实施方案》，水体污染控制与治理科技重大专项子课题研究报告，2012年11月。

兄弟公司获得了在巴黎市区供应自来水的特许权，期限为 15 年。20 世纪 70 年代，该融资模式被广泛应用于法国城市水务产业。多年来，法国分阶段形成一整套以特许权协议为基础的水务产业投资模式。在水价协商模式方面，法国强调的是共同协商，同时，法国水务产业在流域的基础上对水资源进行统一管理。这种管理方式以行政、法律的手段结合使用为主，辅以经济手段作为补充，通过上述方式平衡和协调水务产业利益各方之间的关系，通过水资源有效配置、制定流域详细规划、排污许可审批、水资源权属确定、水环境保护等来实现目标。私人部门、政府和用户三方相互平衡。政府与私人部门是通过公开招标的方式确定候选企业，并依靠第三方机构来科学评判，最终择优选择。作为经营者的私人部门要定期提供水务产品与服务详细的年度报告。

法国没有统一的全国水价，国家通过宏观政策调控水价，流域委员会制定水价政策，地方的具体水价由地方行政首脑根据本地区的情况而定。以巴黎市为例，巴黎水价的决策权在市长手里，市长有权召开听证会，由市政当局、供水单位和用户代表三方参加，通过民主协商的方式拟订水价方案，最后由市长综合各方面因素拍板决定水价。

法国的城市水价由计量费和固定费两部分构成，计量费指用户水表消耗的用水量，固定费是水服务费和水管联网费，一般每五年调整一次。水价的制定主要遵循两项原则：一是水的利润必须再用于水务发展；二是所有使用者和污染者必须付费。水价的形成主要由三部分决定：生产水的成本、处理水的成本和税收。前两项属于商业行为，运行管理费、维修费、设备的技术改造费等都作为水生产和水处理的成本。税费是国家行为，主要包括水资源费和污染费。国家水资源的开发、防污染计划等费用都由税款支出。2003 年年初，巴黎水费为 2.2432 欧元/立方米，其中饮用水费占 37.8%，排污费 10.2%，污水处理费 22.3%，税费 24.2%，增值税 5.5%。污染费按工业排水（污染种类和污染量）和生活排水的不同标准收取，征收的污染费主要用于污水处理工程。与 1993 年前相比，巴黎的水价上涨了 56%，其中制水成本、供水费、污水排放费和税费分别上涨了 36%、25%、74%

和78%。

（一）水务产业投融资管理体制

委托经营是法国水务资金投资与回收的一种重要方式，政府将隶属于国家的公用设施与设备等公共财产交由私营企业经营，私营企业只具有公共资产的使用权，特许期满以后，私营企业的所有设施和设备归国家所有。在法国，私营企业在建立城市供水管网的初始时期就已经开始参与规划与管理。具体而言，对于供水管理有以下三种形式：一是私营企业通过BOT和特许经营方式进行管理；二是政府委托私营企业进行管理经营承租经营；三是由地方政府下属的自来水公司管理。前两种供水管理形式均隶属于委托管理。

法国模式包含特许权建设经营、特许权经营以及代理经营。具体来看：（1）特许权建设经营：私人部门对项目的建设进行全部或部分投资，并负责项目的建设、经营，在合同期满时，将经营的项目交还给当地政府。（2）特许权经营：不同于特许权建设经营，特许权经营中私人部门只负责项目的经营与管理，并在项目运营过程中提供相应的运营资金，项目的所有者是地方政府而非私人部门。（3）代理经营：地方政府负责项目的建设、更新，费用的收取。私人部门负责项目经营管理，由地方政府支付酬劳，报酬是固定的，或者按某一比例从营业额中提成。在众多民间资本和私人部门投资水务产业的案例中，喜忧参半。引发的问题主要包含水价大幅上涨、污染情况加重等。但这并没有减少私人部门对水务产业的投资热情。法国的许多水务公司还计划将业务扩展到其他国家，威立雅和苏伊士两大水务集团已经对5大洲120个国家的水项目进行大规模的投资，既为所在国的水务产业做出成功模式探索，也成功赚取超额利润。

（二）水务产业投资的价格补偿体系

在法国，用水价格的确定以竞标水价为基础，综合考虑未来可能影响水价的药剂费、动力费、人工费等因素进行适当调整。法国供水价格的制定以成本和利润之和为计算依据，但是，最终额度由流域管理委员会和用水户共同协商确定。在法国，经济发展程度不同的各个地区之间，水质状况不同的各个流域，其居民所交纳的排污费有明显差异，一般而言，大城市排污费要明显高于中小城市。另外，各工业生产部门的工业生产总值或生产总量，同污染总量一起，作为计算并征收污染治理费用的依据。

（三）法国城市基础设施的政府事权划分

从法国城市基础设施的建设历史看，尽管不同阶段的表现形式和干预方式有差异，但中央和地方政府都承担了相应的责任，并且，中央和地方的事权划分上逐步规范和稳定，比如 1993 年颁布《城市合同法》，用合同形式，明确了中央和地方的权益等关系。从近代法国基础设施建设规划和政府事权划分看，随着城镇化率的逐步提升，政府事权也经历了从中央高度集权到逐步放权，最终是中央地方共担事权的过程（见表 6－6）。

表 6－6　近代法国城市基础设施规划建设与事权划分①

时期	城镇化率	规划调控	事权划分及中央资金引导
重建时期（1944—1954）	50%—55%	公共工程及现代化五年计划	中央（地方政府的投资方向和预算主要由国家严格控制）
工业化建设时期（1955—1966）	56%—68%	地区发展总规划、公共设施现代化计划、地区发展计划和公共设施网络计划	中央（建立中央公用事业公司，地方财政参与商业性公司投资）
国家计划性规划建设时期（1967—1981）	69%—73%	20 世纪 70 年代中期，大规模开发建设结束	中央（成立“城市规划基金”，专项用于旧街区改建工程）
中央权力下放，协调发展时期（1982 年至今）	73%—79%	1982 年制订了《城市基础设施和公共交通服务项目五年计划》	1982 年，《中央权力下放法》，下放权力；1993 年，颁布《城市合同法》，用合同形式，明确了中央和地方的权益等关系

① 浙江财经大学课题组：《国外基础设施建设及投融资研究专题报告》，2015 年 3 月。

第七节　发达国家政府补贴的基本经验与启示

总体来说，通过产业改革和不断完善政府监管，发达国家的城市水务行业的发展已取得一些成绩：（1）提高经济运行效率；（2）减少政府的财政支出、增加政府的财政收入（政府通过出售国有资产获得大量财政收入）；（3）增强了水务企业积极创新的活力，积极降低生产成本，提高劳动生产率，并积极开展多样化服务等经营活动，提高了产品和服务质量。综合英国、美国、法国、荷兰和日本等发达国家城市水力行业的监管政策，对加强和完善我国城市水务行业政府补贴和监管的经验与启示主要有以下几点。[①]

一　建立与事权相匹配的资金制度安排

国际实践表明，发达国家中央与地方政府事权划分遵循外部性、信息复杂性和激励相容三原则。中央政府对城市基础设施建设的事权主要体现在三个方面：（1）各国的基本法普遍把外部性较强、事关公共利益的基础设施确定为中央和地方共同事务；（2）中央政府为实现特定基础设施建设目标，承担地方基础设施建设投资的责任；（3）为引导地方政府落实国家宏观政策要求，中央政府承担地方政府因此增加的配套基础设施建设投资支出责任。

（一）中央政府对地方基础设施建设支出承担重要责任

分析表明，发达国家中央政府对城市基础设施建设承担重要的支出责任。尽管中央政府对城市基础设施建设投入随着城市化率的提高而逐步减少，但是，即使在城市化率达到较高水平（70%—80%）的阶段，中央政府在城市基础设施方面的投入仍占25%—45%（见图6-6）。1956—2004年，美国联邦政府在基础设施方面投资占

① 浙江财经大学：《城市污水处理系统激励性监管和绩效管理实施方案》，水体污染控制与治理科技重大专项子课题研究报告，2012年11月。

15.2%—38.3%。[①]

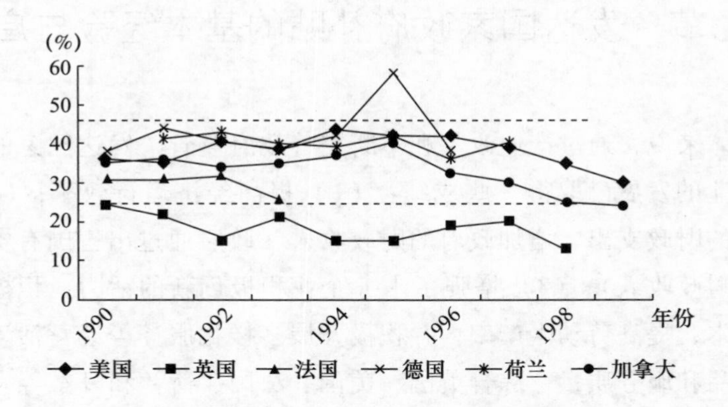

图 6－6 主要发达国家中央政府基础设施投入比例

注：本数据统计的基础设施包括燃料和能源、交通设施、城市废物处理、污水处理、污染治理、环保研发投入、住房开发、社区建设、自来水供应、街道照明。

资料来源：根据国际货币基金组织（IMF）数据库有关数据整理计算。

（二）有专项用于基础设施建设的转移支付

中央政府或上级政府对下级政府的转移支付构成了地方政府收入的重要来源。日本《地方财政法》虽然明确“地方事务，地方出资”的原则，但同时也规定中央必须对那些有共同利害关系的、符合国民经济发展综合计划的公共事业等地方性事务提供经费，财政支出大部分依赖中央财政向地方的财政转移，通过国库支出金（限定用途的特定拨款）的方式支持地方城市基础设施建设；日本 1996 年中央对地方的转移支付资金占同期地方收入的 40%。美国联邦政府依据实现均等化原则，对地方政府的转移支付拨款包括道路交通、污染治理以及地区发展等。1989 年，联邦政府拨款约占州和地方基础设施建设资本支出的 25%。

1. 中央政府设立专项基金补贴

各国通过建立专项基金等方式对基础设施项目进行补贴，调节区

① 城市基础设施投融资体制改革课题组：《国外城市基础设施融资比较研究报告》，建设部、中国人民大学，2001 年。

域平衡和引导地方资金投入，保障公共服务均等化。加拿大联邦政府于1993年提供20亿加元设立了“加拿大基础设施建设”项目，用于改善地方社区的物质基础设施的质量；2000年，设立了总价值为2.5亿加元的两个“绿色城市”基金，用于资助那些有助于改善市级基础设施的环境效率，提高其成本收益的项目。2002年，联邦政府建立了“加拿大战略基础设施基金”，用于小规模的供水、下水处理、交通等项目。荷兰在20世纪70年代前（城镇化水平低于60%），中央政府设立专项基金对供水设施建设进行补贴，迅速提高供水覆盖率，并保证了供水服务延伸到最偏远落后的地区。20世纪70年代后，水污染日益严重，荷兰又设立污水处理专项基金，根据工艺和水平补贴污水处理建设成本的60%—90%不等。近年来，英国出现了更多的利用专项拨款来代替收入援助拨款的转变，以促进地方政府支持中央政府重视的特定服务项目，包括城市公共设施、社会治安、环境保护等。2001/2002财年，英国专项拨款占中央对地方转移支付的15%。

2. 成立专门的政策性银行或非银行金融机构

日本、德国等均为基础设施建设成立了专门的政策性银行或非银行金融机构，提供期限更长、成本更低的贷款资金。日本开发银行由中央政府全资所有，其资金来源以低息吸纳邮政储蓄基金和养老金基金为主，并在国际债券市场上发行由中央政府担保的债券进行募资。1998年，日本开发银行用于基础设施开发的贷款占全部贷款的42%。德国抵押银行为中小市政提供无担保贷款，并为住宅建设等提供抵押贷款。大多数抵押银行由德国大的商业银行控股，并通过发行市政债券和抵押债券的方式进行融资。此外，日本还专门成立了财政投融资基金（Fiscal Investment and Loan Program，FILP）、住宅金融公库（对地方住宅和基础设施建设融资）、公营企业金融公库（对地方公营企业提供融资）和日本市政建设财政投融资公司等，为地方政府基础设施搭建融资平台。

3. 地方税收收入和举债是建设资金的重要保障

许多发达国家都规定了地方政府的主体税种，保证地方政府的预算支出，而财产税成为地方政府主体税种的首选，虽然征收的财产税种类有所不同，但主要都是对房屋建筑物和土地等主要不动产征收。英国、美国等发达国家的财产税是地方政府基础设施建设资金的主要来源，占地方政府税收收入的75%以上，且税源和税率基本由地方政府控制，如表6－7所示。此外，各国为支持基础设施建设还开设了专项税种，如日本特别开征了城市规划税、事业所税、公共设施利用税等目的税，专项用于城市规划和基础设施建设等，如表6－8所示。

表6－7　　发达国家财产税占地方税收收入的比重　　单位：%

国家	1975年	1985年	1994年
英国	100.0	100.0	100.0
美国	81.9	74.2	75.8
加拿大	88.3	84.8	85.3
荷兰	54.2	75.2	66.9
澳大利亚	100.0	99.6	99.6
爱尔兰	100.0	100.0	100.0
新西兰	89.1	93.0	90.2

资料来源：转引自谢群松《财政分权：中国财产税改革的前景》，《管理世界》2001年第4期。原始数据来源于《OECD成员国收入统计》（1965—1995）。

表6－8　　日本用于基础设施的主要税种

征收层级	税种
中央	汽油税、地方道路税、石油天然气税、汽车吨税、航空燃料税、电力开发促进税、特别吨税
都、道、府、县	轻油交易税、汽车购置税、水利及地益税
市、町、村	温泉入浴税、城市规划税、事业所税、公共设施利用税、宅地开发税、水利及地益税

此外，发达国家地方政府为市政建设举债是通行的做法，各国地方政府举债方式主要有三种：（1）发行地方政府债券；（2）向金融

机构借款，但一般都要求地方政府不得向其所属金融机构借款；（3）向中央政府借款。实际上，大多数国家地方政府同时采用两种或两种以上的举债方式。美国主要以发行州及州以下地方政府债券的方式举借。日本主要通过发行债券和借款两种形式。英国主要是向公共工程贷款委员会借款和商业银行借款，公共工程贷款委员会可以从英国国家贷款基金获得资金，因此向地方政府提供的贷款利率比商业银行优惠。德国州政府举债方式主要包括发行州债券和向银行借款，市政府举债方式则主要是向州立银行借款或市属储蓄银行借款。法国地方政府的负债几乎全部来源于银行，很少发行债券。从举债用途来看，除短期债务以外，地方政府举债只能用于基础性和公益性资本支出项目，不能用于弥补地方政府经常性预算缺口。

4. 中央政府对地方城市基础设施建设普遍给予引导和适当干预

分析表明，中央政府对地方城市基础设施建设的引导、干预和调节是普遍现象，规划、资金、产业政策、监督考核是中央政府引导和调控的重要手段。如中央政府基于基础设施建设外部性的理由，基于基础设施公共服务在不同地方政府之间均等化目的，基于为实现中央政府特定基础设施建设目标，甚至基于引导地方政府落实中央政策角度，均采取不同措施进行引导和调控。2001 年以前，日本地方基础设施建设都由国家建设省制定规划，所有的中央资金都通过自治省一个渠道下到地方，中央与地方名义上是对等的行政实体，实际上是上下级关系。如英国的专项拨款，凡是希望利用中央资金的，都要严格执行中央政府的相关规定。在日本，有全国性的基础设施建设计划，而且政府根据经济发展的不同时期，制定不同的投资重点。从德国来看，具体到德国慕尼黑市的地铁建设和维护，投资额中 50% 来自联邦政府，30% 来自巴伐利亚州政府，20% 由市政府筹集。地铁车辆的购置由地铁公司出资，但是，有联邦政府和州政府 50% 的补助，联邦政府通过资金引导推动城市公共交通建设。此外，美国联邦政府还出台相关政策解决基础设施的投资不足问题，如 1984 年美国国会对废水处理、水源，以及航空港的交通控制设施进行长期针对成本效益的规划，用以解决基础设施建设过程中资金不足问题。

（三）发达国家在城市基础设施建设的财权和支出责任方面，建立了与中央政府、地方政府事权相匹配的制度安排

1. 建立稳定的政府资金保障渠道（税收和政府间转移支付）

地方税收收入是其支出的主要资金保障。财产税是美国地方政府的主要税收来源，约占地方政府税收收入的71%。此外，中央政府或上级政府对下级政府的转移支付就成为地方政府的重要资金来源。如日本1996年中央对地方的转移支付资金占同期地方税收收入的40%，1994年加拿大省级政府获得的政府转移收入占其总收入的18.7%，地方政府获得的政府转移收入占其总收入的44.8%。在英国，地方政府从中央获取的补贴占地方预算的53%。

2. 完善市政基础设施费价调整机制

发达国家大部分经营性基础设施都是实行企业化，对使用者收取费用，逐步回收投资，偿还贷款和用于企业的发展。如荷兰，20世纪70年代后期，随着供水和污水处理设施的普及和效率的提升，除一些重大水利工程，建设资金由中央政府财政支付、省政府分配外，其他的水控制、供应和污水处理的管理运行及设备维护所需的全部费用完全通过向使用者征收的税费的方式来确保，并做到略有盈余。目前，荷兰政府对供水公司已不提供补贴支持投资和运营费用，供水公司主要通过用户收费、银行贷款和资本市场实现融资。

3. 中央政府设立专项基金（拨款）进行基础设施补贴

如荷兰，在1970年前，荷兰城镇化率处在60%以下，供水设施相对落后，设施建设任务重，中央政府设立专项基金对供水进行补贴，迅速提高了供水覆盖率，并保证了供水服务延伸到最偏远落后的地区。1970年后，荷兰城镇化进程加速，为遏制日益严重的水污染，国家颁布地表水污染法，国家设立一个特殊基金来补助为减少污水排放所进行的投资，根据污水处理工艺和水平补贴污水处理建设成本的60%—90%不等。市政府则主要负担下水道系统投资及维护的支出责任。如英国的专项拨款只能用于城市公共设施、社会治安、环境保护等中央政府指定的专门用途。2001/2002财年，专项拨款占中央对地方转移支付的比例约为15%。近年来，英国中央政府希望地方政府充

分支持中央政府所重视的特定服务项目，出现了更多的利用专项拨款来代替收入援助拨款的转变。

二　通过完善政策、专项规划和资金等方式，实现对地方政府城市基础设施建设的引导和调控，提高基础设施产业集中度

（一）中央政府通过基础设施专项规划调控实施对地方事权的共同管理

为实现维护公共利益、体现社会公平、保障弱者利益的宗旨，世界各国普遍成立了规划部门并由专门的法律和制度保证其权威性。通过确立城市的发展目标及发展类型，并据此确定土地、人口以及产业规划，对城市基础设施如环境设施、道路、水、电、垃圾处理等的需求做出预测和建设安排。如法国水务行业基础设施管理，20 世纪 90 年代，法国建立了国家—区域—地方—城市四级分权制度，在行政上进行协调管理。为了加强管理，明确中央政府层面颁布河流区域管理总规划，地方政府负责水资源的管理及保护。1992 年颁布的《1992 年水法》，强化了六大水域委员会和管理局各自统一管理规划的机制，在区域层面上体现了 10—15 年的规划及实施。2000 年以后，为达到 2015 年的水环境标准，明确规划六年修订一次，并对不同阶段的完成情况，投资及价格进行评估。

（二）中央通过资金引导实现对地方基础设施建设的干预和调控

如 2001 年以前，日本地方基础设施建设都由国家建设省制定规划，所有中央资金都通过自治省一个渠道下到地方，中央与地方名义上是对等的行政实体，实际上是上下级关系。如英国的专项拨款，凡是希望利用中央资金的，都要严格执行中央政府的相关规定。

（三）中央政府通过政策引导，强化基础设施产业适度规模化

从国际实践经验可以发现，当城市基础设施发展到一定水平之后，为了发挥规模效益，提高效率、降低成本，各国普遍有步骤、有计划地引导城市基础设施提高产业集中度。实践中往往是由中央政府制定法规或政策来推行的，这是中央与地方共同事权的重要体现。比如，英国（指英格兰和威尔士地区）基础设施（水务、电力、煤气、航空、交通等公用事业）产业规模化均经历了“地方国有企业—中央

国有企业民营化改革”的过程。在水务行业规模化过程中，英国政府颁布了《1973 年水法》，将公有水务系统投融资权利和控制权，由地方政府转移至中央政府，实现了真正的国有化；后又颁布了《1989 年水法》揭开了英国水务行业民营化序幕，实现了规模化运营，以及政府融资与提高效率的改革初衷。荷兰供水规模化也是以政府 1957 年颁布第一部《饮用水供水法案》要求供水行业内部重组和 1975 年修订《饮用水供水法案》为两个重要里程碑。荷兰供水公司的数量由 1938 年最高峰时的 231 家减少到 2005 年的 6 家。

三 建立多元化城市基础设施投融资模式

（一）区分不同类型城市基础设施的性质，分类确定投融资模式

发达国家根据基础设施是否具有经营性，分类确定投融资模式：一是对于非经营性基础设施，其公共物品属性决定必须由政府投资，资金来源以政府财政投入为主，通过征收固定的税和费保障财政收入来源。二是对于可经营性的基础设施，具有私人物品的属性，可以通过使用者付费的方式为设施运营带来收益。因此可灵活采用信托、股权融资、项目融资等方式。但在价格制定上，政府应兼顾投资方利益和公众的可承受能力，尽可能做到社会公众、投资方和政府三方都满意。三是对于准经营性基础设施，可以通过资产证券化、发行市政债券、成立开发银行、基金等专业融资机构的方式，也可以同时考虑与项目融资的综合运用。

（二）加快吸引社会资本，提高社会资本进入效率

第一，通过拓宽政府融资渠道，吸引社会闲散资金集中投入非经营性基础设施领域。政府从经营性、准经营性基础设施建设领域逐步退出，重点投向非经营性城市基础设施领域，通过发行债券、建立政策性银行、专项基金、资产证券化等方式，吸收社会的储蓄金、养老金、保险金等，在保证政府投资责任的同时吸引社会闲散资金。

第二，开发金融创新产品，拓宽企业直接融资和间接融资渠道。不仅鼓励经营性基础设施通过 BOT、TOT、ROT 等 PPP 方式进行项目融资，积极发挥社会资本或项目公司的融资主体作用，政府通过完善价格机制和承担财政支付义务，保障社会资本的投资收益。而且，优

先支持基础设施企业发行公司债、优先股以及上市通过股权融资等。引入市场机制，通过竞争提高社会资本进入效率。对于具有自然垄断特征的基础设施，打破区域行政垄断，建立开放市场。在社会资本进入环节，通过公开竞争，政府择优选择授予特许经营权。在社会资本运营环节，通过标杆竞争，政府基于绩效付费，提高项目运营效率。

（三）以立法为先导，政府加强引导和规范

第一，在法律法规的制度框架下，政府主导改革。发达国家往往通过制定或修订法律法规指导基础设施投融资改革，以法的形式为改革提供依据，明确政府的责任和实施程序。如英国政府在20世纪80年代，先后在电信、煤气、自来水和电力等行业颁布或修订了相应的法规，明确允许通过向社会公开出售股票的方式让渡部分国有股权，使政府逐步退出在这些领域的直接经营和干预。

第二，法律法规根据实际需要及时做出调整和完善。发达国家的法规体系并不是一蹴而就的，也是逐步形成和完善的。基础设施投融资涉及行业管理、财政、金融等多个领域，由于形势发生变化，法规及其条款也需要及时修订和新增。如荷兰在1957年和2004年先后修订《饮用水供应法》，其中1957年修订法案鼓励规范城镇供水行业重组，2004年修订法案明确城镇供水的特许经营权仅授予国有供水公司，以法律的形式明确禁止供水行业的私有化。

四　制定专门的税收优惠政策

以美国为代表的西方发达国家把税收优惠作为政府推动产业发展的基本手段。其优点：一是在于该手段影响面最广，可以促进所有企业进行投资和创新；二是在于不破坏企业之间的公平竞争环境；三是在于把政府行为限定在为企业技术创新创造环境的范围内而不直接干预企业的技术创新，即政府通过税收优惠诱导企业自愿地进行经营活动而不是被迫进行生产和投资，企业作为经营主体的地位不会受到影响。[①]

① 邢静：《政府补贴激励企业技术创新机制设计研究》，硕士学位论文，河北工业大学，2002年。

税收优惠的主要内容：一是允许企业从其应税收入中扣除当年发生的技术创新费用；二是允许企业从其公司上交的收入税中扣除基于一定基础的R&D费用；三是允许企业对用于生产经营的机器、设备和建筑的投资进行加速折旧。

在一些国家，还为企业制定了专门的税收优惠政策。税收优惠政策具体体现在以下几个方面：

第一，直接税收优惠政策。如英国从2000年财政年度起实施欧盟国家中最优惠的公司税，规定年利润低于30万英镑的公司税率为20%，年利润高于30万英镑的公司税率为20%—30%。美国佛罗里达州规定高新技术园出售的产品免缴产品税。韩国对企业用于新技术产品开发且国内不能生产，必须要进口的实验研究物品免征特别消费税，对法人为设立研究所购置的土地和建筑物，在4年内由企业研究所使用的免征地方税。

第二，加速折旧政策。即在固定资产使用年限的初期提取较多的折旧，以后逐年减少，税负相对于后期较轻。尽管总税负不变，但相对于“直线法”折旧，企业享有递延纳税的好处，相当于给予企业一笔无息贷款。美国对研究开发所使用的仪器设备实行加速折旧，折旧年限仅为3年，是所有设备中最短的。德国对企业用于科研的设备，允许在正常折旧之外，再提取40%的折旧额。

第三，准备金制度。这是税收支出的一种形式，其中韩国的“技术开发准备金”较有影响。它规定企业为解决技术开发和创新的资金需要，可按收入总额的3%（技术密集型产业为4%，生产资料产业为5%）提取技术开发准备金，在投资发生前作为损耗计算。这种做法适用的行业很广，并且该制度对资金使用范围和未用资金的处理有一定限制：准备金必须在提留之日起3年内使用，主要用于技术开发、引进技术的消化改造、技术信息及技术培训和研究设施等。

第四，对风险投资实施税收优惠。法国1985年颁布的法案中规定，风险投资公司从持有准上市公司股票中获得的收益和资本的净收益可以免缴所得税，免征数额最高可达收益的33%。

第七章　激励性政府补贴涉及的基本原则

随着我国城市化进程的加快和相关产业技术的不断进步，城市水务行业进入了一个快速成长阶段。但是，应该清醒地认识到，行业投资和运行成本过高，以及社会环境意识淡薄导致的资源浪费和相关产品消费意愿不足的状况在一定时期内还将持续并存，实现环境改善和社会经济协调发展仍然存在制度、政策方面的诸多障碍，这些客观现实决定了完善我国污水处理政府补贴激励政策的设计必须遵循一些重要的原则。

第一节　效率和公平兼顾原则

城市污水处理的政府补贴机制包括补给谁、补多少和怎么补三个方面的核心内容。补贴对象既包括对城市污水处理企业的补贴，也包括对低收入等弱势群体的补贴。补贴额度的设计要把握好力度。既要考虑成本差异，使补贴力度能够撬动市场；又要考虑规模效应，提高资金使用效益。补贴设计的门槛过高，补贴比率过低，则起不到应有的激励作用，使补贴政策流于形式；设计的门槛过低，补贴比率过高，则加重了政府的财政负担，也加大了企业对政府补贴的依赖度，不利于企业自身潜力的挖掘和提高。考虑到地区间经济发达和环境污染程度的差异，补贴额度的设计要把握好力度。补贴政策的设计应该顾及实施成本，如果一项政策实施运行的成本太高，甚至超过政策实施带来的效果，那么无论这项政策在理论上多么正确和重要，都是得不偿失的。因此，补贴政策的设计应尽量简化程序，包括资金的审批、拨付等手续应尽量方便快捷和及时，减少不必要的中间环节；同时尽可能减少代理层级，降低信息传递过程中的信息延迟和失真。

对于城市污水处理收费不足以弥补企业运营成本的部分，财政资金应对企业进行及时足额补贴，保证企业的正常运行，但同时也要加强成本公开和成本监审。为兼顾社会公平，对低收入等弱势群体，政府应给予适当的收费减免政策，保障其基本生活。在补贴方式上，积极推广“以奖代补”政策，由事前补助转向事后奖励，由基于项目的补贴转向基于绩效的补贴，由单一的补贴建设转向综合建设运营效果的补贴。

第二节 稳定性原则

补贴政策的设计应维持一定时期的稳固性。在政府与企业之间，由于信息不对称问题会引起各自的策略性行为，并导致在双方的互动中进一步转化为两者合作中的可信承诺问题。当企业选择合作时，政府如何取信于企业就是补贴激励政策设计并实施的关键性问题，一旦企业认为政府的补贴激励政策可信并且可以在一段时期内维持稳定，企业选择最优的生产规模不仅可以实现企业利润最大化，而且也能够实现政府的“利润”最大化。所以，政府对企业的政府补贴激励政策，不宜朝令夕改，政府不能够依靠各种短期的操作技巧来处理与企业的关系。相反，政府为了取信于企业，应该努力使补贴激励政策具有稳健的可信度和稳健的效力，在此基础上使企业真正认识到，努力生产才是企业真正的利益所在。

第三节 事后奖励与事前补贴相兼顾原则

为明确责任，促进地方加快推进节能减排工作，中央财政对专项资金分配大多采取以奖代补方式，实行专项转移支付。将补贴的方式由事前补助转向事后奖励，由基于项目的补贴转向基于绩效的补贴，由单一的补贴建设转向综合建设运营效果的补贴。对中央专项资金按因素法，采取以奖代补方式进行分配。本着鼓励快建、多建并早日投入使用的原则，多完成多奖励，少完成少奖励，建成一批，奖励一批；奖励一批、销号一批；不建不奖；多建多奖。中央财政要根据各地上一年度实际新增管网建设长度、新增污水处理量及主要污染物减排任务完成情况等计算奖励资金。奖励资金分配后，年度中央财政以奖代补专项资金若有余额，再按规划按因素法计算分配补助资金。

以奖代补的确有利于督促各级政府加大对污水处理系统的支持力度，鼓励各地快建、多建污水处理工程并早日投入使用，从这个意义上说，上级政府对下级政府从事污水处理项目的补贴政策应当以事后的奖励为主。但必须看到，任何原则都不是僵化不变的，如对于资金缺口较大、地方财政困难的经济不发达地区，为了有利于建设工程的推进，政府的财政安排可以考虑采取事前补贴的形式，这有利于地方政府短期内缓解资金困难，尽快推动工程建设力度。比如可以参考现行的对“集中支持地区县及重点镇污水管网建设”的事先财政补贴政策，对“整体推进”战略的中部和西部地区，不要完全使用事后奖励的补贴办法，对其的设施建设也可以分别按照其投资额的一定比例给予事前补贴。

第四节　激励性监管原则

综合运用价格杠杆和市场准入，加强行政监管和合同监督，建立质量和环保考核的长效机制。将污水处理出水水质与污水处理费相挂钩，在质量监督检查的基础上，对质量不达标的自来水厂和污水处理厂扣减自来水费补贴或污水处理费，特别是一些关键性的控制指标，如污水处理厂排放的化学需氧量，氮、磷的浓度，每超标排放一个百分点，应予以扣减一定比例的污水处理费，如果污水处理厂超额削减污染物，则应予以奖励。同时，将考核结果作为城市污水处理企业资质管理和市场准入的一项重要内容，对于考核不合格的企业，将其运营资质予以降级甚至吊销，不允许其进入城市的供水或污水处理行业，对于考核优秀的企业，则可将其资质提高，并在同等条件下，优先准予进入城市供水或污水处理行业。在行政监管上，应加强执法力度，依据相关的法律法规和政策文件，对城市供水和污水处理企业的质量违法行为进行查处和行政处罚；在合同监督上，对签订了特许经营协议、委托协议等各类服务合同的城市供水和污水处理企业，依据合同约定的条款，对质量不达标的企业追究违约责任，严重的要取消其运营资格，终止合同，并由政府接管。通过这些激励性监管政策，刺激企业主动地提高效率和服务质量水平，进而形成质量和环保考核的长效机制。目前有许多发达国家和地区把绩效评价体系纳入了基础设施行业的日常管理中，并通过法令强制实行，例如荷兰和英国等。英国从 20 世纪 80 年代末开始，先后成立了“水务办公室”（OFWAT）、“燃气办公室”（OFGAS）等监管机构，对污水处理、垃圾处理、燃气等实行最高上限的价格管制，将企业利润与生产效率挂钩，激励企业努力提高效率，降低成本以取得较多的利润。

第五节 差异性原则

水务行业的投资与经营环境具有动态性，构成投资经营环境的各个因素处于不断的发展变化之中。因此，政府补贴政策的处理应当是较为灵活的，补贴对象既可以是生产者，也可以是下游的或终端的消费者。补贴政策设计时应充分考虑市场相关方的利益，降低政策实施成本，提高资金支付效率，提高企业进入该行业的积极性。具体到一项政策，究竟是补贴给生产者还是给消费者，还需要具体分析。

另外，考虑到地区间的差异，要注意差别政策的使用。一个国家城市的发展具有不同的发展水平，因此，全国范围内的城市不能使用同样的环境政策，在中国东部发达城市制定收费体系时，可根据成本效益原则制定略高的价格，而在西部地区，消费者就不一定能负担起相同的费用，为此，需要国家的财政转移支付进行特别的补贴。因此，在制定政策时，必须慎重选择不同的市场化模式以及制定收费政策时的地域差别。

第六节　奖惩结合原则

以上所介绍激励政策的设计都是正向的，即鼓励性的政策设计。但是鼓励性的政策往往具有滞后性，先有政策执行，然后才有执行结果。考虑到补贴对于相关行为主体是一种没有惩罚性的既得利益，因其积极参与节能减排而得到补贴是额外收益，但如果不积极参与节能减排也不会有所损失，那么政策往往达不到预期效果。一项理想的政策应该兼具奖惩功能，如果政府全靠正向措施来推动节能减排的开展，则国家投入太大。而反向措施，由于具有惩罚性功能，往往可以收到事半功倍的效果。考虑到负向激励对污水处理的开展具有重要的威慑意义，为此，应建立一套有效的制衡机制：当企业接受了政府补贴激励后，若未实现其承诺的目标，政府应对其采取具有惩罚性的措施，从而实现奖惩结合。

第七节　中央和地方共同事务原则

城市基础设施建设是中央政府和地方政府的共同事务，管理普遍是地方事务。在城市化率达70%前，中央政府对地方城市基础设施建设的直接投资和干预调节是普遍现象。

第一，中央政府、地方政府在城市基础设施建设事权和支出责任方面有明确的划分，但都对于具有外部性强、信息复杂的基础设施建设和公共服务，确定为中央政府负有责任的范畴。如美国《宪法》确立了各级政府的职责和支出责任，联邦、州和地方各级政府的财权与事权明晰，有法可依，划分稳定。州政府和地方政府长期以来一直负责提供最基本的公共产品及服务，包括道路交通、公共工程、公共福利等，但联邦政府有对能源、环境、住宅、道路交通等项目的补贴责任。日本虽然明确“地方事务、地方出资”的原则，但同时又规定了中央必须对那些有共同利害关系的、符合国民经济发展综合计划的公共事业等地方事务提供经费，可以发现，日本地方政府自治范围内的大部分事务，名义上属于地方事务，实际上是一种中央地方“共同事务”。

第二，发达国家中央政府对城市基础设施建设，普遍存在直接投资和干预调节的现象。分析表明，发达国家中央政府对城市基础设施建设投入随着城市化率的提高而逐步减少，但即使在城市化率达到较高水平（70%—80%）的阶段，中央政府在城市基础设施方面的投入比例仍达到25%—30%水平。如美国1960年（城市化率70%），联邦政府在基础设施方面投入的比例占30.6%。日本中央政府通过提供经费，可以进行各种形式的干预，并引导、纠正、调控地方政府的支出活动，实现中央政府的政策目标。

第三，发达国家中央政府的转移支付是引导地方城市基础设施建设的重要手段。如日本的全部税收收入中，地方政府占30%—40%。但支出却占全国支出的60%—70%，财政支出的大部分依赖中央财政向地方的财政转移，主要包括地方交付税、国库支出金等，从而形成覆盖范围广泛的中央政府拨款制度，这种体制保证了大规模社会基础设施建设的财力所需，使国土开发等能在国家的统一指导下有计划、均衡地实施。美国的全部税收收入，联邦政府占58%、州政府占26%、地方政府占16%。[①] 联邦政府为实现各地服务的均等化，其拨款计划涵盖了所有的政府活动，其中最主要的部分是对教育、交通、污染治理以及地区发展的拨款，州及州以下政府对联邦政府拨款有着很强的依赖性。

---

① 李萍主编：《地方政府债务管理——国际比较与借鉴》，中国财政经济出版社2009年版。

第八节　政府直接投资的匹配度原则

城市基础设施是城市公用事业的重要组成部分，担负着为公众提供公共产品和公共服务的特殊事业，政府对此有着天然的、不可替换代的责任和义务。投资主体和责任的划分应按照指导城市基础设施建设的项目区分理论来进行，该理论的基础核心是严格区分经营性项目和非经营性项目，根据项目属性，确立投资主体、资金渠道、运作方式和管理模式。

按照项目区分理论，经营性领域投资主体应该是全社会投资者，由于经营性基础设施项目在建成后有稳定的现金流入，可以采取项目融资的方式筹集建设资金。PPP是优化的项目融资方式，主要根据项目的预期收益、资产以及政府扶持的力度而不是项目投资人或发起人的资信来安排融资，可以使更多的民营资本参与到项目中，提高项目效率，降低项目风险。经营性项目可以由国营企业、民营企业、外资企业等多种投资主体，通过公开、公平、竞争的招投标来投资建设，其融资、建设、管理及运营均由投资方自行决策，权益归投资者所有。

对准经营性领域，政府可提供适当补贴和政策优惠按照经营性项目模式运作。在符合城市发展规划和产业政策的前提下，主要是吸纳社会各方投资。政府要通过特许经营、投资补助、政府购买服务等多种形式，吸引包括民间资本在内的社会资金，参与投资、建设和运营“准经营性城市基础设施项目”，在市场准入和扶持政策方面对各类投资主体同等对待，通过建立投资、补贴与价格的协同机制，为投资者获得合理回报积极创造条件。

对非经营性领域，由于其无收费机制，无现金流入，项目投资是为获取社会效益，属于市场失效而政府有效的部分，市场调节难以对此起作用，这类项目的投资只能由代表公共利益的政府财政承担。按政府投资的运作模式进行，资金来源应以政府财政投入为主，并以固定的税种或费种作为保障，其权益归政府所有。政府进行非经营性项目投资的主要方式有两类：一类为政府财政直接投资，另一类为以政府财政信用为担保进行负债融资。

按照上述的项目或者领域分类，我们据此划分了它们的产品属性、投资规模、投资效益，并相应确定了对应的投资主体，如表7-1所示。

表7-1　　基础设施项目分类

类别	项目属性	投资规模	投资效益	公共项目实例	投资主体	权益归属
经营性项目	纯经营性项目	相对较小	经济效益显著（追求利润最大化）	收费公路、桥梁、隧道等	全社会投资者	"谁投资，谁受益"
	准经营性项目	较大	社会效益与经济效益并存	城市供电网、生活水管道、污水管道、污水处理厂、危废处理中心、地铁、轻轨等	政府适当补贴，吸引社会投资	"谁投资，谁受益"，政府一般不考虑回报
非经营性项目		庞大	社会效益显著、直接经济效益不明显	雨水管道、长距离输气管、敞开式城市道路、公共广场、绿化等	政府财政拨款	政府

第八章　激励性政府补贴的基本财税制度安排

第一节　政府间事权与支出责任划分

一　国外发达国家政府的事权划分

构建政府间财政关系的首要问题是明确政府和市场的关系，合理界定政府与市场的边界。在正确界定政府的行为边界之后，需要对政府职能进行划分，尤其在存在多级政府的情况下，需要明确哪些职能应该由哪一级政府完成。政府间事权的划分需要遵循外部性、信息复杂性和激励相容三原则。

国外发达国家中央政府、地方政府在城市基础设施建设事权和支出责任方面尽管有明确的划分，然而，即使到了城镇化率相对较高的发展阶段，也普遍将外部性强、信息相对简单的基础设施建设和公共服务等归类为中央政府负有责任的范畴，并设立了中央政府基础设施主管部门。发达国家中央对城市基础设施建设的事权主要体现在以下三个层次。

（一）基本法确定的外部性较强的、事关公共利益的基础设施中央政府负有责任

美国《宪法》确立了各级政府的职责和支出责任，联邦、州和地方各级政府的财权与事权明晰，有法可依，划分稳定。美国联邦宪法从一般事权、专有事权和共有事权等各个层面对联邦、州和地方政府间的事权范围进行了科学划分，确定了不同级次政府应提供的基础设施的范围。联邦政府提供全国性的基础设施，关系到全国利益的州际事务等。州以下地方政府主要提供本地区的基础设施和社会服务以及促进本州社会经济发展。州政府管理联邦政府事权范围以外的且没有

授权地方政府处理的一切事务。地方政府的事权范围依据州的法律规定由州政府授权处理当地事务，主要有基础教育、地方治安、消防和地方基础生活设施等。

（二）中央政府为实现特定基础设施建设目标对地方基础设施建设投资进行干预

荷兰在20世纪70年代前（城镇化水平低于60%），中央政府设立专项基金对供水设施建设进行补贴，迅速提高供水覆盖率，并保证了供水服务延伸到最偏远落后的地区。70年代后，水污染日益严重，荷兰又设立污水处理专项基金，根据工艺和水平补贴污水处理建设成本的60%—90%不等。随着供水和污水处理设施的普及和效率的提升，除一些重大水利工程外，荷兰政府已不提供补贴，全部费用完全通过向使用者征收税费的方式来保障。

（三）当落实国家宏观政策（如人口迁移政策）要求配套相应基础设施建设时，中央政府应当承担相应责任

各国普遍通过转移支付的方式来补偿地方由于中央政策或措施造成配套基础设施建设的额外开支。如加拿大联邦政府的移民政策使大量移民在加拿大的大城市定居，导致新增配套基础设施建设造成的额外市政开支；联邦政府履行国际义务，执行环境方面的《京都议定书》，要求地方财政支出等。联邦政府为了落实1993年大选中承诺"创造就业计划"，设立了"加拿大基础设施建设"项目，用于改善地方基础设施质量。

二　中央对基础设施的事权与财政支出责任相匹配

在界定各级政府事权的基础上，需要进一步界定各级政府的财政支出范围。上级政府在享有公共事务决策权的同时，不应当回避其应该履行的相应责任。研究表明，发达国家中央政府对城市基础设施建设，普遍存在直接投资和干预调节的现象。

在经费负担上，比如日本对那些有共同利害关系的、符合国民经济发展综合计划的公共事业等地方事务提供经费，从而形成覆盖范围广泛的中央政府拨款制度。德国联邦、州和地方三级政府的财政支出基本上与各级政府的财政收入相匹配，联邦政府的财政支出约占到国

家财政总支出的45%，这其中还包含对欧盟支出的3%左右。其他各州的财政支出约占全国财政总支出的35%，地方财政支出占20%左右。按照《基本法》的规定，德国联邦政府和各州政府还依法共同承担一些支出责任，如水、能源的基础设施以及环境保护和海岸保护等，这些项目称为共同任务。

三　建立与事权相匹配的财力制度安排

所谓事权与财力相匹配是指某一级政府在承担一定事权的同时应当具备充足的财力作为保障，与此对应，合理的政府间财政关系要求各级政府掌握的财力与事权相匹配。各级政府间财力的筹集也应当以事权的划分为基础，以保证各级政府事权能够得到落实。①

中央政府资金和地方政府资金的比例关系同国家的体制特别是财政体制有很大的关系，对于集权制的国家和分权制的国家，两者有很大的不同。在明确划分事权基础上的分税制预算管理体制下，中央政府和州（省）及地方政府的事权范围是不同的，由此其财政收入的来源也有所差异。

由于城市基础设施的建设投资量大，需要在国家财政中建立起稳定的资金来源，才能使各项基础设施的建设有可靠的资金保证。总体来看，地方政府用于城市基础设施建设的资金来源主要有：（1）地方税收收入；（2）中央政府或上一级政府拨款，包括一般转移支付和专项资金；（3）地方政府提供公共物品服务所收取的使用费；（4）通过各种渠道获取的外部借款。

第二节　通过税收建立稳定的政府资金保障和政府补贴制度

一　税收是重要的政府资金保障渠道

美国各级政府用于公共基础设施建设的预算资金主要来自税收。

---

① 楼继伟：《中国政府间财政关系再思考》，中国财政经济出版社2013年版。

美国经常性的税收主要有财产税、销售税（企业税或营业税）、所得税。财产税归地方政府支配，销售税（企业税或营业税）由州政府掌握，个人所得税交联邦政府，其中的一部分要返还给州政府。有些州的地方政府还征收销售税和所得税。各税种收入在美国各级政府间的分配以及各税种收入在美国各级政府收入中所占比重如表 8－1 所示。

表 8－1　　美国各税种收入在各级政府收入中所占比重　　单位:%

税种	联邦	州	地方	全部
个人所得税	79	37	5	56
公司所得税	12	6	1	9
消费税(包括普通商品和特殊商品)	5	46	18	18
财产税	0	2	71	12
机动车税	0	3	0	1
所有其他税种	4	6	5	4
总计	100	100	100	100

德国作为联邦制国家，各地方政府的税收自主权则显得更大一些。宪法规定划归地方政府的税收主要是商业税和房地产税。其中，前者与联邦及州政府分享，但地方政府获得其中大部分的收入，这部分收入约占地方政府总税收收入的 77.9% 和总收入的 29.3%。房地产税归地方政府独享，该部分收入约占其税收收入的 17.4% 和总收入的 6.5%。虽然两类税的税基由联邦和州政府共同确定，但是，地方政府可以自行确定税率。

日本为基础设施也开征了目的税来补充其资金，如城市规划税、公共设施利用税以及水利及地益税等。从第二次世界大战结束到 20 世纪 70 年代，日本中央和地方税收份额基本上呈“七三开”；70 年代后，中央税份额有所下降，占 60% 左右。反映了日本在税收分配上向基层政府倾斜的倾向，如表 8－2 所示。

表 8－2　　　　1950—2013 年日本中央与地方税收比重

年份	金额（亿日元）	中央税比重(%)	地方税比重(%)	年份	金额（亿日元）	中央税比重（%）	地方税比重（%）
1950	10094.41	75.20	24.80	1990	1475923.00	65.20	34.80
1955	18560.56	71.10	28.90	1995	1429645.00	62.00	38.00
1960	35956.21	70.80	29.20	1998	1617353.00	61.10	38.90
1965	71129.60	67.90	32.10	2001	1461832.70	58.50	41.50
1970	170757.03	67.50	32.50	2003	1333843.00	56.70	43.00
1975	354048.00	64.00	36.00	2008	1664141.00	57.00	43.00
1980	690591.26	64.10	35.90	2013	2224374.10	56.40	43.60
1985	996279.10	62.70	37.30				

资料来源：[日] 财务省主计局调查课：《财政统计》(2004)；日本国土交通省网站。

二　财产税是地方政府重要的政府资金来源

国际实践经验表明，许多发达国家都规定了地方政府的主体税种，保证地方政府的预算支出，而财产税成为地方政府主体税种的首选，虽然征收的财产税种类有所不同，但是，主要都是对房屋建筑物和土地等不动产征收。财产税（或房地产税，或不动产税）具有别的税种无法替代的功能，这使财产税一直都存在于地方税体系中，充当地方政府主体税种，是很多国家地方政府的主要收入来源，为地方政府公共服务筹集资金。

表 8－3 列出了 OECD 国家财产税收入占地方收入的份额，表 8－4列出了各个国家 1995 年地方政府税收结构。从表中可以看出，联邦制国家的分权比较彻底，地方政府的权力比较大，财产税的收入规模就比较大；单一制国家的中央政府的权力比较大，然而，仍然给予地方政府一定的财权，从而确定稳定的财产税收入，保证地方政府提供公共产品的需要。

表 8－3　　财产税收入占地方收入的份额　　单位：%

国家	20 世纪 70 年代	20 世纪 80 年代	20 世纪 90 年代
经合国家	17.4（16 国）	17.0（17 国）	17.9（16 国）
发展中国家	27.6（21 国）	24.3（27 国）	19.1（24 国）
转轨国家	6.7（1 国）	8.5（4 国）	8.8（20 国）
所有国家	22.8（38 国）	20.4（48 国）	15.6（60 国）

资料来源：转引自李波《财产税的定位问题研究》，《税务研究》2006 年第 3 期。

表 8－4　　OECD 国家 1995 年地方政府税收结构　　单位：%

国家	所得税和流转税	财产税	其他
美国	5.8	73.8	20.4
加拿大	—	85.3	14.7
英国	—	97.5	2.5
法国	15.1	34.6	50.3
德国	79.6	19.3	1.1
日本	52.7	30.6	16.7
波兰	53.6	37.9	8.5
西班牙	16.4	38.9	44.7
意大利	22.4	43.4	34.2
新西兰	—	90.2	9.8
葡萄牙	20.6	40.4	39.0
荷兰	—	66.1	33.9
丹麦	93.4	6.5	0.1
瑞典	99.7	—	0.3
芬兰	95.1	4.8	0.1
挪威	85.6	9.9	0.5
澳大利亚	52.7	99.6	0.4
瑞士	85.6	14.0	0.4
爱尔兰	—	100.0	—
冰岛	72.7	19.1	8.2

资料来源：OECD Revenue Statistics 1965－1998. Paris。

美国早在殖民地时期就有了财产税，1902 年财产税收入就占地方政府所有收入的 73%。美国在不动产保有环节只设置单一的税种——财产税，财产税是地方政府重要的财源，财产税收入占州以下地方政府税收收入的 75% 以上。财产税是唯一一个在美国各州地方政府都采用的税种，几乎所有的城市都征收财产税，除了俄克拉荷马州的城市用财产税来保障公债，不用于提供服务；俄亥俄州的斯普林菲尔德市用地方所得税代替财产税为该市的地方政府支出提供财源。

英国征收财产税，包括动产税和不动产税。不动产税主要有房屋税、遗产税和赠与税及机动车辆税，其中房屋税又分为住房财产税和营业房屋税，这两种房产税是英国地方财政重要的收入来源；动产税主要有储蓄税和股票税等；为基础设施开征的目的税，如燃料税、机动车辆税、车辆购置税、车辆登记税、附加价值税。

日本财产税包括的税种很多，既有中央征收的税种，也有地方征收的税种，财产税是地方政府收入的主要来源。由地方政府征收的财产税主要有都道府县征收的固定资产税、不动产购入税和市町村征收的固定资产税、城市规划税等，全都是采用比例税率。

加拿大的财产税主要是对土地和建筑物等不动产征收，税率依据各个地方的收支状况来确定，但省里的法规和规章对所有财产的税率结构进行控制。加拿大的土地除原始森林和未开垦的土地属于联邦政府和省政府之外，已开发的土地多数是私人所有，政府对这些土地征用地税，地税是各级政府财政收入的主要来源。

三　激励性政府补贴中税收的调节作用

从国际经验来看，美国在污水处理系统中的税收优惠政策主要体现在直接税收减免、投资税收抵免、加速折旧等方面。税收优惠是美国联邦政府和各级州政府提高水资源利用效率、减少污染排放和普及公众节能意识的重要措施之一。美国涉及污水处理的税收优惠政策可追溯到 20 世纪 60 年代，从那时起，美国就对污染控制技术和污染替代品的研发与生产给予所得税减免，如污水处理设备投资额的 10% 可获得税收减免。1986 年，国会又通过一项法令，规定对企业综合利用资源所得给予减免所得税优惠。1991 年起，23 个州对污水处理方面的投资给予税收抵免扣除，对购买污水处理设备免征销售税。此外，对企业购买的州和地方政府发行的污水处理债券利息不计入应税所得范围，对减少污染设施的建设援助款不计入所得税税基；同时规定，对用于防治污染的专项环保设备可在5年内加速折旧完毕，而且对采用国家环保局规定的先进工艺的，在建成5年内不征收财产税。

从欧洲国家看，财税政策也一直是欧洲国家推进节能减排的主要经济激励手段，其中最普遍的是税收优惠和补助。比如，英国针对企业污水投资项目所需的专业设备实行特别租税制度，包括减免进口关税、加速折旧以及税前还贷等；德国则通过减免税、提高设备折旧率和税前计提研发费用的方式鼓励企业积极参与污水处理行为。

日本政府也采取了税收优惠措施来激励环保设施的投入，如对包括污水处理设施等在内的列入节能产品目录的一百多种节能设备实施特别折旧与税收减让优惠，减免税收约占设备购置成本的7%。设备除正常折旧外，还给予加速折旧优惠，最高可获得相当于设备总价款的30%的税收收益。

四 建立稳定的政府资金保障渠道

日本为基础设施也开征了目的税来补充其资金，如城市规划税、公共设施利用税以及水利及地益税等。美国的经常性税收主要有财产税、销售税、所得税等。其中，财产税归地方政府支配，销售税由州政府掌握，所得税交联邦政府，其中一部分要返还给州政府。另外，还征收汽油消费税补贴公路的建设。

建议参考国外的成熟做法，中央政府要给予地方更多专项用于城市基础设施建设维护的税收收入，将目前的城市维护建设税税率统一提高至12%；加快开征房产税，明确主要用于城市基础设施建设和维护；明确将燃油税的一定比例专项用于城市道路桥梁的建设维护等。

五 完善中央或上级政府对地方政府的拨款补助机制

地方政府由于征税权力和征税范围狭小，使地方税收不能满足地方政府支出需要，因而中央政府或上级政府对下级政府的转移支付就成为地方政府的重要资金来源。美国州政府和地方政府长期以来一直负责提供最基本的公共产品及服务，如公共教育、法律实施、道路交通、公共工程、供水和污水处理、公共福利等，但联邦政府有对能源、环境、住宅、道路交通等项目的补贴责任。联邦政府的主要职责是保持宏观经济健康发展，同时也要向州和地方政府提供拨款、贷款和税收补贴。1996年日本中央对地方的转移支付资金占同期地方税收收入的40%，1994年加拿大省级政府获得的政府转移收入占其总收入的18.7%，地方政府获得的政府转移收入占其总收入的44.8%。比如在英国，税收收入高度集中于中央，中央税收收入占全部各级政府收入的75%以上，地方政府从中央获取的补贴占地方预算的53%。德国政府为了迎合社会经济发展重大举措的需要，如调整经济结构、建设重大基础性设施等，联邦财政除承担自己的支出责任外，还经常对各州和地方财政提供一定的财政资金补助。例如，在地方交通运输建设和城市郊区交通工程方面，联邦财政补助60%的财政资金，对于社会福利性保障住房以及供热系统工程方面，联邦政府财政补助承担将近一半。在城市建设和规划、城乡发展项目上，联邦财政给予30%的补助。

六　加大中央政府投入比重

表8-5列出美国、英国、法国、德国、荷兰、加拿大等发达国家在城镇化率较高阶段，中央政府和地方政府对城市基础设施建设投入的比例（地方政府投入比例=1-中央支出比例）。分析表明，发达国家中央政府对城市基础设施建设投入随着城市化率的提高而逐步减少，但即使在城市化率达到较高水平（70%—80%）的阶段，中央政府在城市基础设施方面的投入比例仍达到25%—30%水平，如美国1960年（城市化率70%），联邦政府在基础设施方面投入的比例占30.6%。日本中央政府通过提供经费，可以进行各种形式的干预，并引导、纠正、调控地方政府的支出活动，实现中央政府的政策目标。国外中央政府的这些做法与我国现阶段城市基础设施建设极度依赖地方政府形成鲜明对比。其中统计的基础设施包括燃料和能源、交通设施、城市废物处理、污水处理、污染治理、环保研发投入、住房开发、社区建设、自来水供应、街道照明等。

表 8-5 主要发达国家较高城镇化率阶段中央政府基础设施投入比例

单位:%

年份	城镇化率	美国	英国	法国	德国	荷兰	加拿大
1990	59.75—78.44	36	24	31	38	—	35
1991	59.95—78.32	35	22	31	44	41	36
1992	60.15—78.19	40	15	32	41	43	34
1993	60.35—78.07	38	21	26	39	40	35
1994	60.55—77.95	44	15	—	42	39	37
1995	60.75—77.82	42	15	—	58	42	40
1996	60.94—77.68	42	19	—	38	36	32
1997	61.12—77.54	39	20	—	—	40	30
1998	61.30—77.40	35	13	—	—	—	25
1999	61.48—77.26	30	—	—	—	—	24

资料来源：根据国际货币基金组织（IMF）数据库有关数据整理计算。

七 赋予地方政府适当的举债权

从资金角度上看，另一个关键问题是如何保证城市基础设施资金的稳定性，由于地方财政预算往往受各年经济环境的变化而缺乏稳定性，而且地方财政本来就捉襟见肘，难以拨出稳定的专款用于城市建设，上级政府的拨款随意性很大，而地方上的收费很不规范，也难以形成稳定的资金来源。各国为此都进行了有益的改革，其中常见的做法是赋予地方适当的举债权。

允许地方政府举债是弥补地方基础设施建设资金不足的重要手段。如美国市政债券，为满足地方政府公共物品配置职能，并实现大规模公共投资的代际公平问题，美国法律允许州及州以下地方政府进行债务融资，即可以发行市政债券。美国州和地方公债制度运行至今已有相当长的时间，为州及州以下地方政府提供了大量资金。2002年，州及州以下地方政府债务余额与其当年财政收入的基本相当（约1:1），占政府债务的21.4%。市政债券成为美国地方政府用于支持基础设施项目建设的一种重要融资工具。日本的地方政府资金缺口部分在国家确定的地方财政计划中批准的地方政府发行的债券融资弥补。值得注意的是，尽管允许地方政府发债，但筹措的款项一般只能用于“资本工程”，如道路、学校、供排水等公共资本建设项目或大型设备采购。可以说，资本支出是美国州与地方政府举债的一个主要用途。美国大部分州及州以下地方政府都有处理大型资本支出的资本预算，联邦拨款、举债和地方税收收入是其三大资金来源，借款占资本预算的比例最大。以 1989 年为例，在州和地方资本支出中，联邦拨款约占 25%，借贷资金约占 55%，剩下部分为州与地方的当年收入。

八　中央政府设立专项基金进行基础设施补贴

为了保证政府对基础设施投资的稳定性，政府可以在整个预算体系中，将某一种或者几种特定税费种类安排为特定的政府支出，同时还可以补充其他资金来源。相对于统一收入纳入统一安排的预算方式而言，专项基金的优点是可以提供一个稳定的基础设施资金。如荷兰，20 世纪 70 年代前，荷兰城镇化率处在 60% 以下，供水设施相对落后，设施建设任务重，中央政府设立专项基金对供水进行补贴，迅速提高了供水覆盖率，并保证供水服务延伸到最偏远落后的地区。

九　增加欠发达地区投入，减少地区间差异

基础设施投资是实现经济快速增长的一个重要推手，对一国或一个地区经济增长具有十分重要的作用。20 世纪 60 年代，美国为了解决西部地区和阿拉契亚地区的落后面貌，出台了两个法案，联邦政府和州政府联合加大基础设施建设，最终使该区域经济得到发展。日本政府 20 世纪 50 年代对北海道地区的基础设施建设也加速了该地区经济社会的快速发展。就我国而言，目前地区间的差异已成为区域发展障碍。为此，中央政府先后出台了西部大开发、东北振兴、中部崛起等政策，一定程度上促进了区域经济的增长。但是，由于地区基础设施水平受制于当地的经济发展水平，投融资体制改革后，虽然民间资本也不断涌入基础设施领域，但是，由于欠发达地区经济基础比较薄弱，地方财政力量有限，融资能力一直相对较弱。为此，在各省级政府除持续性加大基础设施投资以外，中央政府也应加大对欠发达地区的基础设施投资建设力度和政策扶持力度，提高对欠发达地区基础设施的财政资金支持比例及相关保障措施，缩小欠发达地区与发达地区

在基础设施水平上的差距。

第三节 构建地方政府融资匹配机制

中央政府对地方基础设施建设长周期、低成本的融资有匹配的机制，形成稳定的资金供给渠道。如日本财政投融资制度安排、日本财政投融资基金、住宅金融公库（对地方住宅和基础设施建设融资）、公营企业金融公库（对地方公营企业提供融资）和日本市政建设财政投融资公司。

加拿大中央政府对省级政府举债的控制很少，但省级政府对市级政府的借债进行严格的行政管理，一般要求地方政府实现经常性收支平衡，不能为弥补日常运营的赤字而借债，如果非借不可，也要确保短期融资在下一财年的预算中得到偿还。加拿大地方政府可以为市政基础设施融资而采取长期贷款或发行债券的方式举债。除个别大的城市的市政府可以直接通过资本市场融资外，其他的市政府都是通过省级政府某一专门负责地方融资的机构贷款。

案例：杭州市×区城乡水务一体化实施中的资金筹措

一 杭州市×区城乡水务一体化中的现状分析

城乡水务一体化是全面实施对水资源的统一规划、配置、建设、调度、管理，达到水资源的可持续利用，支撑保障经济社会可持续发展的目的。一体化管理进一步提升了水务行业的社会管理能力和公共服务水平，逐步建立政企分开、政事分开、责权明晰、运转协调的水务管理体制，实现从农村水利向城乡一体化水务转变；实现运行机制从单纯的政府建设管理向政府主导、社会筹资、市场运行、企业开发转变；真正做到水资源的优化配置、高效利用和科学保护，与时俱进地适应经济社会可持续发展的必然要求。随着经济社会的发展，特别是新型工业化、城镇化、农业现代化战略的强力推进，现行城乡分割、部门分割的体制已经不适应现实的要求，为了打破城乡分割的传统水资源管理模式，全面统筹解决城乡防洪、城乡供水、生态用水、节约用水、水资源保护和水环境整治等方面的问题，开展水务一体化管理体制改革已势在必行。

10年来杭州市×区水务集团构建起了较完善的供排水管网体系，供排水运行规模均位居浙江省水务企业前列，完善供水保障体系；关停了一批镇街小水厂，将镇街水管站全部收编，理顺农村供水管理体制，实现了城乡一体化供水管理机制；全区城乡污水实现“全收集全处理”，“一镇（街）一干管一泵站”治污体系走在全国前列。

二　“一户一表”改造目标

农村供水“一户一表”改造是杭州×区农村供水的第二次革命，改造后有效改善了农村用水条件，减轻村级经济负担，提高农村居民生活品质，促进节约用水，实现了城乡供水“同城、同网、同服务”。在“十二五”期间，杭州×区有计划、有步骤地实施了农村供水“一户一表”改造，着力解决了当前该区农村存在的自来水漏损严重、管网维护不规范、村级经济贴补过重、水质水压不平衡等突出问题，加快实现了“同城、同网、同服务”的城乡供水一体化管理目标。

三　资金筹措

杭州市×区的改造资金完全由用户承担，从当前的消费观念来看确实不能接受；而全部由供水企业一家承担，不仅有困难，也不符合国家政策的规定。根据国家发改委、财政部、建设部、水利部、国家环保总局五部委联合下发的《关于进一步推进城市供水价格改革的工作的通知》，城市供水企业实行抄表到户所增加的维护与运行费用，允许计入水价成本。根据目前农村供水现状，×区建议改造费用由农村用户、区级财政、镇村级财政、水务集团四方共同承担，多方筹资，从机制上解决了改造费用的分摊问题。为了保证费用改造的公开性和透明性，农村“一户一表”新建或改造费用均以财政部门委托的中介机构审核为准。

据测算，农村“一户一表”改造费用户均3000—3500元，具体以区城厢街道某村自来水“一户一表”改造为例。该村共安装居民用户水表1157只，采用IC卡水表；单位用户水表56只，采用普通水表。安装费经审计后合计414万元，户均3420元。根据农村“一户一表”改造试点情况，同时参照城区自来水“一户一表”改造的收费标准，考虑了以下几种筹资方案：

方案一：由农村用户承担500元改造费用，水务集团提供免费设计、零利润施工的优惠政策予以补贴，其余资金缺口由区财政与镇级财政按一定的比例分摊。

方案二：由农村用户承担500元改造费用，由区级财政承担1000元每户，镇村两级财政承担1000元每户的改造费用，其余由水务集团负担。在下次调整水价时建议区政府以适当形式考虑收取管网建设费，保证管网建设资金专款专用。

方案三：由区政府、区水务集团、所在镇街场、村（社区）、农户共同承担，其中所在镇街场、村（社区）、农户共承担50%，其余50%资金由区财政、区水务集团共同承担（区财政按800元/户的标准固定补贴，其余由区水务集团承担）。由镇街场、村（社区）承担部分，鼓励村企结对等多种方式吸纳社会资金，支持农村“一户一表”改造。户外农宅、企事业单位、个体经营户等的改造需另行申请，自行落实改造费用。

四　实施效果

为实现城乡供水一体化，杭州市×区水务制订“三步走”计划，首先于2007年开始推进供水管理体制改革，收编镇街水管站、停运镇村小水厂，理顺了直属水管站管理机制，最终实现“同城、同网、同服务”。

自2011年启动“一户一表”改造以来，全区已有195个村(社区)

完成改造，累计受益户数达到13万户，基本实现全区覆盖。完成“一户一表”改造后，农户不仅能喝上放心的自来水，还可以享受到更为优质的供水服务。近年来，城乡供水服务的差距在不断缩小。

随着农村供水“一户一表”改造工作的推进，供水管理体制改革也迫在眉睫。随着越来越多的农村用户完成“一户一表”改造，原先的“集团—供水公司—营业所—水管站”四级管理体制已不适应供水事业发展的新形势。为了更好地服务农村用户，区水务集团将按照“一次规划，三年实施”“以镇建所，一镇一所”的要求，逐步建立起“集团公司—供水公司—营业所”三级管理体制，减少管理层级，简化办事流程，2012年推进供水“以镇建所、一镇一所”改制工作，形成17所3厅5站的体制新格局。营业所内标准配备一应俱全，用户可以在这里办理申请过户、缴纳水费等业务，享受到优质便捷的供水服务。在全区供水区域范围内逐步设立起统一形象标识的服务窗口，方便广大农村用户办理业务，提高农村居民生活品质，真正实现“城乡供水一体化、同城同网同服务”。

第九章　城市水务行业激励性政府补贴政策完善研究

第一节　各级政府间城市基础设施建设的事权划分

城市基础设施建设具有投资量大、建设周期长、基础性和自然垄断性的特征，单纯依靠城市经济自我积累搞建设，很难实现区域协调平衡发展；部分城市基础设施具有较强的外部性，如流域治理、污水处理、垃圾处理、大气污染防治等，因此，需要从国家或区域层面对城市基础设施建设进行统筹规划、对建设进行干预调节。当前城市基础设施建设方面迫切需要解决的核心和重点问题有两个：一是建立与城市基础设施建设维护投融资特点相适应的投融资机制，解决建设维护资金不足和融资成本高等问题；二是加强各级政府在城市基础设施建设上的引导和调控，解决建设理念偏差、建设规模不当、建设无序等问题。为此我们提出如下对策建议。

一　明确中央在城市基础设施建设方面事权，强化中央层面的规划引领

发达国家中央政府、州政府城市基础设施建设主管部门一般都有足够的资金使用权限作为调节手段，通过资金引导地方城市基础设施建设，保障中央的意图得以贯彻实施。如美国，只有符合规划的项目方可接受联邦、州政府分类拨款或获得批准举债。英国凡是利用中央专项拨款的，都要严格执行中央政府的相关规定。德国要求基础设施

项目一旦批准，则建设时间、工期、投资不得更改。日本中央政府通过提供经费，可以进行各种形式的干预，并引导、纠正、调控地方政府的支出活动，实现中央政府的政策目标。

当城市基础设施发展到一定水平之后，为了发挥规模效益，提高效率、降低成本，各国普遍加强专业化运营，由中央政府制定法规或政策，引导基础设施产业适度集中。荷兰通过颁布和修订《饮用水供水法案》等一系列措施推动供水行业重组，供水公司从高峰期的231家减少到2005年的6家；英国供水主体从1956年的1030个整合到1973年的198个，为改变供水地方化和分散化的状态，英国政府于1973年修订《水法》，成立10个区域性水务局，1989年通过出售股份由水务局转为水务公司，目前基本占有英格兰的所有供水市场份额。20世纪80年代后，法国两大水务巨头——威立雅和苏伊士里昂通过重组和委托运营，几乎垄断了全法除市镇以外的所有市场。

我们从中央政府通过政策引导提高提高产业集中度，发挥规模效益的国际实践经验可以发现，当城市基础设施发展到一定水平之后，为了发挥规模效益，提高效率，降低成本，各国普遍有步骤、有计划地引导城市基础设施提高产业集中度。实践中往往是中央政府制定法规或政策来推行的，这是中央与地方共同事权的重要体现。

一是明确中央政府事权。遵循外部性、信息复杂性和激励相容的原则，进一步明确中央和地方在城市基础设施建设方面的事权和支出责任划分，特别要强化省级政府统筹区域内基本公共服务均等化的职责，将城市排水与污水处理、道路和公共交通等纳入中央和地方共同事权，建立事权与支出责任相适应的制度。

二是编制城市基础设施专项规划。中央层面编制城市基础设施建设总体专项规划，并作为专篇纳入国民经济和社会发展规划之中；通过编制规划，明确我国不同区域、不同类型城市的城市基础设施发展目标、发展重点、主要任务，项目投资总量、方向和重点，完成时间等。确立国家调控的依据，从而加强国家层面对各地城市基础设施规划、建设的统筹和引导作用。

三是调整资金安排方式。建立以行业主管部门依据五年总体专项规划确定年度计划，以年度计划确定项目库、年度投资方向和投资规模，中央和地方城建资金依据行业主管部门确定的年度投资总规模进行安排的运作模式。通过资金引导地方城市基础设施建设符合发展方向和投资重点。

四是建立绩效评价机制。研究制定城市基础设施建设评价体系，加强对各地城市基础设施建设和提供公共服务状况进行信誉评价，建立“黑名单”制度和信誉公开制度，有效约束政企双方，为创建公平的市场环境奠定基础。中央对地方城市基础设施建设情况进行定期考核与公示，倒逼地方完善政策机制、打破行政地域的壁垒。

二　中央政府转移支付是引导地方城市基础设施建设的重要手段

为解决中央与地方财政之间的收支纵向不平衡、各地区财政之间的收支横向不平衡，发达国家普遍采取转移支付方式。国外实行规范转移支付制度的国家，财政收入占国民生产总值的比重，特别是中央财政收入占全部财政收入的比重都较高，从而为转移支付制度的实施奠定了基础。美国联邦政府掌握了全部财力的60%，日本中央政府集中了63%，澳大利亚联邦政府掌握了70%，加拿大和德国也实际集中了大约50%的财力，荷兰中央政府集中了90%以上的财政收入。

地方政府由于征税权力和征税范围狭小，使地方税收不能满足地方政府支出需要，因而中央政府或上级政府对下级政府的转移支付构成了地方政府收入的重要来源。比如，日本1996年中央对地方的转移支付资金占同期地方收入的40%；1994年，加拿大省级政府获得的转移收入占其总收入的18.7%，地方政府获得的转移收入占其总收入的44.8%；在英国，税收收入高度集中于中央，中央税收收入占全部各级政府收入的3/4以上，地方政府从中央获取的补贴占地方预算的53%。

美国的全部税收收入，联邦政府一般占60%左右，州政府和地方政府占40%。联邦向州和地方政府的拨款占联邦财政总支出的20%左右。联邦政府为实现各地服务的均等化，其拨款计划涵盖了所有的政府活动，其中最主要的部分是对教育、交通、污染治理以及地区发展的拨款，州及州以下政府对联邦政府拨款有着很强的依赖性。自20

世纪以来，美国城市政府在发展中面临许多自身难以应付的问题，如城市规划、环境保护、污染处理、失业和贫困等。“罗斯福新政”改革后，联邦政府为了减轻州政府的开支压力，开始通过州政府或直接对自治市实施大规模的资金援助，从而依靠这种援助对城市政府实施了一定程度的监督。

日本的全部税收收入中，地方政府一般占30%—40%。但支出却占全国支出的60%—70%，而中央政府掌握全国财政收入的2/3左右，而它的直接支出仅约为全国财政总支出的1/3。也就是说，日本中央财政收入的一半向地方进行转移支付。地方政府财政支出的大部分依赖中央财政向地方的财政转移，主要包括地方交付税、国库支出金等，从而形成覆盖范围广泛的中央政府拨款制度，这种体制保证了大规模社会基础设施建设的财力所需，使国土开发等能在国家的统一指导下有计划、均衡地实施。

英国具有比较完全、成熟的转移支付制度，转移支付数额在中央财政支出中占有相当大的比重，地方财政支出的2/3也主要靠财政转移支付安排。英国转移支付的主要目标是实现财政支出纵向横向平衡，同时对地方政府的收支实施统一管理，保证中央政府的集权。中央对地方政府的转移支付有两种形式：一种是一般性转移支付，另一种是专项转移支付，一般性转移支付占了整个转移支付的80%，它的实施是为了确保各地提供共同标准的公共服务。英国中央政府在考虑各地方支出需要或收入能力的基础上，通过转移支付使各地在基本的公共服务能力方面达到均等，但均等的范围仅限于“公共商品”，如教育、卫生服务、警察、消防、公路维修等经常性开支部分，以及住房建设、医院建设和道路建设等资本性支出项目。但通常不包括直接援助工业的资本性支出项目。目的是使英国不同地区的居民都享有同等的就业、就学、就医、交通服务、供水等方面的机会和服务水平，创造一个统一市场，使中央对地方的转移支付能够在不同地区、不同地方当局之间实现。

英国中央政府对地方的专项拨款是促进有关项目的支出，实现中央政府的优先考虑。这些拨款只能用于城市基础设施、社会治安、环境保护等中央政府指定的专门用途。2001/2002 财年，专项拨款占中央对地方转移支付的 15.95% 左右。近年来，出现了更多地利用专项拨款来代替一般性援助拨款的转变，主要原因在于英国中央政府希望利用它确保地方政府充分支持中央政府所重视的特定服务项目，其拨款的严格限制也使地方政府不得不把拨款用于中央政府所期望的地方。①

20 世纪 70 年代前，荷兰城镇化率在 60% 以下，供水设施相对落后，设施建设任务重，中央政府设立专项资金对供水进行补贴，迅速提高了供水覆盖率，保证了供水服务延伸到最偏远落后的地区。

三　中央政府设立专项基金（拨款）补贴基础设施

为了保证政府对基础设施投资的稳定性，政府可以在整个预算体系中，将某一种或者某几种特定税费种类安排为特定的政府支出，同时还可以补充其他资金来源。相对于统一收入纳入统一安排的预算方式而言，专项基金的优点是可以提供一个稳定的基础设施资金。如英国的专项拨款只能用于城市公共设施、社会治安、环境保护等中央政府指定的专门用途。德国政府为了迎合社会经济发展重大举措的需要，如调整经济结构、建设重大基础性设施等，联邦财政除了承担自己的支出责任外，还经常对各州和地方财政提供一定的财政资金补助。例如，在地方交通运输建设和城市郊区交通工程方面，联邦财政补助 60% 的财政资金，对于社会福利性保障住房以及供热系统工程方面，联邦政府财政补助承担将近一半。在城市建设和规划、城乡发展项目上，联邦财政给予 30% 的补助。

四　创新体制机制，大力引入社会资本

（一）推进管理体制和运行机制创新

理顺城市供水、污水、垃圾、排水、燃气、集中供热等行业管理体制，统筹协调推进基础设施建设。全面开展市政公用领域事业单位转企改制，形成独立核算、自主经营的企业化管理模式。

---

① 楼继伟：《中国政府间财政关系再思考》，中国财政经济出版社 2013 年版。

（二）积极推广PPP模式，吸引社会资本参与投资、建设和运营

处理好政府与市场的关系，充分发挥企业作为市场主体的作用，引入社会资本建设运营。对于经营收费能够完全覆盖投资成本的市政服务领域，政府应进一步后退，通过政府授予特许经营权方式推进；对于经营收费不足以覆盖投资成本、需政府补贴部分资金或资源的项目，可通过政府授予特许经营权附加政府补贴或直接投资参股等方式推进；对于缺乏“使用者付费”基础、主要依靠“政府付费”回收投资成本的项目，可以通过政府购买服务方式推进。

（三）大力提高产业集中度，提高运营效率

中央通过专项资金和完善政策，引导地方开放市场，对“地方财政能力不足”给予补贴；引导市政公用企业兼并重组，做大做强，促进产业适度集中，争取形成一批骨干龙头企业，提升市政公共服务的质量与效率，解决市政公用服务行政地域垄断、划地为界、“小、散、弱、差”的问题。

（四）完善市政基础设施费价调整机制

加快改进市政基础设施价格形成、调整和补偿机制，使经营者能够获得合理收益；实行上下游价格调整联动机制，价格调整不到位时，地方政府可根据实际情况安排财政性资金对企业运营进行合理补偿；健全配套制度，保证土地和用电政策的稳定和连续性，实行税费优惠和减免机制，增强对社会资本的吸引力。

五　改革城市建设财税制度安排，建立长周期、低成本融资机制

（一）加大中央政府对城市基础设施建设的投入

中央政府要进一步加大对中西部地区和设施水平短缺地区城市基础设施建设的直接投资，促进城市基础设施服务均等化，减少地区差异；中央政府通过设立专项引导资金（如建立国家海绵城市、地下综合管廊建设专项引导资金），引导地方城市基础设施建设实现中央既定的政策目标，并采取适当奖惩措施，引导地方加大一般性转移支付资金投入城市市政基础设施等民生重点领域的建设。

（二）给予地方更多专项用于城市基础设施建设维护的税收收入

结合税费改革，加快开征房产税，将目前政府性基金（市政公用

事业附加、基础设施配套费）合并至房产税，明确房产税主要用于城市基础设施建设维护；明确将燃油税的一定比例（如10%，相当于每年增加地方财政收入300亿元）专项用于城市道路桥梁的建设维护。

（三）完善市政债券发行管理的政策

进一步完善市政债券发行管理政策措施，允许地方政府发行一般责任债券的市政债券（年度总额度控制在5000亿元），专项用于城市基础设施建设的资本性支出。

（四）构建中央政府对地方基础设施建设长周期、低成本的融资匹配机制，形成稳定的资金供给渠道

可以考虑为偏远落后地区开发建设组建非银行金融机构，为城市基础设施建设提供长周期、低成本的融资支持。通过中央政府直接设立城市基础设施建设发展基金（年度总规模控制在5000亿元），吸引中央财政性投资、社保资金、保险资金、公积金、住房维修资金、银行资金等，为城市基础设施建设提供长周期、低成本的融资支持，发挥资金对地方城市基础设施建设的引导调控作用。如日本财政投融资制度安排、日本财政投融资基金、住宅金融公库（对地方住宅和基础设施建设融资）、公营企业金融公库（对地方公营企业提供融资）和日本市政建设财政投融资公司，美国联邦政府对购买地方市政债券的利息所提免税的政策支持等。

第二节　赋予地方政府适当的举债权

由于地方财政预算往往受各年经济环境的变化而缺乏稳定性，而且地方财政本来就捉襟见肘，难以拨出稳定的专款用于城市建设，上级政府的拨款随意性很大，而地方上的收费很不规范，也难以形成稳定的资金来源。为此，各国都进行了有益的改革实践，其中常见的做法是赋予地方政府适当的举债权。

一　举债方式

各国地方政府举债方式主要有三种：一是发行地方政府债券；二是向金融机构借款，但一般都要求地方政府不得向其所属金融机构借款；三是向中央政府借款。实际上，大多数国家地方政府同时采用两种或两种以上的举债方式。

美国地方政府债务，主要以发行州及州以下地方政府债券的方式举借。日本地方政府举债主要通过发行债券和借款两种形式。英国地方政府举债方式主要是向公共工程贷款委员会借款和商业银行借款，公共工程贷款委员会可以从英国国家贷款基金获得资金，因此，向地方政府提供的贷款利率比商业银行优惠。德国州政府举债方式主要包括发行州债券和向银行借款，市政府举债方式则主要是向州立银行借款或市属储蓄银行借款。法国地方政府的负债几乎全部来源于银行，而很少发行债券。

二　举债用途

在举债用途方面，多数国家要求地方政府在举债时遵守“黄金规则”，即除短期债务以外，地方政府举债只能用于基础性和公益性资本支出项目，不能用于弥补地方政府经常性预算缺口。如美国州及州以下地方政府债务资金主要用于三个方面：（1）为公共资本项目提供资金，如学校、道路、供排水系统等；（2）支持并补贴私人活动，如私人住房抵押贷款、学生贷款和工业发展贷款等；（3）为短期周转性支出或特种计划提供现金。日本《地方公债法》在“地方政府财政支出必须以地方公债以外的收入作为财源”的平衡预算原则基础上，又规定“某些支出可以地方公债作为财源”。“某些支出”原则上是建设性支出。澳大利亚地方政府举债所筹资金一般用于基础设施等资本性项目。

由于地方债的资金主要用于资本性的建设项目，这些项目建设周期长，收益回收慢，因此客观上要求具有足够长的还款周期。

第三节 完善城市水务行业激励性政府补贴政策的具体建议

在遵循我国污水处理政府补贴激励政策设计原则的前提下，针对我国污水处理中政府补贴激励政策设计中存在的问题，提出如下完善我国污水处理系统政府补贴政策的对策和建议：

一 做好财政投资的中长期预算

城市水务行业投资属于市政公用事业的重要组成部分，这些项目或工程是造福后代的耐用品，它的初始投资很大，收益期很长，可能是十年，甚至上百年。而我们的财政预算是按照一个财政年度来进行的，可见，用一个财政年度的资金去单独应对今后若干年公用事业的巨额需求，这显然是不匹配的。也正是这种期限上的不对称，导致地方政府面临着巨大的财政压力。因此，财政投入的期限需要延长至五个，甚至十个财政年度来统筹安排，从而使受益期较长的某些造福后代的大项目在急需的时候得以一次性完工，并在今后若干年内用财政收入还债。建议中央政府根据地方政府财政收入和支出情况，以及当地经济、社会发展情况，审批每个地方政府每年或每个项目可以发行的市政债券规模。这种方式既可以使中央政府一定程度上控制和掌握地方经济发展情况，尤其是调控地方政府的财政支出与负债，又可以给地方政府一定的融资手段，帮助其解决在发展公共事业中常常遇到的资金短缺问题。

城市水务行业基础设施的特点是投资数额大、投资效益不易以资金方式回收、投资回收期长、投资的效益成本不易分摊等，这就决定了这些基础设施大都需要由政府来投资，投资主体仍以财政投入为主，这并非是社会制度的体现，而是社会管理的需要，主要的市政设施经营管理职责毕竟只能由政府所担负。事实上，世界上绝大多数国家，包括实行资本主义制度的国家，市政建设的投资也主要来源于政府，且越是发达的资本主义国家，政府在市政设施建设的投入越大，如美国绝大多数州每年在市政建设方面的投资都占总投入的27%左右，香港特区政府每年在城市公益设备、环保、园林方面的投入也要占财政总额的24%以上，因此，建议对地方政府的财政收入中规定其用于市政基础设施的投入比例不得少于20%的比例，以此来强化地方政府对城市公用事业的投入力度。美国政府预算内投资项目的确定有一套规定的审批程序。如美国的城市公共交通建设由交通部的联邦运输管理局负责，该局每六年制定一次公共交通规划，规划中的内容包括发展战略、建设计划、资金需求等。各地政府都有管理基础设施建设的部门，该部门要根据地方发展规划制订基础设施建设或更新计划，负责由地方政府预算出资建设项目的筹划、经费预算、可行性研究，然后提交计划或规划部门审批。如果项目需要联邦政府投资，要由联邦政府的有关部门进行相关的审核。20世纪七八十年代，美国各地普遍采取资本投资计划的方式进行投资建设，只有上一年资本投资计划中的项目才能成为年度资本计划中的一部分，资本投资计划同时也作为城市政府接受联邦、州政府分类拨款和获得批准举债的一项条件。

二　落实地方政府责任

污水处理投资中的管网建设与维护等，关联面很宽，污水处理的收益结构特征决定了政府不可能从水业市场化的投资主体中退出，政府仍然是污水处理公益性、引导性、补贴性投资的主体。按照《“十三五”全国城镇污水处理及再生利用设施建设规划》的要求，“切实落实地方各级人民政府主体责任，加大投入力度，建立稳定的资金来源渠道，确保完成规划确定的各项建设任务。同时，积极引导并鼓励社会资本参与污水处理设施的建设和运营，国家将根据规划任务和建设重点，继续对设施建设予以适当支持，并逐步向‘老、少、边、穷’地区倾斜。对暂未引入市场机制运作的城镇污水处理及再生水利用设施，要进行政策扶持、投资引导和适度补贴，保障设施的建设和运营”。地方政府要根据当地的经济、人口发展状况、环境、水资源状况科学制订投资的短中长期计划，中央政府投资主要通过财政转移支付、政策性投融资（政策性银行低息贷款、专项基金等）、国债的重点投入发展欠发达地区的污水处理设施、推进科技进步和高新技术产业化、安排跨地区、跨流域以及对经济和社会发展全局有重大影响的项目。同时提高政府资金使用效率，特别是国债的积极作用非常重要。

一方面，对民间资本进入微利或非营利市政公用事业领域的，地方人民政府应建立相应的激励和补贴机制，鼓励民间资本进入水务行业投资领域。加强财税、土地等政策扶持。坚持城市水务公益性和公用性的性质，民营企业与国有企业应享有同样的税收和土地等优惠政策。市政公用行业事业单位如果改制为企业的，按照国家税收政策的有关规定，也应享受既有优惠政策。

另一方面，在财政投资上，各级地方政府也要集中财力建设非经营性基础设施项目，除在预算内资金中做出必要的安排外，对地方政府的土地出让收益，也应该拿出足额的部分来支持地下管线建设。管线配套是为地块开发服务的，管线工程的配套，使土地得到增值，投资环境的改善，带动当地财政收入的增加，所以应从土地出让金中拿出一部分用于管线工程建设的投资，不仅如此，地方政府还要逐年提高土地出让收益投入城市基础设施建设的比例，对各地征收的城市基础设施配套费，应该全部用于城市道路、桥涵、供排水、路灯照明、环卫设施、园林绿化、消防、供气、供热等市政基础设施建设。对企业从事国家重点扶持的城市公共基础设施项目投资经营所得，以及符合条件的环境保护、节能节水项目所得，可依法享受企业所得税“三免三减半”的优惠政策。

三　运用多种融资手段来激励民间资本进入

对于城市生活污水处理这样的环保类项目来说，由于其投资周期长，投资回报见效慢，因此需要政府出台一些特殊的优惠政策来配套、吸引民间资金的介入，从而引导非公有制经济的投资渠道。《“十三五”全国城镇污水处理及再生利用设施建设规划》提出，积极引导并鼓励社会资本参与污水处理设施的建设和运营，国家将根据规划任务和建设重点，继续对设施建设予以适当支持，并逐步向“老、少、边、穷”地区倾斜。对暂未引入市场机制运作的城镇污水处理及再生水利用设施，要进行政策扶持、投资引导和适度补贴，保障设施的建设和运营。除此之外，许家云、毛其淋（2016）研究发现，良好的地区治理环境不仅对企业生存具有直接的促进作用，而且还能强化政府补贴对企业生存的改善作用。这就意味着，通过“减少政府对企业的干预”以及“提高政府服务质量”的方式来改善地区治理环境，对于促进中国企业生存和提升政府补贴的效率具有至关重要的意义。

从国外经验看，在日本，关于污水处理方面的投资主要来自政府指定的政策性银行（占50%以上），其他部分则通过节能服务公司（ESCO）和商业银行得以解决。另外，这些政策性银行也专门制订了针对污水处理技术开发和相关设备更新改造5级特别优惠利率（该利率一般比商业银行贷款利率大约低20%—30%）；政府还通过设立的产业基础准备基金对那些向商业银行贷款的项目提供担保；对于相关企业的污水处理项目的开展，政府也会给予低息、贴息贷款和贷款担保等融资方面的优惠扶持。欧盟国家也制定了许多支持企业污水处理的金融扶持政策，主要包括绿色信贷、绿色保险以及绿色证券政策。例如，为鼓励企业参与污水处理项目，德国就推出了由政府、政策性银行以及商业银行等联合实施的金融优惠政策，如采取政府贴息等方式激励企业参与，对于企业投资污水处理和提供再生产品提供低于市场利率1—2个百分点的优惠贷款。从美国的政策看，美国政府制订了许多支持企业污水处理的金融扶持政策，例如，为有效解决污水处理公司融资难，美国一些官方和商业贷款机构还提供优惠的低息贷款来鼓励污水处理系统的技术研发。

借鉴发达国家节能减排的金融支持政策，我们需要进一步拓宽污水处理企业投资项目的融资渠道，明确利用资本市场融资的方向：(1）以股权融资方式筹集投资资金。(2）通过公开发行股票、可转换债券等方式筹集建设资金。(3）扩大企业债券发行规模，增加企业债券品种。(4）运用银团贷款、融资租赁、项目融资、财务顾问等多种业务方式，支持项目建设，如通过国家开发银行对节能减排的投资项目提供政策性优惠贷款；对于参与节能减排工作的企业的商业性贷款实行政府财政贴息；不仅信贷规模要扩大，贷款利率方面也要给予优惠，贷款期限也可适当延长等。(5) 允许各种所有制企业按照有关规定申请使用国外贷款。(6) 组织建立中小企业融资和信用担保体系，鼓励银行和各类合格担保机构对项目融资的担保方式进行研究创新。(7) 规范发展各类投资基金。鼓励和促进保险资金间接投资基础设施和重点建设工程项目。

四　实现投资主体多元化，拓宽投融资渠道

正如前面所述，城市基础设施的投资结构过于单一，这种特性使地方政府面临着巨大的财政压力，并会因建设资金严重匮乏而导致基础设施供给不足，不能满足快速扩张的城市化需求。解决城市基础设施投资偏少的问题，除继续加大财政投入力度外，加大市政公用事业改革力度，建立政府与市场合理分工的投融资体制，推进投融资体制和运营机制改革也就势在必行了。唐安宝、李凤云（2016）认为，政府补贴是缓解企业融资约束压力的重要因素，能够对融资约束造成的投资效率损失起到平滑作用。对可经营性城市基础设施项目，主要通过使用者付费的方式为设施运营带来收益，可灵活采用信托、股权融资、项目融资等方式。通过创新体制机制，大力引入社会资本，建立有利于统筹协调推进基础设施建设的管理体制机制。通过特许经营、投资补助、政府购买服务等形式，吸引包括民间资本在内的社会资金参与投资、建设和运营。深化政银合作、银企对接，鼓励金融机构加大对城市基础设施建设的信贷支持，积极创新金融产品和业务，引入保险资金支持城市基础设施建设。运用 TOT（移交—经营—移交）、PPP（公共私营合作制）、ABS（资产支撑证券化）、产权、股权转让等方式，在确保国有资产保值、增值的基础上，将现有城市基础设施经营权整体或部分转让，转让变现资金由所在地政府统筹应用于本行业设施建设维护或运营成本补贴。对于非经营性和准经营性基础设施，以政府财政投入为主，通过征收固定的税和费保障财政收入来源，不足部分可以通过资产证券化、发行市政债券、基金等方式，吸引机构和私人投资者。各级政府应规范完善地方融资平台建设，充分发挥现有融资平台的融资能力，在继续做好贷款、债券融资、信托产品之外，积极探索融资租赁及保险公司的基础设施债权投资计划、城

市发展基金等融资方式。完善费价政策，改进价格形成、调整和补偿机制，保障经营者合理收益，充分调动社会资本的积极性。

五 协调整合现有政府职能部门，成立城市水务建设管理中心

目前，在城市水务设施建设中，主要涉及城市规划、建设监督管理、市政、道监等相关职能部门。地方政府充分发挥自身的协调作用，通过对相关管理部门进行整合，可加强各职能部门的管理力度，特别是加强这些部门的沟通和协同管理，以形成合力。为规范城市公用管线建设管理，可以依托地方政府某部门，甚至独立设置一个部门，来对现有水务管理职能进行整合，并成立水务建设管理中心，统一负责地方政府投资的道路及配套管线的建设及管理。在道路管线建设管理中心和其他横纵向管理部门之间起到一个桥梁的作用，避免了多头管理的缺陷。在这个部门的统一协调下，行使地方政府对水务工程的规划、审批、建设监督管理、行政协调等。

成立水务建设管理中心后，地方政府参与投资的水务管线工程，通过水务建设管理中心进行运作，管线通道资产归该建设管理中心所有，从而使政府作为出资者投资主体缺位现象得以改变，政府投资的管线资产归属问题也得到解决。通过水务建设管理中心进行管线工程的建设，政府还可以获得水务工程的真实价格，使政府水务工程投资成本得到明晰和有效控制，通过市场化运作，将大幅度降低水务工程造价，道路管线管理中心还可以使政府在水务建设上取得主动，确保项目建设进度，提高项目建设的效率。当条件成熟时，可以向各运营单位收取一定的占用费。由水务建设管理中心对政府投资建设的管线通道进行出租，回收建设资金，用于管线工程的再投资。使政府水务投资成本得到部分或全部回收，为下一个项目建设提供资金，减轻政府财政负担。

六 建立政策性亏损的利益补偿机制

城市水务企业应当在政府的监管下合法经营，以获取经营利润为目标，而不应再承担应由政府承担的职能，如向困难企业和家庭提供免费水，为城市提供免费的消防绿化水等。这些政策性原因造成的企业损失，不应当由经营企业来承担，这就需要政府依法建立起相应的

补偿机制。首先，在目前价格不能到位的情况下，建立补偿基金，对具有合理利润水平的价格与实际价格之间的差额，进行补偿。补偿基金的资金来源为：政府建设资金、基础设施调价增加收入的资金、部分行政性收费（如排污费等）和生产经营补贴。补偿基金主要用于直接补偿与间接补偿，其补偿办法应以政府文件或条例形式确定下来。其次，通过竞争选择投资者，发挥投资企业在融资方案、组织建设、技术方案及经营管理等方面的优势。最后，采取灵活的回报补偿方式，政府将给予投资企业建设和运营项目的特许经营权，并在税费、企业资本证券化和股本金等方面给予优惠。

七　完善再生水的供给和消费优惠政策

（一）再生水的相关供给激励政策

推动再生水供给方面可以采取以下几方面的政策措施：一是加大政府对排水管网和再生水管网的投入，完善城市管网系统的整体布局与长远规划，以便于再生水的输送和使用。应尽快酝酿出台一个污水处理回用条例，在此基础上争取出台污水处理回用设施以及再生水管网的以奖代补政策。解除污水处理厂和用户的后顾之忧的同时可大大降低双方的交易成本，进而有利于扩大再生水的市场规模。二是对推进再生水市场化运作的污水处理厂给予相应的政策优惠，主要包括减免税费、财政补贴、资金补助与奖励等，以激励各污水处理厂积极开拓再生水市场，增加回用水的供给量。三是对投资、建设污水处理厂、管网系统等生产、利用再生水相关设施的企业和个人提供贴息、低息贷款以及土地、城市开挖等方面的政策支持，以鼓励更多的企业参与到回用水的生产与供应中来，通过有效竞争提高回用水的利用效率。四是对回用水的上游产业即回用水相关技术和设施的生产企业提供贷款、税收、折旧等方面的优惠政策，并引导加强该行业的科技研发，以便生产出安全、可靠、高效、低能耗、低成本的工艺技术和配套设备，从根本上解决回用水的高投资费用问题。还可以运用财政贴息和税收返还等政府补贴增加企业利润，为企业缓解内源融资约束（戚聿东、姜莱，2016）。

（二）出台再生水利用的消费激励政策

我国目前再生水规模偏小，除供给方面的约束外，消费不足也是一个突出特征。普通民众和相关企业对再生水的使用意识还很薄弱，清洁节能产品的消费意愿并不强烈，在市场机制中并没有形成有效的需求。因此，政府在设计再生水补贴激励政策的对象时，首先，应适当向消费者倾斜，考虑给予消费者一定的购买刺激，引导“绿色消费”，以扩大再生水的需求市场。对使用再生水的企业和个人运用减免税收和污水处理费等，对因愿意使用再生水而需对现有供水系统进行改造的用户给予适当财政补贴，以减少污水回用产品与同类其他产品的价差，有效刺激公众的需求，鼓励消费者使用回用水的积极性。其次，各级政府应积极实施绿色采购制度，给予再生水相关产品一定的市场，“绿化”政府的消费行为。政府规定相关职能管理部门在城市绿化、荒山绿化、市政景观等适当领域必须首先考虑使用再生水，通过政府支出来提升回用水的市场需求。通过政府对清洁节能产品的绿色购买行为、优先采购具有绿色标志的消费行为影响事业单位、企业和社会公众的消费方式和企业的生产方式。同时，政府在设计绿色采购的激励政策时，应注意公平原则，对大小供货商一视同仁；在采购过程中重视公开竞争原则，以引导和培育相关企业的发展。

八　污泥处理无害化与资源化的激励政策

污泥处置途径的选择，应该兼顾多方效益之间的平衡，如环境效益、生态效益、经济效益等。行之有效的、合理可行以及能被公众接收的污泥处置方式应该兼具以下特点：环境上可行，经济上合理，社会上能接收（杨广萍等，2016）。按照《“十三五”全国城镇污水处理及再生利用设施建设规划》测算，“十三五”期间，中国设市城市的污泥无害化处置率要从2015年的53%上升到75%以上（见表9-1），县城的污泥无害化处置率则需要从2015年的24.3%上升到60%，处置率增加1.5倍以上，这对各级政府提出了巨大的压力和要求。因此，当前迫切需要各级政府对污泥处置和污水处理统一规划，统一建设，进一步加大对污泥处理处置设施建设的资金投入，为污泥无害化处理处置设施的稳定运营提供资金保障。在污水处理收费较低的情况下，城市基础设施维护费和住宅市政配套费的部分资金可用于补偿污泥处理处置费用的不足，或按照调整机制予以完善。要建立多元化投资和运营机制，鼓励通过特许经营等多种方式，引导社会资金参与污泥处理处置设施建设和运营；政府采购中，要优先对污泥后处理和资源化产品给予政策扶持；市政建设、园林绿化等部门在价格相等的条件下优先采购；按照城市产业调整和环保产业鼓励政策给予项目资金支助或其他应当给予的优惠政策。

表9－1　“十三五”时期城镇污泥无害化处置率主要指标（百分数）

单位：%

指标		2010年	“十二五”规划目标值（2015年）	2015年实际值	2020年	“十三五”新增
污泥无害化处置率	城市	<25	70	53	75（其中：地级及以上城市90）	22
	36个重点城市		80	—	—	—
	县城		30	24.3	力争达到60	35.7
	建制镇		30	—	提高5个百分点	5

资料来源：《“十二五”全国城镇污水处理及再生利用设施建设规划》和《“十三五”全国城镇污水处理及再生利用设施建设规划》。

在税费优惠上，可以考虑项目建成并盈利之日起免征5年企业所得税，到期后按政策规定继续申请。同时污泥处置的税收优惠政策应当和污水处理政策处于平等的地位，国家税法只强调污水处理收取的污水处理费是可以免增值税的，虽没有明确指出污泥处置单独享受什么政策，但从环境保护和资源综合利用的角度，这两者在税收政策上应当无区别地对待。我们在税法上也找到了有关的规定，比如污泥属于垃圾，现在很多污泥处置技术，如污泥用来园林绿化，用来干化焚烧，然后发电产生热力和动力。此外污泥进行处理后，可制成肥料，这些均属于资源综合利用的范畴。既然是资源综合利用，就可以享受资源综合利用的有关政策。

在其他税费减免上，为了对污泥运输和资源化产品的销售提供运输便利，可以考虑在地方政府管辖权属范围内免征运输车辆的养路费、道桥费、过路费等，以减轻这些生产企业的税费负担。此外，地方政府主管部门应当协调铁路、农资部门给予污泥农肥优惠铁路运输价格等。

九　稳步推进城市地下综合管廊建设

综合管廊是一种新型市政基础设施，它的出现使得管线“统一规划、统一建设、统一管理”的目标得以实现，解决了管线直埋带来的规划建设、维护管理等诸多难题，对于城市长远发展、绿色低碳发展、可持续发展，以及合理利用城市地下空间具有重要意义。当前，综合管廊建设在我国尚属于试点阶段，稳步推进城市地下综合管廊建设，要坚持科学规划，适度超前原则。综合管廊是重要的城市地下“生命线”工程，工程建设难度大，对城市运行影响大，因此，要在道路交通、土地开发、管线综合等基础上做好规划，在建设管廊的时候，要留有余地、适度超前，满足远期需求。要根据当地经济社会发展水平，建设与之相适应的综合管廊工程，避免不顾自身的实际情况，贪大求全，一哄而上，造成不必要的损失。

从资金投入上看，地下综合管廊的单位造价与其设计等级、断面形式、容纳管线种类、建设规模、埋置深度、预留设计、地质状况、现存管线、施工工艺、当地的材料人工费用、设备安装等有密切关系，变异性较大，但无论成本如何核算，事实是综合管廊建设的一次性投资要远远大于管线独立铺设的成本。国外对于综合管廊建设的投资，通常所采取的做法是将各种管线建设主体用于管线建设的资金集中，交由政府综合管廊的建设机构用于综合管廊的建设，而综合管廊建设的实际成本与各种管线总投资的差额，则由政府补足，这种做法由于没有增加各管线建设主体的额外投资，所以，比较容易为各种管线的建设主体所接受，并能推进综合管廊的发展。除此之外，还有政府出资一次性建设综合管廊，而所收容管线的企业按在综合管廊中所占的面积或体积来共同分担综合管廊的建设成本。

十　加强城市水务行业的激励性监管政策

综合运用价格杠杆和市场准入，加强行政监管和合同监督，建立质量和环保考核的长效机制。将污水处理出水水质与污水处理费相挂钩，在质量监督检查的基础上，对质量不达标的自来水厂和污水处理厂扣减自来水费补贴或污水处理费，特别是一些关键性的控制指标，如污水处理厂排放的化学需氧量、氮、磷的浓度，每超标排放一个百分点，应予以扣减一定比例的污水处理费，如果污水处理厂超额削减污染物，则应予以奖励。同时，将考核结果作为城市污水处理企业资质管理和市场准入的一项重要内容，对于考核不合格的企业，将其运营资质予以降级甚至吊销，不允许其进入城市的供水或污水处理行业，对于考核优秀的企业，则可将其资质提高，并在同等条件下，优先准予进入城市供水或污水处理行业。在行政监管上，应加强执法力度，依据相关的法律法规和政策文件，对城市供水和污水处理企业的质量违法行为进行查处和行政处罚；在合同监督上，对签订了特许经营协议、委托协议等各类服务合同的城市供水和污水处理企业，依据合同约定的条款，对质量不达标的企业追究违约责任，严重的要取消其运营资格，终止合同，并由政府接管。通过这些激励性监管政策，刺激企业主动地提高效率和服务质量水平，进而形成质量和环保考核的长效机制。

十一　完善相关税收优惠政策

（一）对公用事业企业征税应体现社会公益属性

城市水务行业投资和运营的企业大多是城市公用事业的范畴，在这些主要投资领域所形成的城市公用事业企业，其生产的产品也大多具有公共产品和公共服务的性质。对这些具有城市公用事业性质的企业征税需要体现鼓励公共产品生产和经营活动的社会公益属性。按照国家税法规定对“环境保护和节能节水”项目免征企业所得税，符合条件的只有污水和垃圾处理企业。而按照“非营利性组织免征企业所得税”的规定，各类市政公用事业企业都应当免征企业所得税，但实际情况并非如此。目前全国没有针对城市公用事业各类企业的体现社会公益性的统一税法。城市水务行业涉及的公用事业等行业的企业营业税、增值税、所得税等税收政策与其他工业企业相比，并没有全面和系统的税收优惠政策。城市公用事业具有自然垄断性，政府定价高则收益就高，定价低则收益就低，其盈利水平并不能真实反映企业的经营状况，因此，国家税法应对城市这类公用事业制定专门的税收政策。

（二）完善相关税收优惠政策，引导社会资本投资

根据我国税收制度改革方向和税种特征，针对水务行业投资的产业和行业特点，政府应该加快研究完善和落实引导投资和消费、鼓励创新的税收支持政策。通过财税政策的引导，调节社会资本投资于水务行业建设，提升水务行业投资中社会资本的比重。

从国际经验来看，美国在城市水务行业投资中的税收优惠政策主要体现在直接税收减免、投资税收抵免、加速折旧等方面。1991 年起，23 个州对污水处理方面的投资给予税收抵免扣除，对购买污水处理设备免征销售税。此外，对企业购买的州和地方政府发行的市政基础设施债券利息不计入应税所得范围，对减少污染设施的建设援助款不计入所得税税基；同时规定，对用于防治污染的专项环保设备可在 5 年内加速折旧完毕，而且对采用国家环保局规定的先进工艺的，在建成 5 年内不征收财产税。

从欧洲国家看，财税政策也一直是欧洲国家推进市政公用事业的主要经济激励手段，其中最普遍的是税收优惠和补助。比如英国针对企业污水投资项目所需的专业设备实行特别租税制度，包括减免进口关税、加速折旧以及税前还贷等；德国则通过减免税、提高设备折旧率和税前计提研发费用的方式鼓励企业积极参与市政公用事业投资和经营行为。

日本政府也采取了税收优惠措施来激励企业对市政基础设施的投入，如对包括污水处理设施等在内的列入节能产品目录的 100 多种节能设备实施特别折旧与税收减让优惠，减免税收约占设备购置成本的 7%。设备除正常折旧外，还给予加速折旧优惠，最高可获得相当于设备总价款的 30% 的税收收益。

我国在完善水务行业基础设施相关税收优惠政策时，可以参考国外发达国家实施税收优惠的成功经验，从以下几个方面来着手考虑：

第一，在增值税优惠方面，可以借鉴国外支持市政公用事业的税收政策，对关键性的、价格偏高等因素制约其推广的设备和产品，国家可在一定期限内实行一定的增值税减免优惠；对市政公用事业提供服务的收入项目和产品，在一定期限内，可以实行增值税即征即退措施；对企业在水务行业投资中的相关设备所形成的不动产，可以实行增值税进项税额抵免等，对个别节能效果非常显著的产品，在一定期限内，可以实行增值税即征即退措施。如对企业生产包括污水回用产品在内的节能、环保产品实行增值税减免优惠等。政府应当对积极参与城市水务行业的相关行为主体给予税收方面的优惠补贴。这一政策同样可以降低相关行为主体积极参与污水处理的成本系数，进而可以降低其生产经营的成本。但是，一项良好的税收优惠政策设计应该不仅要“助强”，更要“扶弱”，同时还应避免出现“鞭打快牛”的棘轮效应。因此在我国目前污水处理目标压力巨大的情况下，应该尽量从流转税等具有普惠性质的税收方面设计优惠政策。

第二，在所得税优惠措施中，建议制定鼓励企业扩大再生产和加大固定资产投资的优惠政策。可以考虑采取对投资额超过一定数量的主导产业中的企业给予一定的税收鼓励，这种鼓励可以包括免税期免税额或直接的投资补贴。对于企业用于水务行业投资和高科技研发等方面的固定资产、机器设备，允许实行加速折旧；增加对水务行业投资设备进行抵免以及对环保设备可以加速折旧等优惠措施。对那些改进技术和工艺所发生的费用达到一定标准的企业，不仅可以让其在所得税前扣除，而且可以在应纳税所得额中予以扣除。鼓励企业直接再投资新办扩建生产项目和进行技术改造，对于利用上年利润进行水务行业再投资的企业，允许退还或部分退还这部分利润所缴纳的所得税；对为水务行业服务的技术转让承包、技术咨询等技术性服务收入也给予所得税减免优惠等。借鉴发达国家实行特定技术准备金制度的经验，允许企业建立折旧准备金、亏损准备金、坏账准备金等，但仅能在发生后的三个月内扣除。如韩国根据企业类型分类，可按总收入的3%、4%、5%提取技术准备金列入成本，其提取的准备金必须用于研究开发、技术培训和研究设施开发等项目，且期限为3年，超过期限或未按规定使用的准备金经过审核列入所得税计税范围，并加收税金的10.95%—14.6%的利息。另外，日本规定，计算机厂商可从销售额中提取10%作为准备金，以弥补亏损。印度则规定其实现利润可扣除20%作为投资保证金。因此，建议税法鼓励企业实行技术准备金制度，将企业所得税税收总额的5%—10%作为税前抵扣额，并制定相应的适用范围和使用期限，违反规定则加倍收回并收息，以监督企业从事创新活动、引进创新和技术成果的消化。

第三，为了城市水务行业等公用事业形成稳定的财政性资金来源，需要对与城市建设有关的税费制度进行改革。改革的基本思路是在土地收益分配使用方面，由政府提供熟地，土地受益专门用于城市基础设施建设（市政设施、公用设施、社会福利设施、治安设施等）。在城市建设专项税收方面，将城镇土地使用税用于市政公用设施配套建设，可从根本上解决城市维护建设税固有的收入数量偏少的缺陷。政府征收的房产税能够体现土地使用者从城市基础设施受益的程度，是受益型税种，理应拿出一部分来支持市政基础设施建设。对消费税中收取的燃油税，也可以规定一定比例专门用于城市基础设施建设。

（三）增加亏损弥补年限

城市水务企业自身的特点可能使其在经营后期获得高利润和高回报，但该类企业还有一个重要的特点是经营周期较长。因此，在投资经营的初期，甚至还可能面临着亏损等问题，如果发生巨额亏损，却无法得到相应的补偿，就会大大影响民间资本进入该行业的信心。尽管亏损弥补可能涉及道德风险，但在公司制组织形式下，为鼓励企业投资水务行业，可以借鉴美国等国家的做法，适当延长亏损弥补年限至企业实现会计盈利的年度。根据该行业的特点，并结合中国的现实经济状况，建议允许水务企业将亏损弥补期限延长至10年。从某种程度上讲，技术进步可以说是一条解决污水处理的最根本之路，因此，在设计政府补贴激励政策时，尤其是对补贴资源进行配置时，政府补贴应偏重于污水处理相关技术和产品的科研或服务机构，积极倡导并推动“产学研”合作模式，共破污水处理中的技术难关。

十二　污水处理中新技术、新设备产品研发的扶持

政府财政资助中最主要的三种形式是直接资助、权益投资和信用担保，其中直接性补贴在国家推动科技进步的措施中很普遍，其主要形式有国家实验室的公共投资、研发资助、参与研发基金、对企业进行补贴和在高科技行业的公共投资（陈芫、谢富纪，2009）。

世界各国对污水处理技术研发的财政补贴政策，也为我们提供了很好的借鉴，比如日本政府就大力支持污水处理的技术研发。2002年，日本用于污水处理等节能减排的技术开发费用支出为45亿日元，到2007年则增加到502亿日元，在短短的五年间里，年均增长率高达62.0%。据美国小企业局的资料，在没有科研机构参与的技术创新中，大企业和小企业的支出回报率都是14%，而在有科研机构参与的技术创新中，大企业的回报率为30%，而中小企业则高达44%。因此，在产学研合作中产生的“创新结合体”，对促进节能减排具有重要的基础性作用，国家应给予强有力的支持。

因此，建议我国政府在财政补贴中，应该优先加强对污水处理和污水回用等技术研发活动的支持力度。通过政府支持的市场机制将研发的成果转化为实实在在的经济利益，从而进一步取得技术进步效益、规模效益以及由此带来的社会效益的提高，使其更好地带动一个地区节能减排整体水平的提高。在具体政策制定中，可以考虑出台“污水处理创新成果推广条例”，明确各级政府采购时对创新成果的倾斜政策和科研资助办法。如对污泥无害化和资源化的科学研究与技术进步，优先给予“三项经费”的立项与资助；用于污水和污泥无害化处理与综合利用技术改造的贷款，政府应给予贴息扶持；积极引导和鼓励污水处理和回用产品重大创新成果产业化，加快创新产品的普及化，使之充分发挥推进节能减排的重大作用。

十三　对污水排放课税的政策设计

水污染的治理工作本来就是专业性较强的一项工作。工作难度较大，同时也需要不同部门之间的配合，比如，税务部门、财政部门、环保部门等。只有这些部门紧密配合，发挥出各自的作用，才能够有

效解决目前的水污染问题。

具体来说，首先由财政部门提出现在的水污染治理政策，并对环境税的征收情况进行检查，并且让这些收取的税款能够及时入库。环保部门对每一个行业或具体企业确定具体适用税率，如果出现污染问题，环保部门就应该进行调查取证，获得证据，并且进行责任判定，做到及时发现污染和整治污染问题。

委托污水处理厂负责代征家庭生活废水税和纳入污水管网单位的废水税。污水处理厂应是全额财政拨款单位，同时，建立激励机制，如提高水排放标准，可以获得高额财政补贴，作为职工的奖励，这能激励企业改进技术，提高处理能力，当然如果污水处理厂超标排放，应制定相应的严苛的罚则，主要是对责任人处以自由刑。对污水处理厂的监督职责归环保局，监督污水处理厂的排水水质是否达标。

环保部门、水利部门等与水资源利用相关的政府机构应该成立一个联合治理水资源的委员会，通过这个委员会，来制定或者提出一些有利于水环境保护的政策，最后，完成制定环境保护的税率，并且及时对税率进行调整。可以参照德国的做法，如果水污染企业有一次没有遵守监测值，那么按有害单位提高比例的50%提高税率纳税，如果多次没有遵守监测值，按有害单位提高比例的100%计算税率纳税，由于此类罚则依据监测数据，因此将其执行权归负责监测的环保部门较为妥当。环保部门需要同税务部门紧密配合，形成信息共享的机制，一同对水污染问题进行检查和治理。

从长期的治理来看，今后的环境税税款征收应由税务部门完成，税率核定是由环保部门核定。废水税的征收与缴纳应为“自行申报、环保（水务）核定、税务（水务代征）征收”的模式。这种模式是指纳税人按规定申报纳税期内生产成本，环保部门通过监测数据核定、确认税率，地税部门（选择地税部门征收，一是因为水环境的保护工作主要依靠当地政府特别是环保、水务集团等部门的配合；二是地税部门同时又是财政部门，有利于实现税款的专款专用）依据环保部门核定的税率征税。采用该种模式，可以最大限度地利用环保部门在监测等方面所积累的信息与经验，同时，税款由地税部门征收，可有效解决征收不到位的问题（对排入污水管网的由水务集团代征是为了原有的监测设备利用和方便征收）。由环保部门核定税率，还有利于逐步扩大费改税范围，最终基本实现全面的环境排污费改税。但该模式割裂了税收本身的征管流程，对环保部门和税务部门之间的配合要求极高，对《税收征管法》也提出了挑战。

十四　推进城市污水处理市政建设债券发行工作

市政债券作为一种金融工具，可以成为国家实施积极财政政策、扩大内需的有益补充，并为有巨大资金需求的污水处理设施建设开辟新的融资渠道。市政债券分为一般责任债券和收益债券两大类。在一般责任债券中，政府以其征税权为债券的偿还提供担保。收益债券可以由有征税权的政府机构发行，也可以由没有征税权的政府以及政府代理机构或授权机构发行，其偿债资金来源往往是政府机构、事业单位、企业的某种特定收入（如供水收入、污水处理费收入）。鉴于目前我国地方税收体系还不健全，不宜发行以税收来偿还的一般债务债券，收益债券不受城市政府财政状况的影响，而主要取决于项目的收益。因此应结合城市污水处理投融资体制改革，主要考虑发行收益债券。发债主体有两种选择：一种是由具备条件的基础设施企业或项目直接发债；另一种是由城市政府授权城市建设投资公司作为发债主体，集中替需要融资的项目或企业发债。市政债券实施后，地方政府在资金方面的压力减小，政府不会急于变现所拥有的污水处理资产，从而会保留污水设施的产权，而只向社会资本转让经营权，有利于产权主体与经营主体的分离。地方政府通过发债将会拥有更高的资金自由度，在它不需要出让资产的前提下，以政府信誉为主体，融资成本也较小，政府有能力负担起污水处理基础设施的部分投资责任，这将会减轻企业的投资负担，从而使公众所担负的水价得以维持在一定水平之内。

2014 年修订的预算法和《国务院关于加强地方政府性债务管理的意见》（国发〔2014〕43 号）实施以来，地方各级政府加快建立规范的举债融资机制，积极发挥政府规范举债对经济社会发展的支持作用，健全规范的地方政府举债融资机制，地方政府举债一律采取在国务院批准的限额内发行地方政府债券方式，除此以外，地方政府及其所属部门不得以任何方式举借债务。地方政府及其所属部门不得以文件、会议纪要、领导批示等任何形式，要求或决定企业为政府举债或变相为政府举债，允许地方政府结合财力可能设立或参股担保公司（含各类融资担保基金公司）等。

从长远角度来看，一味地禁止地方政府发债，既造成地方发展的资金缺口无法弥补，也不利于资源的重新配置。在发债的管理上，可以考虑发行地方债券支持城市污水处理设施建设。首先要求发债的地方政府尊重市场，放弃那些靠行政命令或者中央财政兜底的想法，地方政府应当科学制订债券发行计划，根据实际需求合理控制节奏和规模，提高债券透明度和资金使用效益，建立信息共享机制。同时必须具有独立偿还相应债务并有承担可能出现的市场风险的能力。因此，可以先在城市经济发展水平较高、财政收入有保障、债券市场发育较成熟、城市水务基础设施建设项目中有稳定现金流的个别成熟城市中进行试点，在试点的基础上再进一步探讨其扩大的可行性。

除地方债管理上的严格要求外，应允许地方政府以单独出资或与社会资本共同出资方式设立各类投资基金，依法实行规范的市场化运作，引导社会资本投资经济社会发展的重点领域和薄弱环节，政府可适当让利。同时，明确地方政府不得以借贷资金出资设立各类投资基金，不得对有限合伙制基金等任何股权投资方式额外附加条款变相举债。另外，严禁地方政府利用 PPP、各类政府投资基金等方式违法违规变相举债。地方政府和社会资本合作应当利益共享、风险共担，除国务院另有规定外，地方政府及其所属部门参与 PPP 项目、设立政府出资的各类投资基金时，不得以任何方式承诺回购社会资本方的投资本金，不得以任何方式承担社会资本方的投资本金损失，不得以任何方式向社会资本方承诺最低收益，避免地方政府违法违规通过承担项目全部风险的方式变相举债。①

① 财政部、发展改革委、司法部、人民银行、银监会、证监会：《关于进一步规范地方政府举债融资行为的通知》（财预〔2017〕50 号），2017 年 4 月 26 日。

参考文献

[1] 安同良、周绍东、皮建才：《R&D 补贴对中国企业自主创新的激励效应》，《经济研究》2009 年第 10 期。

[2] 巴曙松、刘孝红、牛播坤：《转型时期中国金融体系中的地方治理与银行改革的互动研究》，《金融研究》2005 年第 5 期。

[3] 包群、邵敏：《政府补助与企业生产率》，《中国工业经济》2012 年第 7 期。

[4] 蔡晓月：《熊彼特式创新的经济学分析——创新原域、链接与变迁》，复旦大学出版社 2009 年版。

[5] 曹越、邱芬、鲁昱：《地方政府政绩诉求、政府补助与公司税负》，《中南财经政法大学学报》2017 年第 2 期。

[6] 陈冬华：《地方政府、公司治理与补贴收入——来自我国证券市场的经验证据》，《财经研究》2003 年第 9 期。

[7] 陈慧贤：《财税政策激励、高新技术产业发展与产业结构调整的研究方法评述》，《金融经济》2017 年第 4 期。

[8] 陈贺菁：《国内外科技税收优惠政策比较》，《财政金融》2000 年第 3 期。

[9] 陈蕾：《环保“费改税”势在必行》，《上海商报》2000 年 12 月 20 日第 001 版。

[10] 陈林、朱卫平：《出口退税和创新补贴政策效应研究》，《经济研究》2008 年第 11 期。

[11] 陈芫、谢富纪：《创新的直接性政府补贴设计与运用》，《科技管理研究》2009 年第 5 期。

[12] 陈晓、李静：《地方政府财政行为在提升上市公司业绩中的作

用探析》,《会计研究》2001 年第 12 期。
[13] 陈永伟、徐东林:《高新技术产业的创新能力与税收激励》,《税务研究》2010 年第 8 期。
[14] 仇保兴、王俊豪等:《市政公用事业监管体制与激励性监管政策研究》,中国社会科学出版社 2009 年版。
[15] 仇菲菲:《企业自主创新能力指标体系构建及指数编制》,硕士学位论文,兰州商学院,2008 年。
[16] 崔也光:《我国高新技术企业研发投入的现状、绩效与对策》,经济科学出版社 2014 年版。
[17] 范柏乃:《面向自主创新的财税激励政策研究》,科学出版社 2010 年版。
[18] 樊增强、单涛:《发达国家促进 R&D 活动的税收激励政策及其借鉴》,《山西师大学报》(社会科学版)2014 年第 5 期。
[19] 方重、杨昌辉、梅玉华:《论“创新所得税收抵免”对中小企业的激励效应》,《税务研究》2010 年第 8 期。
[20] 傅家骥:《技术创新学》,清华大学出版社 1998 年版。
[21] 高立昌:《关于开征环境税相关问题的思考》,《吉林财税高等专科学校学报》2004 年第 1 期。
[22] 龚小凤:《地方政府与上市公司盈余管理——非经常性损益出台后的影响》,《华东经济管理》2006 年第 2 期。
[23] 郭彬:《循环经济激励机制设计研究》,《工业工程》2005 年第 6 期。
[24] 何伟:《税收激励与企业技术创新——基于河南省企业问卷调查的实证分析》,《郑州轻工业学院学报》2011 年第 10 期。
[25] 黄萃、苏竣、施丽萍、程啸天:《中国高新技术产业税收优惠政策文本量化研究》,《科研管理》2011 年第 10 期。
[26] 黄慧:《新企业所得税法对高新技术企业效应研究》,硕士学位论文,湖南大学,2009 年。
[27] 黄锡生、唐绍均:《我国上市公司的盈余管理及其法律监管》,《重庆大学学报》2002 年第 2 期。

[28] 城市基础设施投融资体制改革课题组：《国外城市基础设施投融资比较研究报告》，建设部、中国人民大学，2001 年。
[29] 蒋建军:《技术创新与税收激励》，方志出版社 2007 年版。
[30] 金兆丰:《21 世纪的水处理》，化学工业出版社 2003 年版。
[31] 孔东民:《市场竞争、产权与政府补助》，《经济研究》2013 年第 2 期。
[32] 匡小平、肖建华:《我国自主创新能力培育的税收优惠政策整合——高新技术企业税收优惠分析》，《当代财经》2008 年第 1 期。
[33] 莱斯特、布朗:《环境经济革命》，余慕鸿等译，中国财政经济出版社 1999 年版。
[34] 李传志:《发达国家科技税收优惠政策的启示》，《山西大学学报》（哲学社会科学版）2004 年第 2 期。
[35] 李东平:《大股东控制、盈余管理与上市公司业绩滑坡》，中国财政经济出版社 2005 年版。
[36] 李桂萍:《基于 Jorgenson 理论的资本成本概念研究》，《财会月刊》2014 年第 11 期。
[37] 李嘉明、乔天宝:《高新技术产业税收优惠政策的实证分析》，《技术经济》2010 年第 2 期。
[38] 李杰、李思、刘李清:《高新技术企业税收优惠效应的实证分析：以生物制药为例》，《系统工程》2013 年第 5 期。
[39] 梁本凡:《绿色税费与中国》，中国财政经济出版社 2002 年版。
[40] 梁凯:《基于 CGE 模型的中国制造业税收政策效应研究》，博士学位论文，东南大学，2009 年。
[41] 林承亮、许为民:《技术外部性下创新补贴最优方式研究》，《科学学研究》2012 年第 5 期。
[42] 刘斌、杨开元、王菊仙:《小微企业自主创新税收政策的优化思路》，《税务研究》2013 年第 3 期。
[43] 刘波:《关于环境管理中费改税的构想》，《江汉论坛》2001 年第 12 期。

[44] 娄贺统:《企业技术创新的税收激励效应研究》,立信会计出版社2006年版。
[45] 吕光辉、潘晓玲、师庆东:《国外生态税实践及其对我国可持续发展建设的启示》,《新疆大学学报》2002年第4期。
[46] 吕久琴:《政府补助影响因素的行业和企业特征》,《上海管理科学》2010年第4期。
[47] 罗宏、温晓、刘宝华:《政绩诉求与地方政府财政补贴行为研究》,《中国经济问题研究》2016年第2期。
[48] 马伟红:《税收激励对高新技术企业创新影响的实证研究》,博士学位论文,南京财经大学,2011年。
[49] 马伟红:《税收激励与政府资助对企业R&D投入影响的实证研究》,《科技进步与对策》2011年第9期。
[50] 毛其淋、许家云:《政府补贴对企业新产品创新的影响——基于补贴强度"适度区间"的视角》,《中国工业经济》2015年第6期。
[51] 毛学翠、王秀玲:《我国环境税法完善的思考》,《中国地质矿产经济》2003年第1期。
[52] 潘亚岚、蒋华:《财税激励政策影响企业R&D投入的实证分析》,《财会月刊》2012年第33期。
[53] 潘越、戴亦一、李财喜:《政治关联与财务困境公司的政府补助——来自中国ST公司的经验证据》,《南开管理评论》2009年第5期。
[54] 庇古:《福利经济学》,何玉长、丁晓钦译,上海财经大学出版社2009年版。
[55] 戚聿东、姜莱:《中国新能源产业政府补贴优化方向研究》,《财经问题研究》2016年第11期。
[56] 任曙明、吕镯:《融资约束、政府补贴与全要素生产率——来自中国装备制造企业的实证研究》,《管理世界》2014年第11期。
[57] 阮家福:《论自主创新与税收激励》,《税务研究》2009年第5期。

[58] 邵敏、包群：《地方政府补助企业行为分析：扶持强者还是保护弱者》，《世界经济文汇》2011 年第 1 期。

[59] 沈小波：《环境经济学的理论基础、政策工具及前景》，《厦门大学学报》（哲学社会科学版）2008 年第 6 期。

[60] 沈晓明、谭再刚、伍朝晖：《补贴政策对农业上市公司的影响与调整》，《中国农村经济》2002 年第 6 期。

[61] 司言武：《环境税经济效应研究：一个理论框架》，光明日报出版社 2009 年版。

[62] 沈满洪、何灵巧：《外部性的分类及外部性理论的演化》，《浙江大学学报》（人文社会科学版）2002 年第 1 期。

[63] 孙磊：《税收优惠政策围观分析指标体系及方法研究——以高新技术企业为例》，《税务与经济》2011 年第 6 期。

[64] 孙磊、唐滔：《高新技术企业税收优惠政策绩效评价方法研究》，《区域金融研究》2011 年第 8 期。

[65] 唐安宝、李凤云：《融资约束、政府补贴与新能源企业投资效率——基于异质性双边随机前沿模型》，《工业技术经济》2016 年第 8 期。

[66] 唐清泉、罗党论：《政府补助动机及其效果的实证研究——来自中国上市公司的经验证据》，《金融研究》2007 年第 6 期。

[67] 泰坦伯格：《排污权交易：污染控制政策的改革》，崔卫国、范红延译，生活·读书·新知三联书店 1992 年版。

[68] 田效先：《企业所得税的经济增长效应研究》，博士学位论文，东北财经大学，2013 年。

[69] 王玺、张嘉怡：《税收优惠对企业创新的经济效果评价》，《财政研究》2015 年第 1 期。

[70] 王郁琛：《促进创新的专利企业所得税优惠政策研究》，博士学位论文，中国科技大学，2014 年。

[71] 王智莉：《浅析环境执法现状及对策》，《环境监测管理与技术》2005 年第 1 期。

[72] 文先明：《高新技术产业评价体系与发展战略研究》，中国财政

经济出版社 2006 年版。
[73] 吴文锋、吴冲锋、芮萌：《中国上市公司高管的政府背景与税收优惠》，《管理世界》2009 年第 3 期。
[74] 吴秀波：《税收激励对 R&D 投资的影响：实证分析与政策工具选拔》，《研究与发展管理》2003 年第 1 期。
[75] 夏杰长、尚铁力：《自主创新与税收政策：理论分析、实证研究与对策建议》，《税务研究》2006 年第 6 期。
[76] 肖兴志、王伊攀：《政府补贴与企业社会资本投资决策——来自战略性新兴产业的经验证据》，《中国工业经济》2014 年第 9 期。
[77] 许家云、毛其淋：《政府补贴、治理环境与中国企业生存》，《世界经济》2016 年第 2 期。
[78] 徐则荣：《创新理论大师熊彼特经济思想研究》，首都经济贸易大学出版社 2006 年版。
[79] 许忠民：《浙江省高新技术企业所得税减免的效应研究》，博士学位论文，浙江大学，2005 年。
[80] 杨东广：《论完善对高新技术企业的税收优惠政策》，《法制与社会》2011 年第 9 期。
[81] 杨广萍、万敏、郭宏龙：《城市污水处理中污泥处理的可持续性分析》，《环境科学导刊》2016 年第 2 期。
[82] 杨京钟：《税收政策视角下的高新技术产业激励研究》，《重庆交通大学学报》2010 年第 6 期。
[83] 杨志安：《韩国技术创新的税收政策及启示》，《税务研究》2004 年第 1 期。
[84] 余明桂、回雅甫、潘红波：《政治联系、寻租与地方政府财政政策有效性》，《经济研究》2010 年第 3 期。
[85] 阮家福：《论自主创新与税收激励》，《税务研究》2009 年第 5 期。
[86] 张济建、章祥：《税收政策对高新技术企业研发投入的激励效应研究——基于对 95 家高新技术企业的问卷调查》，《江海学

刊》2010年第4期。

[87] 张同斌、高铁:《财税政策激励、高息技术产业发展与产业结构调整》,《经济研究》2012年第5期。

[88] 章文洁:《我国排污收费改税研究:以水污染为例》,硕士学位论文,上海财经大学,2013年。

[89] 赵璨、王竹泉、杨德明、曹伟:《企业迎合行为与政府补贴绩效研究——基于企业不同盈利状况的分析》,《中国工业经济》2015年第7期。

[90] 赵书新:《节能减排政府补贴激励政策设计的机理研究》,博士学位论文,北京交通大学,2011年。

[91] 浙江财经大学课题组:《城市地下管线基础设施投融资政策研究》(研究报告),2014年12月。

[92] 浙江财经大学课题组:《国外基础设施建设及投融资研究专题报告》,2015年3月。

[93] 邹彩芬、许家林、王雅鹏:《政府财税补贴政策对农业上市公司绩效影响实证分析》,《农业经济研究》2006年第3期。

[94] 中国城市建设信息网相关文献和报道,http://www.csjs.gov.cn/。

[95] 中国城镇水网相关文献和报道,http://www.chinacitywater.org.cn/。

[96] 中国水网相关文献和报道,http://www.h2o-china.com/。

[97] 周方召、仲深、王雷:《财税补贴、风险投资与高新技术企业的生产效率——来自中国物联网板块上市公司的经验证据》,《软科学》2013年第3期。

[98] 周业安、冯兴元、赵坚毅:《地方政府竞争与市场秩序重构》,《中国社会科学》2004年第1期。

[99] 宗文龙、黄益建:《推动战略性新兴产业发展的财税政策探析》,《税务研究》2013年第3期。

[100] 周小亮:《市场失灵及其制度矫正:马克思主义经济学与西方新制度经济学的不同理论分析》,《学术月刊》2002年第4期。

[101] Adne Cappelen, Arvid Raknerud, "The effects of R&D Tax Credits on patenting and innovations", *Research Policy*, 2012 (41), pp. 334 – 345.

[102] Alexander Klemm, Causes, "Benefits and Risks of Business Tax Incentives", *International Tax and Public Finance*, 2010, 17 (3), pp. 315 – 336.

[103] Andreas Haufler, "Entrepreneurial innovation and taxation", *Journal of Public Economics*, 2014 (113), pp. 13 – 31.

[104] Anthony Billings, "Are U. S. Tax Incentives for Corporate R&D Likely to Motivate American Firms to Perform Research Abroad? ", *The Tax Executive*, 2003 (55), pp. 291 – 315.

[105] Beason, R., Weinstein, D. E., "Growth, Economies of Scale and Targeting in Japan (1955 – 1990)", *The Review of Economics & Statistics*, 1993, 78 (2), pp. 286 – 295.

[106] Bergstorm, F., "Capital Subsidies and the Performance of Firms", *Small Business Economist*, 2000, 14 (30), pp. 183 – 193.

[107] Bottazzi Laura, Marco Da Rin, "Venture Capital in Europe and the Financing of Innovative Companies", *Economic Policy*, 2002, 17 (34), pp. 229 – 270.

[108] Carl Hamilton, "Public Subsidies to Industry – the Case of Sweden and its Shipbuilding Industry ", World Bank, 1983, p. 566.

[109] Christina Elschner, Christof Ernst, Georg Licht, "The impact of R&D Tax Incentives on R&D costs and Income Tax Burden", Centre for European Economic Research, 2007 (9).

[110] Chen, C. J. P. and Li, Z., "Rent Seeking Incentives, Political Connections and Organizational Structure: Empirical Evidence From Listed Family Firms in China", *City University of Hong Kong Working Paper*, 2005 (12), pp. 1 – 41.

[111] Dale W. Jorgenson, "Capital theory and investment behavior", *America Economic Association*, 1963, pp. 247 – 259.

[112] Dales, J., *Pollution, Property and Prices*, Toronto: University of Toronto Press, 1968.

[113] David O. Connor, "Managing the Environment with Rapid Industrialization: Lessens from the East Asian Experience", Etudes du Centre de Developpement, OCDE (France), 1994, 28 (4), pp. 211 - 222.

[114] Dirk Czarnitzki, Petr Hanel, "Evaluating the impact of R&D tax credits on innovation: A microeconometric study on Canadian firms", *Research Policy*, 2011 (40), pp. 217 - 229.

[115] Eckaus, R. S., "China's Exports, Subsidies to State - owned Enterprises and the WTO", *Ssrn Electronic Journal*, 2006, 17 (1), pp. 1 - 13.

[116] Elschner, "What the Design of an R&D Tax Incentive Tells about Its Effectiveness: A Simulation of R&D Tax Incentives in the European Union", *Journal of Technology Transfer*, 2011 (6), pp. 233 - 256.

[117] Frey, H., "Designing the City: Towards a More Sustainable Urban Form", *European Planning Studies*, 2001, 6 (2), pp. 116 - 117.

[118] Guellen, D. and Van Pottelsberghe, "The impact of public R&D expenditure on business R&D", *Economic Innovation New Technology*, 2003, 12 (3), pp. 225 - 243.

[119] Hall Bronwyn, John Van Reenen, "How Effective are Fiscal Incentives for R&D? A Review of the Evidence", *Research Policy*, 2000 (29), pp. 449 - 469.

[120] Harris, R. I. D., "The Employment Creation Effects of Factor Subsidies: Some Estimates for Northern Ireland Manufacturing Industry 1955 - 1983", *Journal of Regional Science*, 1991, 31 (1), pp. 49 - 64.

[121] Howell H. Zee, Janet G. Stotsky, Eduardo Ley, "Tax Incentives for Business Investment: A Primer for Policy Market in Developing Coun-

tries", *World Development*, 2002, 30 (9), pp. 1497 – 1516.

[122] Khwaja, A. I., Mian, A., "Tracing the Impact of Bank Liquidity Shocks: Evidence from an Emerging Market", *Nber Working Papers*, 2008, 98 (4), pp. 1413 – 1442.

[123] Masu Uekusa, "Theory and Policy in Incentive Regulation", *Journal of Public Utility Economics*, 1996 (48), pp. 1 – 8, 105.

[124] Montgomery, D. W., "Markets in Licenses and Efficient Pollution Control Programs", *Journal of Economic Theory*, 1972, 5 (3), pp. 395 – 418.

[125] Oates, W. E., Portney, P. R., Mcgartland M. Albert, "The Net Benefits of Incentive – Based Regulation: A Case Study of Environmental Standard Setting", *The American Economic Review*, 1989, 79 (5), pp. 1233 – 1242.

[126] Palmer, Karen and Margaret Walls, "Optimal Policies for Solid waste Disposal and Recycling: Taxes, Subsides, and Standards", *Journal of Public Economics*, 1997, 65 (2), pp. 193 – 205.

[127] Rajagopal, D., Shah, A., "A Rational Expectations Model for Tax Policy Analysis: An Evaluation of Tax incentives for the Textile, Chemical and Pharmaceutical Industries of Pakistan", *Journal of Public Economics*, 1995, 57 (2), pp. 249 – 276.

[128] Rosenstein Rodan, "Problems of Industrialisation of Eastern and South – Eastern Europe", *Europe Economic Journal*, 1943 (53), pp. 202 – 211.

[129] Ross Gittell, Edinaldo Tebaldi, "Are research and development tax credits effective? The economic impacts of a R&D tax credit in new Hampshire", *Public Finance and Management*, 2008 (8), pp. 70 – 101.

[130] Tietenberg Tom, "Emissions Trading: An Exercise in Reforming Pollution Policy", *Resources for the Future*, Washington D. C., 1985.

[131] Tietenberg, Tom, Lynne Lewis, *Environmental and Natural Resources Economics* (9th Edition), Prentice Hall, 2011.

[132] Tzelepis, D., Skuras, D., "The Effects of Regional Capital Subsidies on Firm Performance: An Empirical Study", *Journal of Small Business and Enterprise Development*, 2004, 11 (1), pp. 121 – 129.

[133] Villy Bergstrom, Jan Sodersten, "Taxation and Real Cost of Capital", *Scandinavian Journal of Economics*, 1982, 84 (3), pp. 443 – 456.

[134] Wallsten, S., "The Effects of Government industry R&D Programs on Private R&D: The Case of the Small Business Innovation Research Program", *Rand Journal of Economics*, 2000, 31 (1), pp. 82 – 100.

[135] W. J. Baumol, W. E. Oates, *The Theory of Environmental Policy*, Cambridge University Press, 1988.

[136] Wren, C., Waterson, M., "The Direct Employment Effects of Financial Assistant to Industry", *Oxford Economic Paper*, 1991, 43, pp. 116 – 138.